全国高等院校计算机基础教育研究会

“计算机系统能力培养教学研究与改革课题”立项项目

Visual Basic
程序设计案例教程

陈祥华　李勇　赵建锋◎主编

北京邮电大学出版社
www.buptpress.com

内容简介

本书以应用型人才培养为目标，注重 Visual Basic 程序设计基础知识的应用和实践能力的培养，内容涵盖程序设计基础理论与方法，主要包括：数据类型、变量与常量、运算符与表达式、常用内部函数、控制结构、数组、自定义过程、常用控件、图形方法、文件等。

本书内容全面，案例、习题详尽，可作为非计算机专业学生学习"Visual Basic 程序设计"课程的教学用书，也可作为计算机培训和初学者的参考书。

图书在版编目(CIP)数据

Visual Basic 程序设计案例教程 / 陈祥华，李勇，赵建锋主编．-- 北京 ：北京邮电大学出版社，2015.11

ISBN 978-7-5635-4578-0

Ⅰ．①V… Ⅱ．①陈… ②李… ③赵… Ⅲ．①BASIC 语言－程序设计－教材 Ⅳ．①TP312

中国版本图书馆 CIP 数据核字（2015）第 269112 号

书　　名：Visual Basic 程序设计案例教程

主　　编：陈祥华　李 勇　赵建锋

责任编辑：刘春棠

出版发行：北京邮电大学出版社

社　　址：北京市海淀区西土城路 10 号（邮编：100876）

发 行 部：电话：010-62282185　传真：010-62283578

E-mail：publish@bupt.edu.cn

经　　销：各地新华书店

印　　刷：北京鑫丰华彩印有限公司

开　　本：787 mm×1 092 mm　1/16

印　　张：14

字　　数：342 千字

印　　数：1—2 000 册

版　　次：2015 年 11 月第 1 版　2015 年 11 月第 1 次印刷

ISBN 978-7-5635-4578-0　　定　价：28.00 元

· 如有印装质量问题，请与北京邮电大学出版社发行部联系 ·

前　言

程序设计是高等院校许多专业的一门基础课程，是当代大学生必须掌握的应用技能之一。Visual Basic 具有简单易学、开发快捷、功能强大的特点，深受众多程序设计者的喜爱，"Visual Basic 程序设计"已成为许多高校非计算机专业的首选程序设计课程。

本书由多位长期从事"Visual Basic 程序设计"课程教学的教师组织编写。全书按照人们的认知规律精心组织和编排，力求做到内容丰富、深入浅出、循序渐进，使本书更具有可读性、实用性。同时，融合探究式的案例教学理念，配备了大量的例题，使读者能更快更好地掌握相关的概念和编程技巧。全书内容兼顾基础和应用，以初学者为对象，以提高程序设计能力为宗旨，帮助初学者快速掌握 Visual Basic 语言的精髓，提高读者分析问题和解决问题的能力。书中还精选了大量的课后习题，帮助读者巩固所学。

本书共分 9 章，第 1 章介绍 Visual Basic 语言的发展和特点、Visual Basic 6.0 集成开发环境、面向对象程序设计的基本概念、建立 Visual Basic 应用程序的基本过程；第 2 章介绍简单的 Visual Basic 程序设计，包括 Visual Basic 的基本语句、常用的数据输入输出方法和一些最基本的控件对象；第 3 章介绍 Visual Basic 语法基础，包括数据类型、常量和变量、运算符和表达式、常用内部函数等；第 4 章介绍控制结构、包括顺序结构、选择结构、循环结构的控制语句和执行流程；第 5 章介绍数组的基本概念、一维数组和二维数组的定义与引用、动态数组及控件数组的使用；第 6 章介绍过程与函数，包括 Visual Basic 中自定义 Sub 过程和 Function 过程的方法、参数传递及多模块程序设计；第 7 章介绍常用控件与界面设计方法，包括单选按钮、复选框和框架、列表框与组合框、滚动条、图形控件、文件系统控件、通用对话框及菜单设计；第 8 章介绍图形技术，包括 Visual Basic 的坐标系、图形方法和鼠标事件；第 9 章介绍文件，包括文件的基本概念、顺序文件的读写操作及常用文件操作语句和函数；附录列出了 ASCII 字符集和 Visual Basic 常用系统函数，可供读者在编写程序时查找和参考。

本书由浙江工业大学之江学院的陈祥华、李勇、赵建锋共同编写，其中陈祥华负责统筹和规划，李勇和赵建锋负责资料收集和内容撰写，赵建锋审阅了全书内容。

由于编者水平有限，书中难免有疏漏甚至错误之处，恳请广大读者批评指正。

编　者

2015 年 8 月

目　录

第1章　Visual Basic 概述

本章将介绍 Visual Basic 语言的发展、Visual Basic 6.0 集成开发环境、Visual Basic 的基本概念和建立应用程序的过程以及如何使用帮助功能等。通过本章的学习，读者会对 Visual Basic 的特点及基本应用有一个初步的了解。

1.1　认识 Visual Basic

1.1.1　程序设计语言的发展

程序设计语言是人们为了描述计算过程而设计的一种具有语法语义描述的记号。程序设计语言与现代计算机共同诞生、共同发展，至今已有 60 余年的历史，早已形成了规模庞大的家族。进入 20 世纪 80 年代以后，随着计算机的日益普及和性能的不断改进，程序设计语言也相应得到了迅猛发展。

最早的第一代程序设计语言是机器语言。机器语言是一种用二进制代码“0”和“1”表示的、能被计算机直接识别和执行的语言，它是一种低级语言。用机器语言编写的程序称为计算机机器语言程序，这种程序不便于记忆、阅读和书写。每一种机器都有自己的机器语言，即计算机指令系统，因此没有通用性。

第二代程序设计语言是汇编语言。汇编语言是一种用助记符表示的面向机器的程序设计语言，即符号化的机器语言，如用助记符 ADD 表示加法、STORE 表示存数操作等。用汇编语言编制的程序称为汇编语言程序，机器不能直接识别和执行，必须由汇编程序翻译成机器语言程序（目标程序）才能运行。汇编语言适用于编写直接控制机器操作的底层程序，它与机器类型密切相关。因此，机器语言和汇编语言都是面向机器的语言，一般称为低级语言。

第三代程序设计语言是所谓的高级语言。高级语言是一种比较接近自然语言和数学表达式的计算机程序设计语言，是“面向用户的语言”。一般用高级语言编写的程序称为“源程序”，计算机不能直接识别和执行，必须把用高级语言编写的源程序翻译成机器指令才能执行，通常有编译和解释两种方式。编译是将源程序整个编译成目标程序，然后通过连接程序将目标程序连接成可执行程序。解释是将源程序逐句翻译，翻译一句执行一句，边翻译边执行，不产生目标程序，由计算机执行解释程序自动完成。

1956 年由美国科学家 John Backus 领导的小组设计的 FORTRAN 语言是高级语言的开端，由于它的简洁和高效，成为此后几十年科学和工程计算程序开发的主流语言。但 FORTRAN 是面向计算机专业人员的语言，为了普及计算机语言，使计算机应用更为大众化，之后又出现了 BASIC 语言。

随着计算机技术的发展和应用的深入，在 20 世纪 70 年代，由结构化程序设计的思想孵化出了两种结构化程序设计语言：Pascal 和 C。其中 Pascal 语言强调可读性，使其至今仍为学习算法和数据结构等软件基础知识的首选教学语言；而 C 语言强调语言的简洁和高效，使之成为几十年中主流的软件开发语言。

随着面向对象程序设计思想的普及，20 世纪 80 年代，由 AT&T 贝尔实验室在 C 语言的基础上设计并实现的 C++ 语言成为众多面向对象语言中的代表。随后，C++ 和其他高级语言如 BASIC、Pascal 等，结合可视化的界面编程技术、面向对象思想及数据库技术，产生了所谓的第四代语言——面向对象语言，如 Visual Basic、Delphi、Visual C++、C++ Builder 等。

1.1.2 Visual Basic 的发展

Visual Basic（简称 VB）是 Microsoft 公司于 1991 年推出的 Windows 应用程序开发工具。它继承了原有 Basic 语言简单易学的优点，采用可视化（Visual）、面向对象以及事件驱动的程序设计模式，大大简化了 Windows 应用程序的设计，从而成为目前 Windows 应用程序最便捷、最有效率的开发工具之一。

Basic 是 Beginner's All-Purpose Symbolic Instruction Code（初学者通用符号指令代码）的缩写，是早期微型计算机中广泛使用的计算机程序设计高级语言。1991 年，Microsoft 公司综合了 Basic 语言和 Windows 操作系统的特点，在传统 Basic 语言基础上开发出 Visual Basic 1.0 版，为初学者在 Windows 操作系统下编程提供了良好的可视化环境。

在随后的几年时间里，Microsoft 公司不断推出功能逐渐增强和完善的 Visual Basic 新版本。1992 年秋季推出 2.0 版，增加了变体数据类型，预定义 True、False 常量和对象变量。1993 年 4 月又推出包含标准数据控件等新功能的 3.0 版。1995 年秋季 Microsoft 公司首次推出能开发 32 位应用程序的 Visual Basic 4.0 版本，这是 Visual Basic 发展史上的一次较大的飞跃。1997 年，伴随着 Internet 的迅猛发展，Microsoft 公司推出了 Visual Basic 5.0 版本，该版本增强了 Visual Basic 对 Internet 的支持能力。同时，Visual Basic 5.0 版首次引入了本机代码编译器，使其开发的应用程序能真正编译成标准的 EXE 文件，大大提高了运行速度，是 Visual Basic 发展史上又一次质的飞跃。1998 年秋季，Microsoft 公司推出了 Visual Basic 6.0 版，该版本在编制 Web 应用和对数据库的访问功能等方面都得到了进一步的增强、丰富和提高。2000 年 2 月，Microsoft 公司发布了 Visual Basic 7.0（即 Visual Basic.Net）。

Visual Basic 5.0/6.0 都有 3 种版本：学习版、专业版和企业版。

- 学习版：它是最基础的版本，可以编写很多类型的程序，但所带工具较少。
- 专业版：该版本为专业编程人员提供了一整套功能完备的开发工具，包括学习版的全部功能，同时还包括 ActiveX 控件、Internet 控件、可视化数据库工具和数据环境等高性能开发工具。
- 企业版：该版本包括专业版的全部功能，同时具有自动化管理器、部件管理器、数据库管理工具、Microsoft Visual SourceSafe 面向工程版的控制系统等。

以上 3 种版本是在相同的基础上建立起来的，因此大多数应用程序可在 3 种版本中通用。3 种版本适合于不同的应用层次。在 3 种版本中，企业版的功能最全，专业版又包括了学习版的主要功能，对于大多数用户来说，专业版完全可以满足需要。本书使用 Visual Basic 6.0 中文企业版，所举实例都是在 Visual Basic 6.0 中文企业版中调试通过的。

1.1.3 Visual Basic 的特点

1. 面向对象的程序设计

面向对象程序设计(Object Oriented Programming，OOP)是一种计算机编程机制，它的基本原则是计算机程序是由单个能够起到子程序作用的单元或对象组合而成。

在 Visual Basic 中，用来构成用户图形界面的可视化窗体及控件(如按钮、文本框、标签等)都是一个个对象。编程时用户可直接引用这些对象，并可以直接使用系统为对象封装好的各种功能，用户不必重新编写建立和描述每个对象的程序代码，只需根据实际需要及每个对象所提供的功能编写程序即可。

2. 可视化的程序设计

Visual 的意思是“可视的”，Visual Basic 提供了可视化的设计工具，把 Windows 下界面设计的复杂性“封装”起来。用户只需根据界面的设计要求，在 Windows 下建立一个“窗体”，并直接在窗体上画出各种对象，通过设置这些对象的属性来调整其在窗体界面中的位置、大小和样式，从而避免了为界面设计编写大量程序代码的工作，大大提高了程序设计的效率。

3. 事件驱动的程序设计

传统的程序设计是面向过程、按规定顺序进行的，应用程序的执行完全由编程人员控制。而 Windows 下的应用程序，必须能让用户的动作(事件)控制程序的流向。

Visual Basic 采用事件驱动的编程机制，应用程序的执行是通过事件来完成的。一个对象可能会产生多个事件，每个事件都可以通过一段程序来响应。例如，命令按钮是一个常用的对象，当用户用鼠标在它上面单击时，便会在该对象上产生一个鼠标单击事件(Click 事件)，Visual Basic 会自动调用执行命令按钮上的 Click 事件过程，实现指定的操作。

在用 Visual Basic 设计应用程序时，没有明显的主程序概念，用户所要做的工作就是针对不同的对象分别填写它们相关的事件过程代码。因此，整个应用程序是由若干个这样的过程程序段组成的，从而降低了编程的难度和工作量，提高了程序的开发效率。

4. 强大的数据库编程能力

利用 Visual Basic 的数据控件和数据库管理器等工具，可直接建立或处理 Microsoft Access 格式的数据库，还能直接编辑和访问其他外部数据，如 Microsoft Excel、Paradox 等数据文件。同时 Visual Basic 还提供开放式数据库访问(ODBC)功能，可通过直接访问或者建立链接的方式使用并操作远程服务器上的关系型数据库，如 SQL Server、Oracle 等，使用结构化查询语言 SQL 轻松访问并操纵远程服务器上的关系型数据库。

5. 其他特性

(1) 支持动态链接库(DLL)。Visual Basic 是一种高级程序设计语言，不具备低级语言对机器硬件进行操作的功能，为此，Visual Basic 提供了访问动态链接库的功能，还可以调用功能强大的 Windows 应用程序接口(API)函数。

(2) 支持动态数据交换(DDE)。Visual Basic 提供了动态数据交换技术，可在应用程序中建立与其他 Windows 应用程序之间的动态数据交换的通道，使得应用程序在运行过程中可以相互交换信息，当原始数据变化时，自动更新链接的数据。

(3) 支持对象的链接与嵌入（OLE）。利用 OLE 技术，Visual Basic 将基于 Windows 应用程序的声音、图像、动画、文字、表格等各种形式的文件作为对象嵌入 Visual Basic 应用程序中，双击这些对象即可在应用程序中执行与创建这些对象的应用程序完全相同的操作。

(4) 支持 Internet 应用程序的开发。在 Visual Basic 中还可以轻松地开发基于客户端的 DHTML 应用程序、基于服务器端的 IIS 应用程序、创建自己的 ActiveX 控件和在 Internet浏览器上使用的 ActiveX 文档，这大大拓展了 Visual Basic 的 Internet 功能。

1.2 Visual Basic 6.0 集成开发环境

Visual Basic 6.0 集成开发环境（Integrated Development Environment，IDE）是一组软件工具，它是集应用程序的设计、编辑、运行、调试等多种功能于一体的环境，为程序设计提供极大的便利。

1.2.1 启动 Visual Basic 6.0

正确安装 Visual Basic 6.0 系统后，用户便可在系统中启动 Visual Basic 6.0 程序。通常启动 Visual Basic 6.0 程序的方法有以下两种：

(1) 通过菜单命令启动。在 Windows 系统桌面上，单击任务栏上的“开始”按钮，在弹出的菜单中依次选择“所有程序”→“Microsoft Visual Basic 6.0 中文版”→“Microsoft Visual Basic 6.0 中文版”命令。

注意：本书介绍的是在 Windows XP 操作系统下安装的 Visual Basic 6.0 应用程序，若在其他操作系统中安装，则菜单命令可能会有少许不同。

(2) 直接双击程序可执行文件。在资源管理器中打开 Visual Basic 6.0 程序安装文件夹（默认情况下，Visual Basic 的安装文件夹为 C:\Program Files\Microsoft Visual Studio\VB98），直接双击其中的 VB6.EXE 文件图标。

以上两种方式，均可以启动 Visual Basic 6.0 程序。当然，也可以为 Visual Basic 6.0 创建桌面快捷方式，直接双击桌面快捷方式启动 Visual Basic 6.0。

1.2.2 集成开发环境的组成

启动 Visual Basic 6.0 时，默认情况下可以看到如图 1.1 所示的“新建工程”对话框，提示选择要建立的工程类型。在该对话框中有以下 3 个选项卡：

(1) “新建”选项卡：列出了 13 种可生成的工程类型。

(2) “现存”选项卡：列出了可以选择和打开的现有工程。

(3) “最新”选项卡：列出了最近使用过的工程。

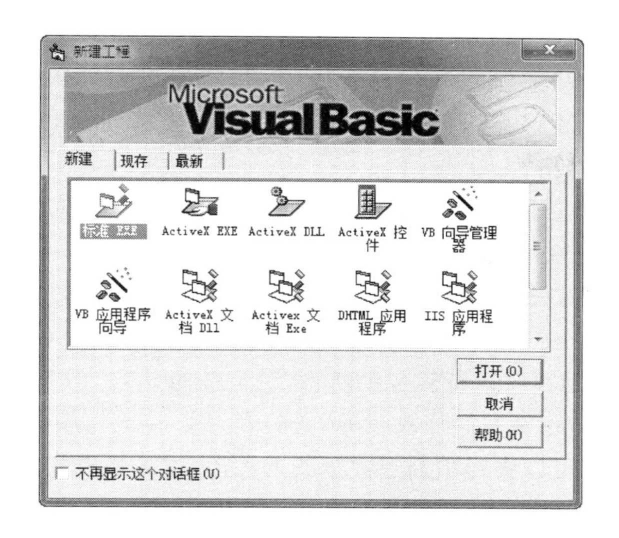

图 1.1　“新建工程”对话框

当选择“新建”选项卡中的“标准 EXE”图标并单击“打开”按钮后，进入如图 1.2 所示的 Visual Basic 6.0 应用程序集成开发环境。

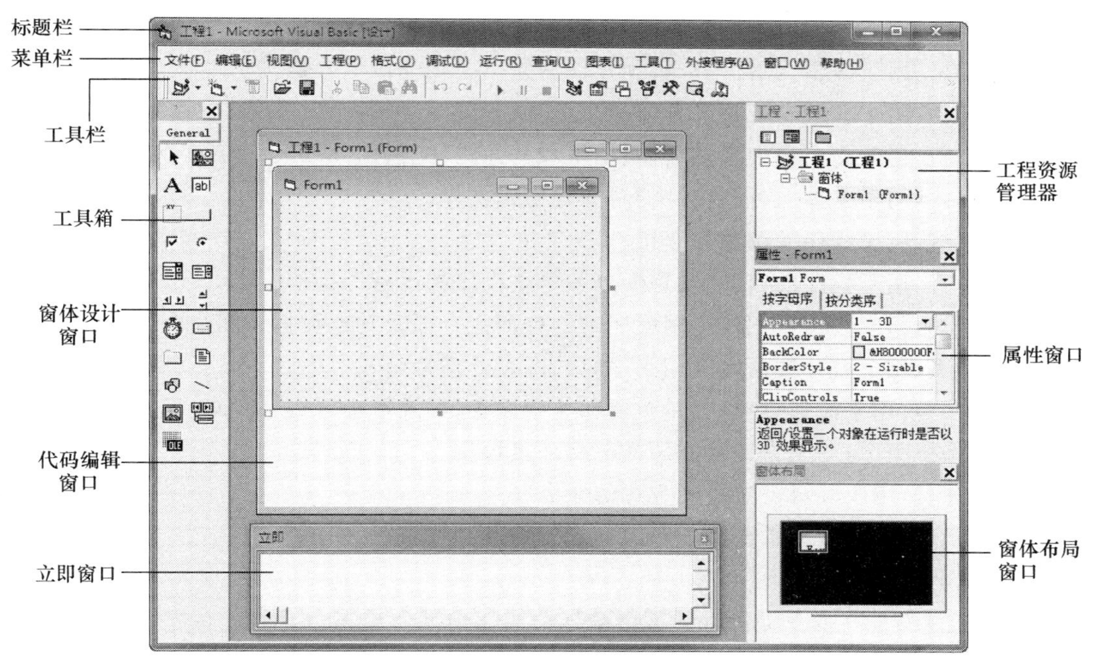

图 1.2　Visual Basic 6.0 集成开发环境

注意：Visual Basic 正常启动时，“立即”窗口有可能不会出现，可通过“视图”菜单中的相应命令来打开和关闭，在 Visual Basic 集成环境中其他窗口也类似。

1. 标题栏

标题栏位于窗口的最上方,显示窗口标题及工作模式,Visual Basic 有 3 种工作模式:设计模式、运行模式和中断(Break)模式。启动时显示"工程 1-Microsoft Visual Basic[设计]",表示处于程序设计模式。

(1) 设计模式:用户可进行界面的设计和代码的编写,以完成应用程序的开发。

(2) 运行模式:运行应用程序,不能进行代码编辑和界面设计。在设计模式下按 F5 键或单击工具栏上的"启动"按钮▶可以运行应用程序,此时标题栏上的标题为"工程 1-Microsoft Visual Basic[运行]"。单击"结束"按钮■,程序将停止运行,返回设计模式。

(3) 中断模式:应用程序运行暂时中断,这时可编辑代码,但不能进行界面设计。中断模式用于程序运行出现错误时修改代码,进行调试。在运行模式下,单击"中断"按钮 ‖ 或按 Ctrl+Break 键可以强行中断正在运行的程序,进入中断模式,此时标题栏上的标题为"工程 1-Microsoft Visual Basic[break]"。在中断模式下,修改代码后可以单击"继续"按钮▶继续程序的运行;或者单击"结束"按钮■,程序将停止运行,返回设计模式。

2. 菜单栏

菜单栏包含 Visual Basic 6.0 的所有命令,共有 13 项:

(1) 文件:用于创建、打开、保存、显示最近的工程以及生成可执行文件的命令。

(2) 编辑:用于编辑、源代码编辑和其他一些格式化的命令等操作。

(3) 视图:用于显示和隐藏各种窗口及工具栏等。

(4) 工程:用于在工程中添加窗体、模块和其他构件,引用 Windows 对象等。

(5) 格式:用于窗体上可视控件的对齐等格式操作。

(6) 调试:用于程序的调试和查错。

(7) 运行:用于程序的启动、设置断点和停止程序的运行等操作。

(8) 查询:用于设计数据库应用程序时的查询命令以及其他数据访问命令。

(9) 图表:用于设计数据库应用程序时的图表处理命令。

(10) 工具:用于添加菜单、工具扩展和选项设置,如菜单编辑器、添加过程等。

(11) 外接程序:用于为工程添加或删除外接程序。

(12) 窗口:用于屏幕窗口排列方式的命令。

(13) 帮助:帮助用户系统地学习 Visual Basic 使用方法及程序设计方法。

3. 工具栏

工具栏在编程环境下提供对于常用命令的快速访问。单击工具栏上的按钮,则执行该按钮所代表的操作。默认情况下,启动 Visual Basic 之后将显示"标准"工具栏。附加的"编辑""窗体编辑器"和"调试"工具栏可以在"视图"菜单中的"工具栏"命令中添加或删除。工具栏一般紧贴在菜单栏之下,或以垂直条状紧贴在左边框上。如果将它从菜单栏下面拖开,则它能"悬"在窗口中。

4. 工具箱

Visual Basic 6.0 启动后默认的 General 工具箱就会出现在窗口的左边,由 21 个按钮形式的控件图标所构成,如图 1.3 所示。利用这些工具(控件),用户在设计应用程序时,在窗体上“拖画”这些控件以建立应用程序的界面。其中 20 个对象称为标准控件(指针不是控件,仅用于移动窗体和控件以及调整其大小),用户也可以选择“工程”菜单中的“部件”命令来加载其他控件到工具箱中。

在设计模式下,工具箱总是出现的。若要隐藏工具箱,可单击工具箱右上角的“关闭”按钮 ✖;若要将其再次显示,可选择“视图”菜单中的“工具箱”命令。在运行模式下,工具箱自动隐藏。

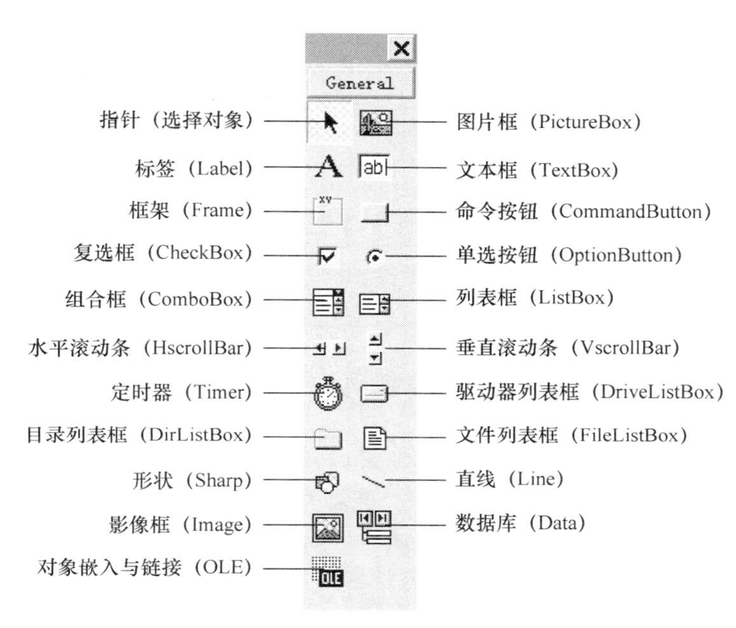

图 1.3 Visual Basic 6.0 工具箱

5. 窗体设计窗口

窗体设计窗口也称对象窗口,如图 1.2 所示,是设计应用程序时,用户在窗体上添加各种控件并设置属性,建立 Visual Basic 应用程序界面的窗口。每个 Visual Basic 应用程序都有一个或多个窗体,每个窗体都有自己的窗体设计窗口,在窗体中添加控件、图形和图片来创建所需要的外观。每个窗体都必须有一个窗体名称,系统启动时自动创建的窗体名为 Form1,用户可通过“工程”菜单中的“添加窗体”命令来创建新窗体或添加已有的窗体到工程中。每个窗体保存后都有一个窗体文件,文件的扩展名为.frm。

6. 工程资源管理器

在 Visual Basic 中,工程是指用于创建一个应用程序的所有文件的集合。工程资源管理器窗口采用 Windows 资源管理器式的界面,列出了当前工程中的窗体和模块,如图 1.4 所示。

在工程资源管理器窗口中,有“查看代码”“查看对象”和“切换文件夹”3 个按钮。

(1) 单击“查看代码”按钮,可打开“代码编辑器”查看和编辑代码。

(2) 单击“查看窗体”按钮,可打开“窗体设计窗口”查看正在设计的窗体。

(3) 单击“切换文件夹”按钮,可以隐藏或显示包含在对象文件夹中的个别项目列表。

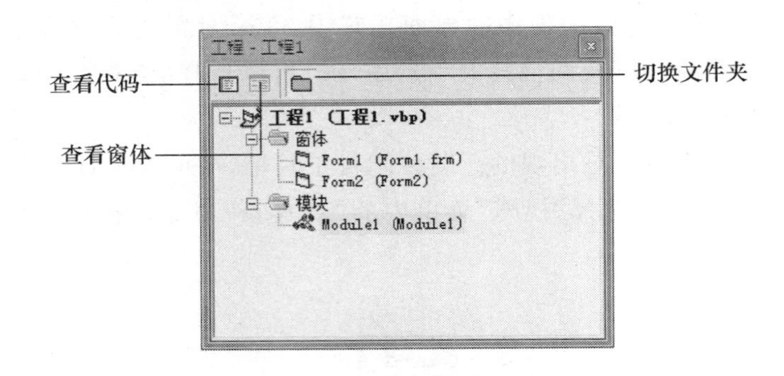

图 1.4 工程资源管理器窗口

注意：一个 Visual Basic 应用程序可包含多个工程，形成工程组，本书只介绍一个工程的应用程序。

7. 属性窗口

属性是指对象的特征，如对象的名称、标题、大小、颜色等数据。属性窗口如图 1.5 所示。

在 Visual Basic 6.0 的设计模式下，属性窗口列出了当前选定窗体或控件的属性及其值，用户可以对这些属性值进行设置。其中一些属性可以直接设置，如 Caption 属性；一些属性可通过列表框选择属性值，如 Enabled 属性可以选择 True 或 False；还有一些属性则通过对话框选择设置，如字体、颜色等属性。属性窗口由以下 4 部分组成：

（1）对象列表框：列出了当前窗体及该窗体上的所有控件，单击右侧的下拉按钮可选择对象。

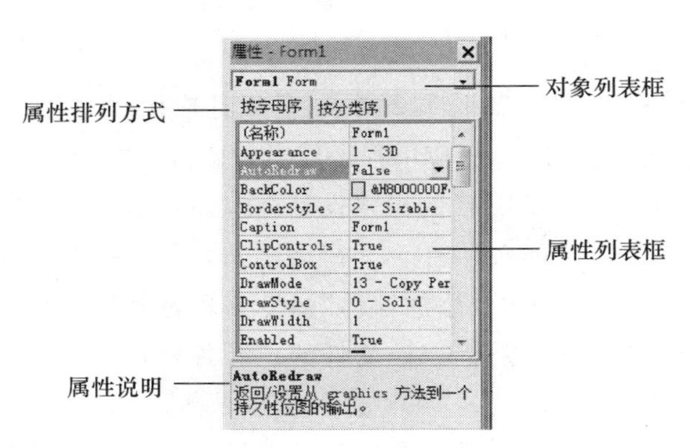

图 1.5 属性窗口

（2）属性排列方式：有“按字母序”和“按分类序”两个选项卡。

（3）属性列表框：列出了所选对象在设计模式下可更改的属性及其值，左侧为各种属性，右侧为所列属性相应的属性值。

（4）属性说明：当在属性列表框中选取某一属性时，该区域显示所选属性的含义。

8. 窗体布局窗口

窗体布局窗口显示在屏幕右下角,如图 1.2 所示。在设计模式下,用户可用鼠标右击表示屏幕的小图像中的窗体图标,将会弹出一个菜单,选择菜单中的相关命令项可设置程序运行时窗体在屏幕上的位置,也可直接用鼠标拖动小图像中的窗体图标来布局。

9. 代码编辑窗口

在设计模式下,用户通过单击工程资源管理器窗口中的“查看代码”按钮或者双击窗体或窗体上的任何控件都可以打开代码编辑窗口。代码编辑器是输入应用程序代码的工作区,应用程序的每个窗体或标准模块都有一个独立的代码编辑窗口,如图 1.6 所示。

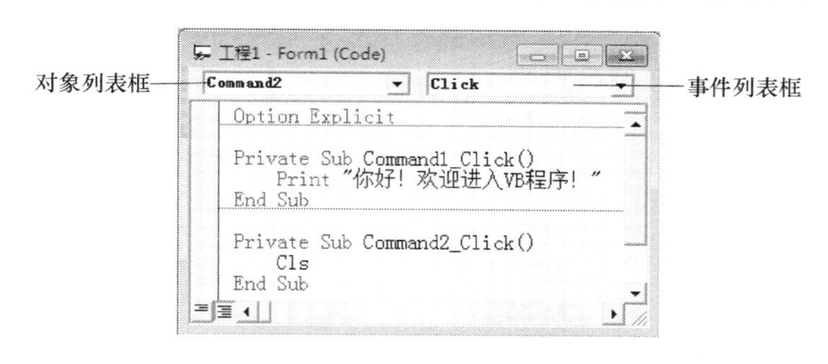

图 1.6 代码编辑窗口

10. 立即窗口

立即窗口是 Visual Basic 提供的一个系统对象,称为 Debug 对象,用于调试程序。它只有方法,没有任何事件和属性。在设计模式下,用户可以在立即窗口中进行一些简单的命令操作,如变量赋值、用 Print 方法(与“?”等价)输出一些表达式的值等,如图 1.7 所示。

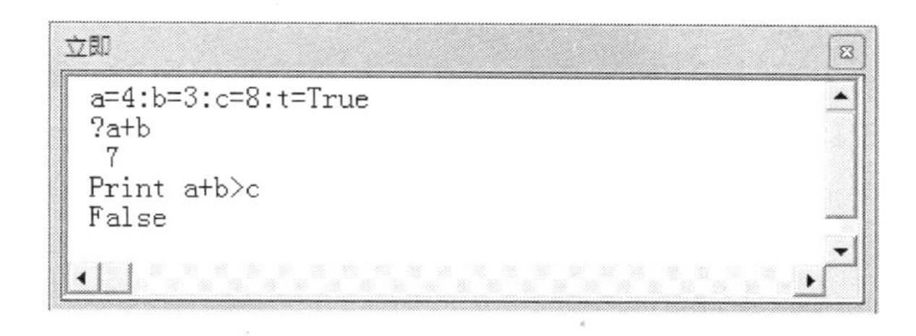

图 1.7 立即窗口及其操作

此外,Visual Basic 6.0 中还有非常有用的附加窗口:“本地”窗口和“监视”窗口,是为调试应用程序提供的,它们只在集成开发环境中运行应用程序时才有效。

1.3 Visual Basic 中的基本概念

传统的编程方法使用的是面向过程、按顺序进行的机制,其缺点是程序员始终要关心什么时候发生什么事情。Visual Basic 采用的是可视化的面向对象、事件驱动的编程机制,程序员只需编写响应用户动作的程序代码,如单击命令按钮、鼠标移动等,不必考虑程序执行的很多细节问题。为了更好地掌握 Visual Basic 程序设计的方法,首先要了解 Visual Basic 中的一些基本概念。

1.3.1 对象

对象(Object)是代码和数据的集合。可以把对象想象成日常生活中的各种事物,如一件衣服、一本书、一个班级都是一个对象。一个班级由若干男同学和女同学组成,一个个同学又都是对象,因此,一个班级对象由多个同学“子”对象组成,它可以称为一个对象容器。

在 Visual Basic 中,对象是指 Visual Basic 可以访问的实体。对象可以由系统设置好直接供用户使用,也可以由程序员自己设计。Visual Basic 系统设计好的对象有:窗体、各种控件、菜单、剪贴板、屏幕等常用对象,外部文件是对象,程序中的变量也是对象。

与对象相关的一个概念是“类”。类是同一种对象的统称,是一个抽象的整体概念。类是创建对象实体的模板,对象则是类的一个实例。工具箱上的可视图标是 Visual Basic 系统设计好的标准控件类,如命令按钮类、文本框类等。通过将控件类实例化,可以得到真正的控件对象,也就是当用户在窗体上拖画一个控件时,就将类实例化为对象,即创建了一个控件对象,简称控件。

1.3.2 属性

属性是指对象的各种性质,对象中的数据就保存在属性中,如对象的位置、颜色、大小等。每一种对象都有其属性,属性值决定了对象的外观和行为。

1. 设置属性的值

可以通过以下两种方法设置对象的属性值:

(1) 在设计模式下,通过属性窗口设置对象的属性值。在 Visual Basic 中,每个对象的各个属性都有一个默认值,在实际应用中,大多数属性都采用系统提供的默认值。因此,用户一般不必一一设置对象各属性的值,只有在默认值不满足要求时才需要用户指定所需的值。如窗体的默认标题为 Form1、Form2……通常为了说明程序的功能,会设置窗体的标题内容,如“我的第一个 VB 程序”。

这种方法设置属性值,不需要编写任何代码,且对于对象的一些外观属性,在属性窗口中设置了相应的值以后,在窗体设计窗口中即可预览到设置的效果。属性窗口主要用来设置对象属性的初始值和一些在整个程序运行过程中不改变的属性。

(2) 在运行模式下,在程序中由代码设置对象的属性值。其一般形式为:

```
[对象名.]属性名 = 属性值
```

“对象名”可以省略,省略即为当前窗体。

例如,设置窗体(Form1)的标题为“我的第一个 VB 程序”,可以用以下语句来实现:

```
Form1.Caption = "我的第一个 VB 程序"
```

也可以用下面的语句来实现文本框字体大小在原来的基础上增加 2 磅:

```
Text1.FontSize = Text1.FontSize + 2
```

2. 读取属性的值

在代码中不仅能设置属性的值,还能读取属性的值。在运行时可以设置并获得其值的属性叫作读写属性,在运行时只能读取的属性叫作只读属性。

在大多数情况下可以用以下语法读取对象的属性值:

```
变量 = [对象名].属性
```

例如,下列语句就是将当前水平滚动条的值赋给变量 Col:

```
Col = HScroll1.Value
```

1.3.3 方法

除了属性以外,对象还有方法,属性是指对象的特性,而方法是对象要执行的动作,是面向对象程序设计语言为编程者提供的用来完成特定操作的过程和函数。不同的对象所具有的方法也不同。方法只能在代码中使用,用下面的格式调用:

```
[对象名].方法[参数列表]
```

其中,对象名可以省略,表示当前对象,一般指窗体。有的方法不要求有参数,有的方法要求有参数。

例如,在窗体 Form1 上打印输出"欢迎使用 Visual Basic 6.0",可使用窗体的 Print 方法:

```
Form1.Print"欢迎使用 Visual Basic 6.0"
```

若当前窗体是 Form1,则可以改写为:

```
Print"欢迎使用 Visual Basic 6.0"
```

1.3.4 事件

事件是指由系统事先设定的、能被对象识别和响应的动作。

每个对象都可以对一个或多个事件进行识别和响应,而且每个对象所能识别的事件也不同。例如,窗体能响应 Click(单击)和 DBClick(双击)事件,而命令按钮能响应 Click 却不能响应 DBClick 事件。

触发对象事件的最常见方式是通过鼠标或键盘的操作。将通过鼠标触发的事件称为鼠标事件,将通过键盘触发的事件称为键盘事件。由系统引发的事件称为系统事件(如定时器事件)。

事件过程是用来完成事件发生以后所要执行的操作。

Visual Basic 的每个窗体和控件都有一个预定义的事件集。如果其中有一个事件发生,而且在关联的事件过程中存在代码,则 Visual Basic 调用该代码,所执行的程序代码就是事件过程。

Visual Basic 的事件过程的一般形式为:

```
Private Sub 对象名_事件名([参数列表])
  ...(事件过程代码)
EndSub
```

对于窗体对象,不管其对象名是什么,它的所有事件过程都为:

```
Private Sub Form_事件名([参数列表])
  ...(事件过程代码)
EndSub
```

一个对象通常能响应多个事件,但没有必要编写每一个事件过程(即为每一个事件编写代码)。例如,命令按钮控件可以响应 Click、MouseMove(鼠标移动)等事件,但通常只编写 Click 事件过程。因此,在多数应用程序中,单击按钮,则程序会做出相应的操作,而在按钮上移动鼠标,则程序不会有任何反应。

1.4 Visual Basic 应用程序的建立

前面简单介绍了 Visual Basic 6.0 集成开发环境及其一些基本概念，下面通过一个简单的实例来说明 Visual Basic 应用程序建立的完整过程，让读者进一步了解 Visual Basic 并为后续的学习打好基础。

1.4.1 新建工程

启动 Visual Basic，默认情况下可看到如图 1.1 所示的“新建工程”对话框，选择“新建”选项卡中的“标准 EXE”图标并单击“打开”按钮，一个默认名为“工程 1”的 Visual Basic 新工程已经建立，只是这个工程比较简单，仅有一个默认的窗体 Form1，如图 1.2 所示（注意查看“工程资源管理器”处）。

或者在 Visual Basic 集成开发环境中选择“文件”菜单中的“新建工程”命令，然后在弹出的“新建工程”对话框中单击“确定”按钮，也可以新建一个 Visual Basic 工程。

一个 Visual Basic 的应用程序也称为一个工程，由若干个文件所组成。其中工程文件(.vbp)用来管理构成应用程序的所有文件，如窗体文件(.frm)、标准模块文件(.bas)、类模块文件(.cls)等，Visual Basic 应用程序中各文件的关系如图 1.8 所示。

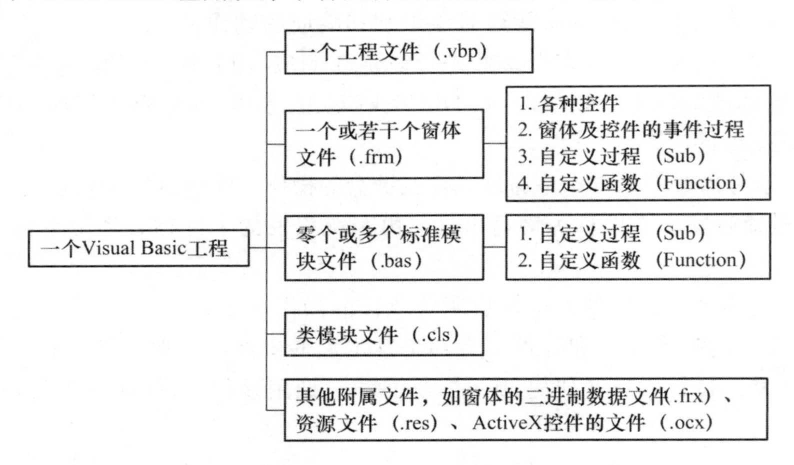

图 1.8 Visual Basic 应用程序中各文件的关系

1. 工程文件

工程文件是 Visual Basic 应用程序的核心，文件扩展名为.vbp，该文件包含了与该工程有关的所有文件和对象的清单。工程文件用来管理构成应用程序的所有文件。

在开始学习 Visual Basic 程序设计时，编写的应用程序都比较简单，一般只有一个工程文件(.vbp)和一个窗体文件(.frm)，工程文件仅管理一个窗体文件，它的管理作用不是很明显，当直接打开窗体文件时程序一样可以正常运行。但在以后的学习中，会涉及多窗体、多个标准模块和一些特殊控件等，这时工程文件的管理作用将会显现出来，仅打开某个窗体文件或标准模块文件，系统只是载入该文件本身，不会把构成应用程序的其他文件和有关信息文件一起载入内存，这时程序就不能正常运行了。

2. 窗体文件

一个 Visual Basic 工程至少有一个窗体,可以有多个窗体(最多允许 255 个),每个窗体都有一个窗体文件,文件扩展名为.frm,也称窗体模块。

该文件记录描述窗体及其所有控件的外观、行为的属性代码,以及描述事件过程的程序代码、通用模块(通用模块包括模块级变量的声明语句、用户定义的可以被其他过程调用的通用过程)等。

3. 标准模块文件

标准模块是由那些与特定窗体或控件无关的代码组成的另一类模块,文件的扩展名为.bas。

如果一个过程可能用来响应几个不同对象中的事件,应该将这个过程放在标准模块中,而不必在每一个对象的事件过程中重复相同的代码。例如,在以后要学习到的数组操作中,原始数组、排序数组、删除某个数以后的数组等都要进行打印输出,则可以编写一个标准的打印输出数组的过程,而不用写多段相似的程序代码来打印输出数组。

4. 类模块文件

类模块与窗体模块类似,可在类模块中编写代码建立新对象,文件的扩展名为.cls。这些新对象可以包含自定义的属性和方法。实际上,窗体正是这样一类模块,只是在其上可安放控件、可显示窗体窗口,而类模块没有可见的用户界面。

5. 其他附属文件

(1) 窗体的二进制数据文件(.frx):如果窗体上控件的数据属性含有二进制属性(如图片或图标),当保存窗体文件时,系统就会自动产生同名的.frx 文件。当生成了.frx 文件后,删除作为其数据源的外部文件不会影响 Visual Basic 应用程序的执行。

(2) 资源文件(.res):包含不必重新编辑代码即可改变的位图、字符串和其他数据,该文件是可选项,保存文件时系统会自动保存。

(3) ActiveX 控件的文件(.ocx):ActiveX 控件是可选的控件,是一段设计好的可以重复使用的程序和数据,它可以被添加到工具箱中并在窗体里使用。

1.4.2 设计程序界面

新建工程以后,程序设计的下一步操作是界面设计。以"实例 1.1"为例说明。

【实例 1.1】 设计一个简单的应用程序,窗体的标题为"第一个 VB 程序实例",程序运行时,窗体下部有两个命令按钮:单击"确定"按钮,在窗体上显示一行红色的"欢迎使用 VB6.0!";单击"退出"按钮,程序结束,如图 1.9 所示。

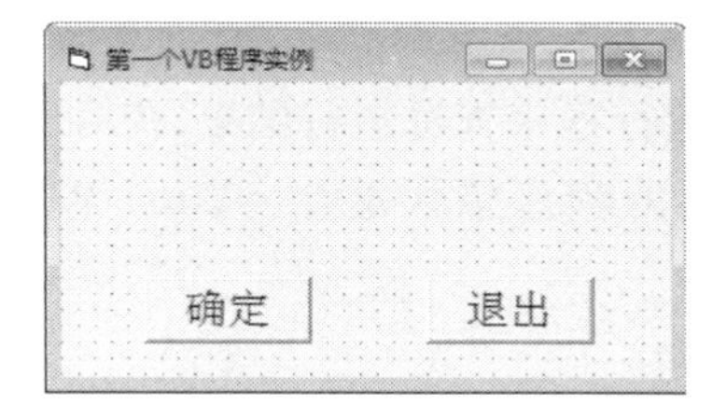

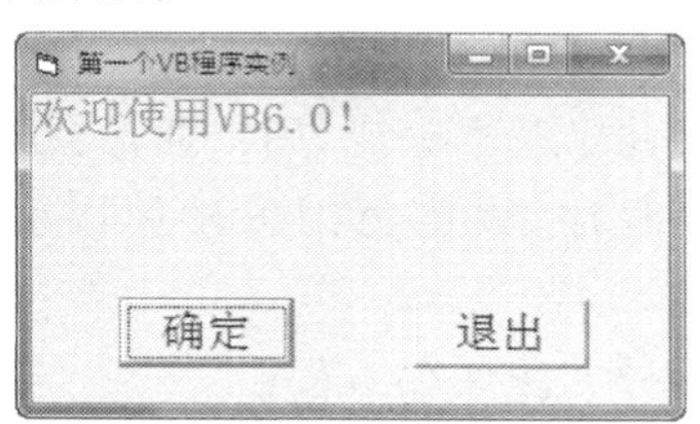

图 1.9 实例 1.1 的程序界面

(1) 添加控件。在工具箱中选中命令按钮(CommandButton)▭,在窗体下部拖画出两个命令按钮;或者在工具箱中双击命令按钮,再用鼠标把命令按钮拖放到窗体上的合适位置。

(2) 属性设置。窗体的标题为“第一个 VB 程序实例”,需要设置窗体的 Caption 属性为“第一个 VB 程序实例”,在窗体上显示红色的文字,需要将窗体的 ForeColor 属性设置为红色,本例中各控件属性的设置如表 1.1 所示。

表 1.1 实例 1.1 的控件属性设置

控件	属性	设置	说明
Form1	Caption	第一个 VB 程序实例	显示在窗体标题栏上的文本内容
	Font	宋体、三号	窗体上输出文本的字体和大小
	ForeColor	&H000000FF&	窗体上输出文本的字体为红色
Command1	Font	宋体、三号	命令按钮文本的字体和大小
	Caption	确定	命令按钮文本
Command2	Caption	退出	命令按钮文本

1.4.3 编写程序代码

建立了用户界面并为每个对象设置了相关属性以后,就要考虑用什么事件来激活对象所需的操作了,这就涉及对象事件的选择和事件过程代码的编写了。事件过程代码的编写在代码编辑窗口中进行。

在本例中,只有单击两个命令按钮的事件(Click 事件)。在对象窗口中双击命令按钮,即可打开代码编辑窗口,并且光标插入点聚焦在命令按钮的单击事件过程中,直接可以进行代码编辑;或者单击“工程资源管理器”窗口中的“查看代码”按钮,在代码编辑器中选择对象和相应的事件进行代码编辑。具体代码如下:

```
Private Sub Command1_Click()
    Print "欢迎使用 VB6.0!"
End Sub

Private Sub Command2_Click()
  End
End Sub
```

1.4.4 保存程序

程序设计到此已基本完成,用户通常会先运行程序查看运行结果,但一个良好的编程习惯应该是先保存程序,以避免因各种原因引起的程序错误退出 Visual Basic 系统而前功尽弃。

常用以下两种方法保存工程:

- 选择“文件”菜单中的“保存工程”或“工程另存为”命令。
- 单击工具栏上的“保存工程”按钮。

对一个新工程来说,所有文件都未保存过,Visual Basic 系统会自动弹出“文件另存为”

对话框要求保存窗体文件，文件保存的默认路径是 Visual Basic 的安装路径，必须选择保存的路径，建议保存在 D 盘或 E 盘等用户盘上，并为每个工程新建一个文件夹，如“实例 1.1”，如图 1.10 所示。窗体文件的默认名为 Form1.frm，默认保存类型为“窗体文件(*.frm)”，输入窗体文件名或选择默认文件名后单击“保存”按钮，系统自动弹出“工程另存为”对话框，保存位置为已存窗体文件的文件夹，默认的工程文件名为“工程 1.vbp”，默认保存类型为“工程文件(*.vbp)”，输入工程文件名或选择默认文件名，单击“保存”按钮，这样工程保存就全部完成了。

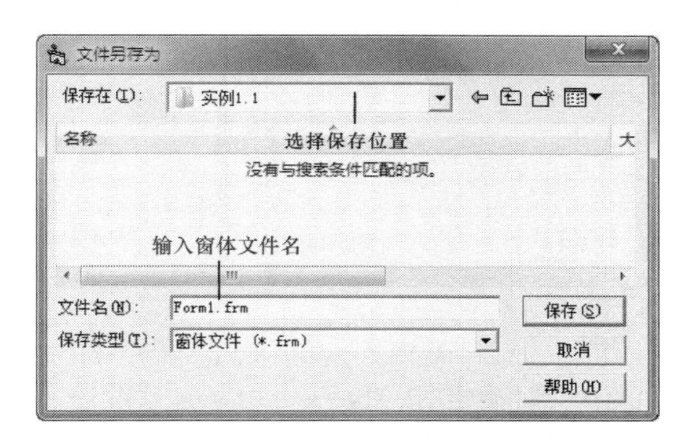

图 1.10 保存窗体文件

注意：对于一个简单的 Visual Basic 应用程序，一般仅有一个窗体文件和工程文件。而 Visual Basic 应用程序可以含有多个窗体文件、标准模块文件、类模块文件等。首次保存程序时，Visual Basic 系统首先保存窗体文件和其他文件，最后才保存工程文件，应将一个工程的所有文件均保存在一个文件夹中。

如果是保存磁盘上已有且修改后的工程文件，则直接单击工具栏上的“保存工程”按钮或“文件”菜单中的“保存工程”命令。此时，系统就不会弹出“工程另存为”对话框。因此，若要将已经存在的工程保存到其他文件夹中或用其他文件名保存，则需要选择“工程另存为”命令。如果要将已存在的窗体保存到其他文件夹中或用其他文件名保存，则应选择“Form1 另存为”命令(其中 Form1 不是实指，而是与工程中已保存的窗体文件同名)。

1.4.5 运行程序

选择“运行”菜单中的“启动”命令或按 F5 键或单击工具栏上的“运行”按钮▶，则进入运行状态，单击“确定”按钮，如果程序代码正确，就得到如图 1.9 右图所示的界面，单击“退出”按钮，程序结束运行。

1.4.6 调试程序

编写程序，难免会出错，对初学程序设计的用户来说，通常会碰到以下几种情况：

(1) 在代码窗口中出现红色的代码行。表示该行有语法错误，应仔细检查程序代码，特别是检查有没有拼写错误或非法字符。如 Print 后面的输出内容是否用中文的双引号

(“”),正确的应该为西文半角的双引号("")。

程序代码中有红色的代码行,程序就无法运行,即使勉强单击“运行”按钮,在运行过程中也会出错而中断运行。

(2) 程序在运行过程中出错中断。程序在运行时,由于某些实时错误或编译错误,会出现运行中断,并出现诸如图 1.11 所示的错误提示对话框。该对话框中有错误类型及代码、错误说明及按钮。根据错误提示,修改程序代码。

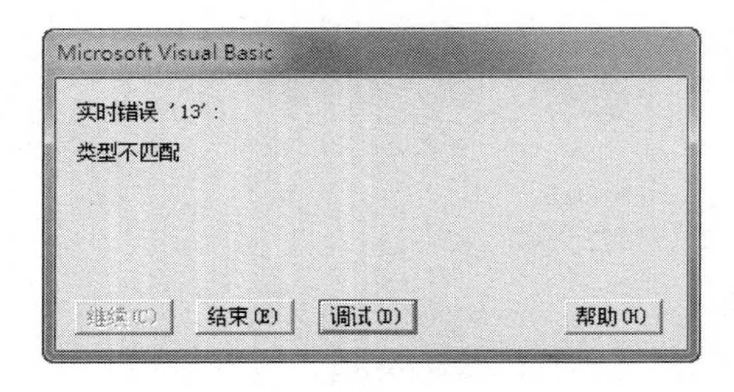

图 1.11　Visual Basic 系统最常见的错误提示

单击对话框下部的“调试”或“确定”按钮,Visual Basic 系统进入中断模式,在代码窗口中用黄色指出出错的过程,用蓝色指出出错的语句。此时,可以直接检查和修改代码,修改完成可单击工具栏上的“继续”按钮▶继续程序的运行。如果单击图 1.11 对话框中的“结束”按钮,Visual Basic 系统将结束运行,进入设计模式,但既不指出程序出错之处,也不能从中断处继续运行。因此,建议在出错中断时,单击“出错”对话框下部的“调试”或“确定”按钮进入中断模式进行程序调试。

以上两点是调试 Visual Basic 程序错误的最基本的方法。Visual Basic 程序设计的学习和实践过程就是一个不断地处理错误的过程,在今后的学习和实践中将会由浅入深、由简到难地学习和实践各种处理错误的方法。下面再简单介绍几个初学者经常会遇到的问题。

(1) “立即”窗口。在运行模式和中断模式下,有时会出现“立即”窗口,它可用于输入简单代码对程序进行调试,在今后的学习中可能会用到。如果暂时不用,可单击其右上角的“关闭”按钮将其关闭,以扩大代码窗口。

(2) Source Code Control 对话框。在保存工程文件时,有时会出现如图 1.12 所示的 Source Code Control 对话框,用于回答是否把该工程添加到用于团队开发共享的 SourceSafe 管理器,在此单击 No 按钮即可。

(3) MSSCCPRJ. SCC 文件和 * . vbw 文件。在保存工程文件时,Visual Basic 系统会同时生成一个 MSSCCPRJ. SCC 系统文件和扩展名为. vbw 且与工程文件同名的文件。其中 MSSCCPRJ. SCC 文件是用于团体开发的 Visual SourceSafe 的配置文件,可以删除。而. vbw 文件是. vbp 文件的附属文件,保存了当时在 Visual Basic 环境中的设计状态,例如在 Visual Basic 环境中打开的子窗体,以便再次打开时能恢复到上次的设计状态。如果删除了这个文件,将在 Visual Basic 环境的默认设计状态中打开工程,但不会影响工程的修改和

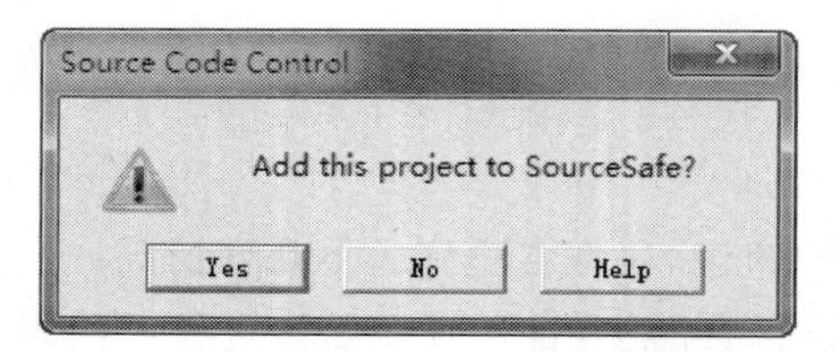

图 1.12　Source Code Control 对话框

调试。因此，这两个文件都可以直接删除。

1.4.7　生成可执行文件

Visual Basic 程序的执行有两种方式：解释方式和编译方式。

(1) 解释方式。在 Visual Basic 集成开发环境中运行程序，以解释方式运行，Visual Basic 系统对源文件逐语句进行翻译和执行，如 1.4.5 节中运行实例 1.1 的方式。这种方式便于程序的调试和修改，但运行速度较慢。

(2) 编译方式。如果要使程序脱离 Visual Basic 集成开发环境运行，可以通过"文件"菜单中的"生成工程 1.exe"(与工程文件同名)命令生成可执行文件，默认保存路径为工程文件保存路径，如图 1.13 所示。

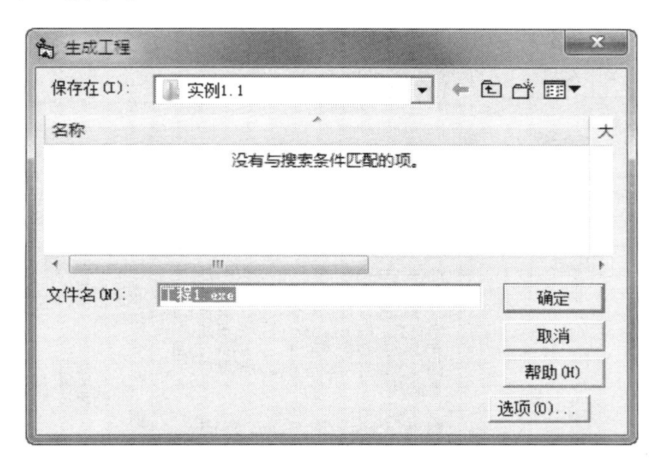

图 1.13　生成可执行文件

这样，就将 Visual Basic 源程序编译为二进制可执行文件，可以不启动 Visual Basic 系统，直接执行"工程 1.exe"文件即可。对于一些简单的应用程序，所生成的执行文件可以直接在 Windows 下执行，但对于一些复杂的应用程序，它的执行还依赖于一些类和库文件(如 DLL 和 OCX 文件)。若要使生成的可执行文件能在未安装 Visual Basic 系统的 Windows 环境下正确运行，最好是制作安装文件 setup.exe，该文件会包含可能用到的其他动态链接库文件。

要为应用程序创建安装包，可以在 Windows 系统的"开始"菜单中选择"所有程序"→"Microsoft Visual Basic 6.0 中文版"→"Microsoft Visual Basic 6.0 中文版工具"→"Package & Deployment 向导"，在"打包和展开向导"中完成。

1.5　帮助功能的使用

学会使用 Visual Basic 帮助系统，是学习 Visual Basic 的重要组成部分。从 Visual Studio 6.0 开始，所有的帮助文件都采用全新的 MSDN(Microsoft Developer Network)文档的帮助方式。MSDN 帮助系统可以在安装 Visual Basic 系统的时候根据提示安装，也可以单独运行 MSDN 中的 setup.exe 安装程序安装，可以选择"典型安装"或"完全安装"模式安装。

MSDN Library 是 Visual Basic 程序开发人员的重要参考资料，包含了容量为 1 GB 的编程技术信息，包括示例代码、文档、技术文章、Microsoft 开发人员知识库和其他技术资料。

1.5.1 使用 MSDN Library 查阅器

在 Windows 系统的“开始”菜单中选择“所有程序”→Microsoft Developer Network→MSDN Library Studio 6.0(CHS)即可直接打开 MSDN 帮助系统，如图 1.14 所示；或者在 Visual Basic 6.0 集成开发环境中，选择“帮助”菜单中的“内容”或“索引”菜单项来打开 MSDN 帮助系统。

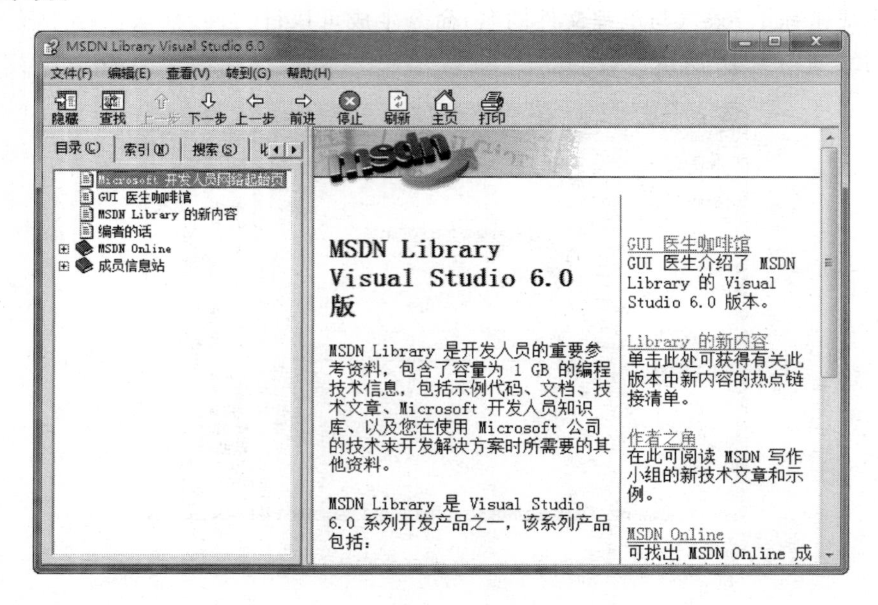

图 1.14 MSDN Library 查阅器

在图 1.14 中，左窗格以树形列表显示了 Visual Studio 6.0 产品的所有帮助信息，用户可以双击左窗格的 MSDN Library Visual Studio 6.0 或在右窗格中单击“Visual Basic”链接项打开“Visual Basic 文档”，查阅 Visual Basic 帮助。

一般可以通过以下方法获得帮助信息：

(1)“目录”选项卡：列出一个完整的主题分级列表，可通过目录树查找信息。

(2)“索引”选项卡：通过索引表以索引方式查找信息，输入要查找的关键字，有关该关键字的内容将全部列出，可以双击打开要查找的信息。

(3)“搜索”选项卡：通过输入要查找的单词全文搜索查找信息。

1.5.2 使用上下文相关帮助

在 Visual Basic 6.0 集成开发环境中，使用上下文相关帮助更方便快捷，它可以根据当前活动窗口或选定的内容来直接对帮助的内容进行定位。

使用的方法是：在对象窗口或代码窗口中选中内容，然后按 F1 键，这时系统自动打开 MSDN Library 查阅器，并直接显示与选定内容有关的帮助信息。

当对某些内容的帮助信息要加深理解时，可单击该帮助处的“示例”超链接，显示有关代码示例，也可以将这些代码复制、粘贴到自己的代码窗口中。

活动窗口或选定的内容可以是：

（1）Visual Basic 中的每个窗口；

（2）工具箱中的控件；

（3）窗体或文档内的对象；

（4）属性窗口中的属性；

（5）Visual Basic 关键字，如方法、事件、声明、函数、属性及特殊对象等；

（6）错误信息。

用上下文相关方法获得帮助是最直接、最好的获取 Visual Basic 帮助信息的方法，因此读者应切实掌握。

1.6 如何学习 Visual Basic

1. 注重理解一些重要的概念

Visual Basic 程序设计本身并不复杂，翻开一本 Visual Basic 程序设计学习的书籍，看到的无非就是变量、函数、条件语句、循环语句等概念，但要真正能进行程序设计，需要深入理解这些概念。因此，在程序入门阶段还是应该重视概念的学习，并且熟悉 Visual Basic 操作环境与设计工具。

2. 语言规则要熟记

学习 Visual Basic 程序设计首先要做到熟记 Visual Basic 语言的语法规则。

对于语法规则，只有记得住与记不住的问题，而没有懂不懂的问题。有此认识，才能避免初学者进入 Visual Basic 很难学的误区，从而使 Visual Basic 学习达到事半功倍的效果。

例如，对于 Print 方法，其语法规则为：

```
[＜对象名.＞]Print [＜输出项＞][[{,|;}][＜输出项＞]]...]
```

其中各输出项之间可以用“,”或“;”分隔，“,”为分段格式，每 14 列为 1 段；“;”为紧凑格式；没有输出项为输出一空行等。这些规则只要记住就可以很方便地安排打印输出内容的格式，但经常有同学说“这个我不懂”，其实只是没有用心去记而已。

3. 对学习者知识的要求

经常有初学者对自己能否学好 Visual Basic 没有信心，认为自己没有学习程序设计的知识基础。其实，对学习 Visual Basic 程序设计的要求不是很高，一般只要具备以下两点即可：

（1）学习程序设计要具备一定的数学基础。计算机与数学有很大的联系，纵观计算机历史，计算机的数学模型和体系结构等都是由数学家提出的，最早的计算机也是为数值计算而设计的。因此，要学好计算机程序设计就要有一定的数学基础。但对于初学者来说，在数学基础方面的要求并不是很高，一般有高中数学水平就够了。

（2）学习程序设计要有一定的逻辑思维能力。逻辑思维需要长时间的锻炼，如果觉得自己在逻辑思维能力上有不足，也没有关系，因为编写程序本身也是对逻辑思维的锻炼，初学程序设计应具备的逻辑基础已经从高中数学中学到了。

4. 学习 Visual Basic 程序设计的方法

(1) 养成良好的学习习惯。Visual Basic 程序设计的入门学习并不难,但却是一个十分重要的过程,因为程序设计思想就是在这时形成的,良好的程序设计习惯也是在这个阶段养成的。如按照规定的格式缩格书写程序,使程序层次分明;强调可读性,适当添加注释语句;学会调试程序的方法;对运行结果要做正确与否的分析等。

(2) 自己动手编写程序。程序设计入门阶段要经常自己动手编写程序,亲自动手进行程序设计是创造性思维应用的体现,是培养逻辑思维的好方法。因此,一定要多动手编写程序,而且要从小程序开发开始,逐渐提高程序开发的能力。

记住:程序设计一定是自己写会的,而不是看会的。

(3) 阅读、借鉴别人设计的好程序。多看别人设计好的程序代码,包括教材上的例题程序。在读懂别人的程序后,要思考为什么这么设计,能不能将程序修改以完成更多的功能或者更合理,则可以学到别人优秀的东西,帮助自己提高程序设计的水平。

(4) 抓住 Visual Basic 程序设计学习的重点。学习 Visual Basic 程序设计,其重点是放在思路、算法、编程构思和程序实现上。语句只是表达工具,要求课堂上积极思考,尽量当堂学懂,并做到灵活应用。学会利用计算机编程手段来分析问题和解决问题。

(5) 理解并熟记常用的算法、方法和属性等。一个实用的程序往往是由若干个功能模块或程序段组成的,一些常用的算法(如在若干个数中找最大值和最小值、选择法排序和冒泡法排序、级数求和等)要着重理解并牢记在心,在需要时可以套用和借鉴。

常用控件的属性和方法用得多了自然就记住了,并注意经常与其他控件的属性和方法进行比较,如文本框(Text)与标签(Label)、列表框(ListBox)与组合框(ComboBox)等,找出它们之间的相同之处与不同之处,就很容易记住它们的属性和方法了。

习 题 1

1. 判断题

(1) Visual Basic 是以结构化的 BASIC 语言为基础、以事件驱动作为运行机制的可视化程序设计语言。

(2) 属性是对象的性质,指对象的名字、大小、位置和颜色等特性。

(3) 程序设计语言是人们为了描述计算过程而设计的一种具有语法语义描述的记号。

(4) 在 Visual Basic 中,有一些通用的过程和函数作为方法供用户直接调用。

(5) 控件的属性值不可以在程序运行时动态地修改。

(6) 许多属性可以直接在属性表上设置、修改,并立即在屏幕上看到效果。

(7) 所谓保存工程,是指保存正在编辑的工程的窗体。

(8) 在面向对象的程序设计中,对象是指可以访问的实体。

(9) 在程序代码中设置对象属性时,若对象名缺省,则隐含指当前窗体对象的属性。

(10) 保存 Visual Basic 文件时,若一个工程包含多个窗体或模块,则系统先保存工程文件,再分别保存各窗体或模块文件。

(11) xxx.vbp 文件是用来管理构成应用程序 xxx 的所有文件和对象的清单。

(12) 事件是由 Visual Basic 预先定义的对象能够识别的动作。

(13) 事件过程可以由某个用户事件触发执行,它不能被其他过程调用。

(14) 窗体中的控件是使用工具箱中的工具在窗体上画出的各图形对象。

(15) 通过 Visual Basic 编译生成的文件具有.exe 文件扩展名,该文件只能在 Visual Basic 环境下执行。

(16) 由 Visual Basic 语言编写的应用程序有解释和编译两种执行方式。

(17) 在使用"格式"菜单时,不能选中窗体中的多个控件。

(18) "视图"菜单可用于打开各种窗口(包括与浏览或显示有关的命令及属性页和工具箱的显示)。

(19) "方法"是用来完成特定操作的特殊子程序。

(20) "事件过程"是用来完成事件发生后所要执行的操作。

2. 选择题

(1) 工程文件的扩展名为(　　)。

A. .frx　　B. .bas　　C. .vbp　　D. .frm

(2) 以下 4 个选项中,属性窗口未包含的是(　　)。

A. 对象列表　　B. 工具箱　　C. 属性列表　　D. 属性说明

(3) Visual Basic 与传统 DOS 下的 BASIC 相比,最大的优点是(　　)。

A. 运用面向对象的观念　　B. 由代码和数据组成

C. 使用了 HTML 语言　　D. 强调了对功能的模块化

(4) 下列不属于对象的基本特征的是(　　)。

A. 属性　　B. 方法　　C. 事件　　D. 函数

(5) 窗体 Form1 的 Name 属性是 Frm1,它的单击事件过程名是(　　)。

A. Form1_Click　　B. Form_Click

C. Frm1_Click　　D. Me_Click

(6) 窗体的用户设计区是由许多点组成的网格,可通过(　　)菜单中的"对齐到网格"命令调整间距。

A. "编辑"　　B. "格式"　　C. "窗口"　　D. "工具"

(7) Visual Basic 中运行程序允许使用的快捷键是(　　)。

A. F2　　B. F5　　C. Alt+F3　　D. F8

(8) 在 Visual Basic 中,称对象的数据为(　　)。

A. 属性　　B. 方法　　C. 事件　　D. 事件过程

(9) 窗体模块的扩展名为(　　)。

A. .exe　　B. .bas　　C. .frx　　D. .frm

(10) 将 Visual Basic 编制的程序保存在磁盘上,至少会产生(　　)文件。

A. .doc 与.txt　　B. .com 与.exe

C. .bat 与.frm　　D. .vbp 与.frm

3. 填空题

(1) 面向对象的程序设计是一种以________为基础、由________驱动对象的编程技术。

(2) 面向对象的程序设计的核心是________。

(3) 属性是用来描述________的性质的。

(4) Visual Basic 提供的用来完成特定操作的特殊子程序称为________。

(5) 设计时使用工具箱中的工具在窗体上画出的各图形对象叫作________。

(6) 设置对象的属性有两种方法：一种是在设计模式下的________窗口中设置；另一种是在运行模式下动态设置，设置格式为________。大部分属性都可以用以上两种方法进行设置，而有些属性只能用其中一种方法设置。

(7) 属性窗口是由________、________、________组成的。

(8) 事件是由 Visual Basic 预先定义的________能够识别的动作。

(9) 新建工程时系统会自动将窗体标题设置为________。

(10) 控件和变量均称为________。

第 2 章　简单的 Visual Basic 程序设计

Visual Basic 是一种面向对象的程序设计语言，即 Visual Basic 应用程序是以对象为中心并由事件驱动的。本章主要介绍 Visual Basic 中最基本的几个对象和若干常用语句，通过它们向读者演示 Visual Basic 简单应用程序的设计方法和过程。

2.1　窗　　体

创建 Visual Basic 应用程序的第一步是创建用户界面。用户界面的基础是窗体，各种控件对象必须建立在窗体上。在 Visual Basic 中，每当新建一个工程时，系统都会自动创建一个默认名称为 Form1 的窗体，此时窗体的属性均为默认属性，如图 2.1 所示。

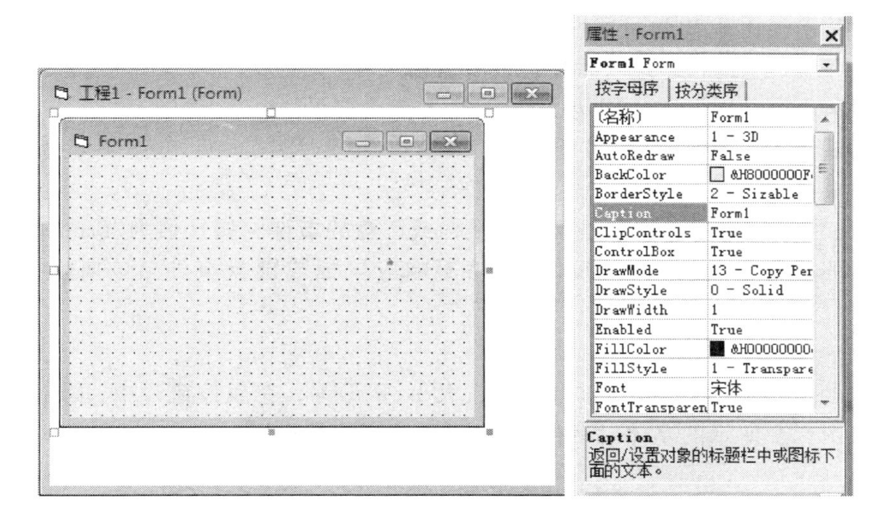

图 2.1　新建工程默认创建的窗体及其属性

2.1.1　属性

窗体的属性决定了窗体的外观和操作。可以通过两种方法设置窗体的属性：一是通过属性窗口设置；二是通过编写程序代码来设置，但有少量属性是不能在代码中设置的。用程序代码设置窗体属性值的格式为：＜窗体名称＞.＜属性名称＞=＜属性值＞。下面是窗体的常用属性。

1. Name(*名称*)

Name 属性用来指定窗体的名称，事实上它适用于所有对象，即所有的控件对象都有 Name 属性。Name 是只读属性，在程序运行时，它的值是不能改变的，但可以用这个名称引用该窗体。首次在工程中添加窗体时，名称默认为 Form1，添加第二个窗体，默认为 Form2，依此类推。通常要给 Name 属性设置一个有实际意义的名称，以便识别，如 frmQuery。

2. Caption

Caption 属性用于设置窗体的标题，即在窗体标题栏中显示的文本，默认值为窗体的名称。

3. AutoRedraw

AutoRedraw 属性控制窗体图形的重画，当本属性值为 True 时，能保证窗体输出持久图形，即在窗体的大小改变或窗体被其他窗口遮挡后又重新显示时，Visual Basic 能重画窗体内所有用 Circle、Cls、Line、Point、Print 和 Pset 等方法输出的图形。

4. BoderStyle

BoderStyle 属性用于设置窗体的边框样式，其有 6 个可选值：

- 0-None：没有边框。
- 1-Fixed Single：固定边框，可以包含控制菜单、标题栏、最大化按钮和最小化按钮。在运行时只能使用最大化按钮和最小化按钮改变窗体大小。
- 2-Sizable：可调整边框，此值为默认值。
- 3-Fixed Dialog：固定对话框，可以包含控制菜单框和标题栏，但不能包含最大化按钮和最小化按钮，即运行时不能改变窗体尺寸。
- 4-Fixed ToolWindow：固定工具窗口，不能改变尺寸。
- 5-Sizable ToolWindow：可变尺寸工具窗口，可变大小。

5. Enabled

Enabled 属性用来设置窗体是否响应鼠标或键盘的事件。属性值为 True 时，窗体能够对用户触发的事件做出反应；相反，窗体将不响应鼠标或键盘事件。该属性的默认值为 True。

6. Font

Font 属性用来设置窗体上字体的样式、大小、字形等。在属性窗口中，单击其右边的按钮将弹出如图 2.2 所示的字体对话框，从中可进行字体的设置。

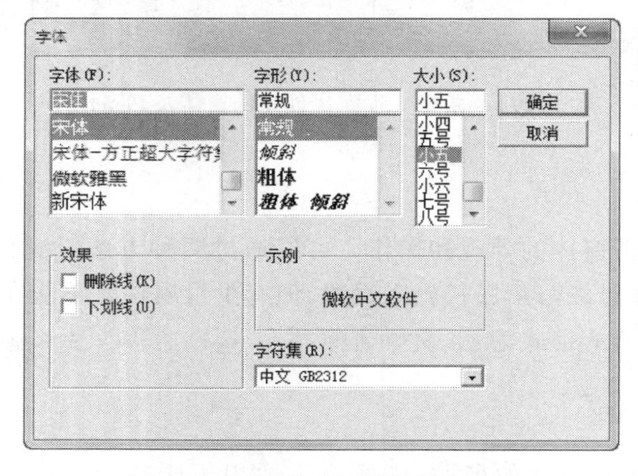

图 2.2 “字体”对话框及默认选项

如图 2.2 所示对话框中各选项的设置在程序代码中可用相应的 FontName(字体名称)、FontBold(加粗)、FontItalic(倾斜)、FontSize(大小)、FontStrikethru(删除线)和 FontUnderline(下划线)等属性实现。

7. StartUpPosition

StartUpPosition 属性用来指定窗体首次出现时的位置,其有 4 个设置值:

- 0-手动:没有指定初始设置值,窗体出现的位置由属性 Left 和 Top 决定。
- 1-所有者中心:窗体出现在调用它的 OwnerForm 的中央。
- 2-屏幕中心:窗体出现在显示器屏幕的中央。
- 3-窗口默认:窗体出现在屏幕的左上角。

8. WindowState

WindowState 属性设置窗体运行时的大小状态,其有 3 个可选值:

- 0-Normal:窗体大小由 Height 和 Width 属性决定,此值为默认值。
- 1-Minimized:窗体最小化为一个图标。
- 2-Maximized:窗体最大化,充满整个屏幕。

9. 其他常用属性

BackColor:窗体的背景颜色。

ForeColor:窗体的前景色,窗体的前景色是执行 Print 方法时所显示的文本的颜色。

Left:窗体左边框距屏幕左边界的距离(默认值为 0)。

Top:窗体上边框距屏幕顶端的距离(默认值为 0)。

Width:窗体的宽度(默认值为 4 800)。

Height:窗体的高度(默认值为 3 600)。

Picture:在窗体中显示的图片,可将磁盘中 BMP、GIF 和 JPEG 等类型的图片作为窗体的背景图片。

Moveable:窗体在运行时是否可移动(默认值为 True)。

Visible:窗体在运行时是否可见(默认值为 True)。

在 Visual Basic 中,虽然不同的对象有不同的属性,但有一些属性是不同的控件对象都拥有的,且具有相似的作用,如 Name、Enabled、Left、Top、Width、Height、Visible 等,因此,在后续的章节中主要介绍各控件对象常用的特殊属性。

2.1.2　方法

窗体可以使用的方法有很多,这里主要介绍窗体常用的几个方法。

1. Print

格式:[<对象名称>.]Print [表达式列表]

作用:在窗体、图片框或打印机上输出字符串或表达式的值,对象省略时,表示在当前窗体上输出。关于本语句的更多使用方法在本章的后面将有详细的介绍。

2. Cls

格式:[<对象名称>.]Cls

作用:用来清除由 Print 方法在窗体或图片框中显示的文本或用图形方法在窗体或图

片框中绘制的图形。如果省略对象,则清除当前窗体上显示的内容。

3. Move

格式:[<对象名称>.]Move 左边距离[,上边距离[,宽度[,高度]]]

作用:用于移动窗体及除菜单外所有可视控件的位置,同时可改变被移动对象的大小。若省略对象,则表示移动的是当前窗体。例如,以下语句实现把窗体 Form1 向右和向下各移动 200 缇:

```
Form1.Move Form1.Left + 200, Form1.Top + 200
```

4. Show

格式:[<窗体名称>.]Show

作用:用于显示窗体对象,若指定窗体没有加载,则 Visual Basic 会自动先装载该窗体。

5. Hide

格式:[<窗体名称>.]Hide

作用:用于隐藏窗体对象,但不能使窗体卸载,通常与 Show 方法一起用于多窗体程序设计。

2.1.3 事件

窗体能识别的事件有很多,下面介绍其中比较常用的几个。

1. Click

程序运行后,在窗体的空白位置或在一个无效的控件上单击时,就会触发窗体的 Click 事件。若要编写窗体的 Click 事件过程,可在代码窗口的对象下拉列表框中选中 Form,然后在过程下拉列表框中选择 Click,系统将自动生成事件过程头和过程尾,最后只需在该框架中间添加程序语句。例如,下面的程序实现在单击窗体 Form1 时将其位置定在屏幕的左上角,同时把尺寸缩小一半:

```
Private Sub Form_Click()
    Form1.Move 0, 0, Form1.Width/2, Form1.Height/2
End Sub
```

2. DblClick

程序运行后,在窗体的空白位置或在一个无效的控件上双击时,就会触发窗体的 DblClick 事件。需要注意的是,窗体在触发 DblClick 事件时总是会先触发 Click 事件。

3. Load

程序运行后,窗体被装载到内存时自动触发该事件,该事件过程一般用来完成对属性或变量的初始化。例如,下面的代码实现了在程序启动后命令按钮 Command1 位于窗体 Form1 的中央位置:

```
Private Sub Form_Load()
    Command1.Left = (Form1.ScaleWidth - Command1.Width)/2
    Command1.Top = (Form1.ScaleHeight - Command1.Height)/2
End Sub
```

4. Unload

在程序运行时,关闭窗体或执行 Unload 语句就会触发窗体的 Unload 事件。

注意:不管用户怎么自定义窗体的名称,所有窗体事件的过程名总是以 Form_开头的,这是窗体对象与其他控件对象的重要区别之一。

在程序代码中,若设置或操作的是窗体的属性和方法,则窗体名可以省略。在本窗体模块的事件过程中,亦可用 Me 关键字代替窗体名称来引用当前的窗体对象。

【实例 2.1】 设计一个程序,用窗体模拟黑板功能,在窗体上单击时显示一个算术运算的题目,双击窗体时显示运算结果。程序的设计界面和运行界面如图 2.3 所示。

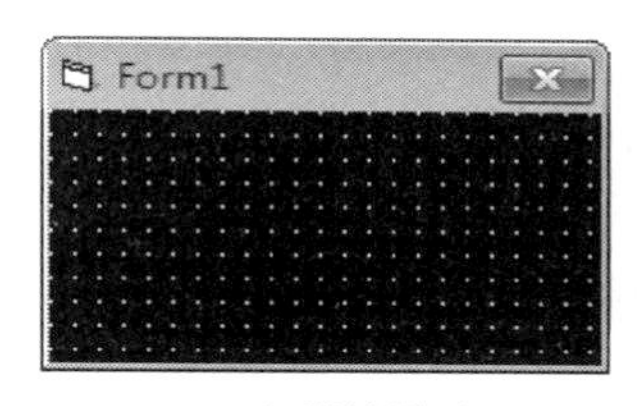

(a) 设计界面

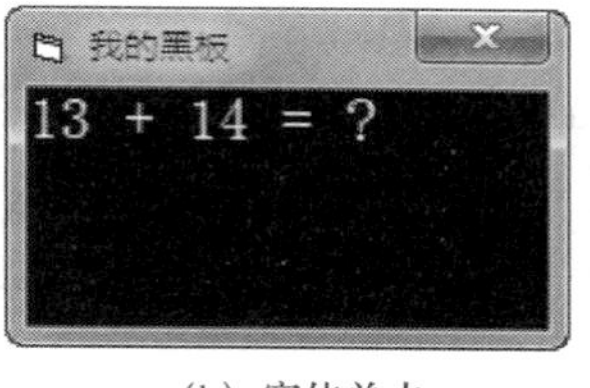

(b) 窗体单击

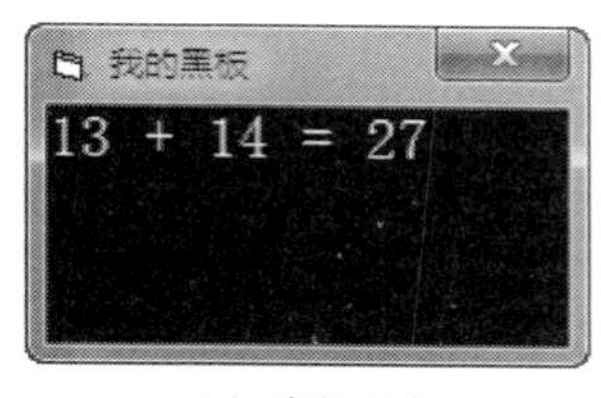

(c) 窗体双击

图 2.3　实例 2.1 的程序界面

(1) 界面设计。通常情况下,黑板的颜色是黑的,黑板上写的字是白的,因此在设计窗体时,需要将窗体的 BackColor 属性值设为黑色,ForeColor 属性值设为白色。本例中窗体各属性的具体设置如表 2.1 所示。

表 2.1　实例 2.1 的窗体属性设置

属性	设置	说明
BackColor	&H00000000&	窗体背景色为黑色,模拟黑板
BorderStyle	1-Fixed Single	窗体固定边框
Font	宋体、三号	设置用 Print 方法在窗体上输出文本的字体和大小
ForeColor	&H00FFFFFF&	窗体前景色为白色,模拟粉笔
StartUpPosition	2-屏幕中心	程序启动时,窗体显示在屏幕的中央

(2) 代码设计。在界面设计时,窗体的标题为默认值 Form1,但在程序启动后其值被改为"我的黑板",这个功能应该在窗体的 Load 事件过程中实现。在对象窗口中双击窗体,Visual Basic 会自动切换到代码窗口,同时自动生成窗体的 Load 事件过程头和过程尾,我们只需在该过程头和过程尾的框架中间添加代码即可。具体程序代码如下:

```
Private Sub Form_Load()
    Me.Caption = "我的黑板"
End Sub
```

接下来实现窗体的 Click 和 DblClick 事件过程。在代码窗口的对象下拉列表框中选择 Form,再在过程下拉列表框中分别选择 Click 和 DblClick,然后在 Visual Basic 自动生成的过程框架中填写相关程序代码。完整的程序代码如下:

```
Private Sub Form_Click()
    Cls
    Print "13 + 14 = ?"
End Sub
```

```
Private Sub Form_DblClick()
    Cls
    Print "13 + 14 = 27"
End Sub
```

(3) 运行结果。代码编写完成后,可单击标准工具栏上的“启动”按钮或按 F5 键运行程序。运行后的窗体会在标题栏显示“我的黑板”,单击时会显示“13+14=?”,而双击时会显示“13+14=27”。本例 Load 事件过程中的关键字 Me 代表当前窗体,它可以省略,如 Click 和 DblClick 事件过程中的 Cls 和 Print 方法均省略了对象名,其亦表示在当前窗体上进行清除和显示信息。

2.2 Visual Basic 的基本语句

2.2.1 赋值语句

赋值语句是程序设计中的最基本语句,也是 Visual Basic 中最常用的语句之一,这是因为 Visual Basic 程序设计是以对象为中心的,在程序中需要不断改变对象的属性,同时在程序中也需要大量的临时变量保存数据,这些功能都要通过赋值语句来完成。

1. 格式

赋值语句的形式为:

格式 1:<变量名> = <表达式>

格式 2:<对象名称.><属性名称> = <表达式>

下面是两条典型的赋值语句:

```
MyNum = 1818                       '将整数 1818 赋给变量 MyNum
Command1.Caption = "确定"          '将命令按钮 Command1 的标题设置为“确定”
```

2. 功能

先计算赋值符号“=”右边表达式的值,然后将此值赋给赋值符号“=”左边的变量或对象的属性。

3. 使用说明

(1) 赋值符号“=”的左边不能是常数、常量符号及表达式。

(2) 不能在一条赋值语句中同时给不同的变量赋值,如语句:x=y=10 并非实现将变量 x 和 y 的值都设为 10。

(3) 条件表达式中的“=”是关系运算符,而非赋值符号,Visual Basic 会根据“=”的位置自动识别“=”是关系运算符还是赋值符号。

(4) 在使用赋值符号时,需要注意数据类型的匹配问题。

例如,下面的语句会产生错误:

```
Dim x As Integer
x = "兴有林栖"
```

若将变量定义成 Variant 类型,则不存在类型匹配的问题,下面的语句可以正确运行:

```
Dim x
x = "兴有林栖"
x = 1818
```

2.2.2 注释语句

注释的意思是在程序中加入一些评注或解释，目的在于为程序的阅读和修改提供信息，提高程序的可读性和可维护性。

注释的方法有两种：使用 Rem 关键字或撇号(')，具体格式为：'| Rem <注释内容>。两者的用法基本相同，在一行中撇号(')或 Rem 关键字后面的内容为注释内容，它们的区别在于使用 Rem 关键字，必须使用冒号(:)与前面的语句隔开，而使用撇号(')，则不必加冒号(:)。例如，下面的代码演示了在程序中包含注释的两种方法。

```
Dim MyStr1, MyStr2
MyStr1 = "Hello":           Rem 注释在语句之后要用冒号隔开
MyStr2 = "Goodbye"          '这也是一条注释，无须使用冒号
```

注意：注释内容前面使用的撇号(')和冒号(:)必须都是英文输入法下输入的半角字符。

2.2.3 结束语句

格式：End

作用：用来结束程序的执行，并关闭已打开的文件。

End 语句提供了一种关闭程序的方法，它可以放在任何事件过程中。执行此语句，会卸载程序中的所有窗体，关闭由 Open 语句打开的文件，并释放程序所占用的内存。例如，下面的代码表示在单击窗体时结束程序的运行：

```
Private Sub Form_Click()
    End
End Sub
```

2.3 数据输入输出

2.3.1 Print 方法及相关函数

1. Print 方法的语法格式

Print 是 Visual Basic 应用程序中用来输出数据的一种重要方法，其格式为：

[<对象名称>.]Print [<表达式>[[; |,][<表达式>]]...]

说明：

- <对象名称>可以是窗体(Form)、立即窗口(Debug)、图片框(PictureBox)和打印机(Printer)。如果省略<对象名称>，则表示在当前窗体上输出。
- 若<表达式>为数值，则输出时其前面有一个符号位，后面有一个空格；而若为字符

串，则前后都没有空格。

- <表达式>之间的分隔符“;”为紧凑格式，“,”为分段格式。Visual Basic 将一行分为若干段，每 14 列为 1 段，若两个输出项之间用逗号(,)间隔，则第二个数据项的输出位置从下一段开始；若两个输出项之间用分号(;)间隔，则第二个数据以“紧凑”格式输出。
- 如果在语句末尾有“;”，则下一个 Print 输出的内容将紧跟在当前 Print 输出内容的后面；如果在语句末尾有“,”，则下一个 Print 输出的内容将在当前 Print 输出内容的下一段输出；如果在语句末尾无任何分隔符，则输出本语句内容后换行，即在新的一行输出下一个 Print 的内容。
- 若省略<表达式>，则输出一个空行。

下面的程序演示了 Print 方法的不同输出格式。

```
Private Sub Form_Click()
    Print 123; - 456; 3.14
    Print "123"; " - 456"; "3.14"
    Print "123", " - 456", "3.14"
    Print "Hi,";
    Print "This is LYX."
    Print
    Print "兴有林栖"
End Sub
```

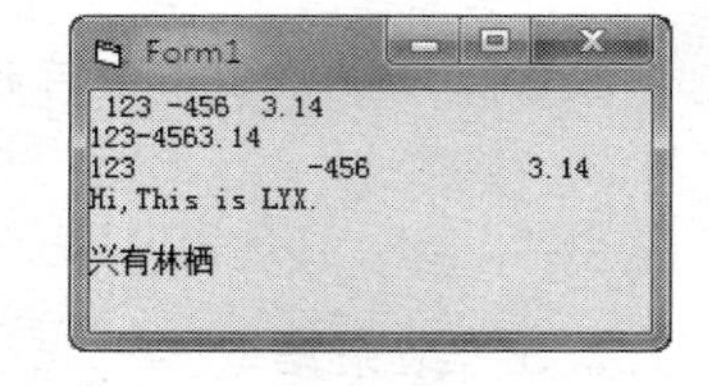

图 2.4　Print 方法不同格式的输出结果

运行该程序，在窗体上的输出结果如图 2.4 所示。

2. 用 Tab 函数定位输出

在 Print 方法中，可以使用 Tab 函数对要输出的表达式进行定位。Tab 函数的语法为：Tab(n)，其中的 n 为一整数，表示把要输出的表达式定位在第 n 列并在此开始显示。例如，下面代码的第 2 条 Print 语句表示单击窗体时，在当前行的第 6 列和第 10 列开始输出单词“Hi”和“Hello”，运行结果如图 2.5 所示。

```
Private Sub Form_Click()
    Print Tab(6); "V"; Tab(10); "B"
Print Tab(6); "Hi"; Tab(10); "Hello"
End Sub
```

不过，如果当前显示或打印位置已经超过 Tab 函数 n 参数的值时，Visual Basic 会自动换行，在下一行的第 n 列位置进行输出。例如，下面程序的运行结果如图 2.6 所示。

```
Private Sub Form_Click()
    Print Tab(6); "Hello"; Tab(10); "Hi"
End Sub
```

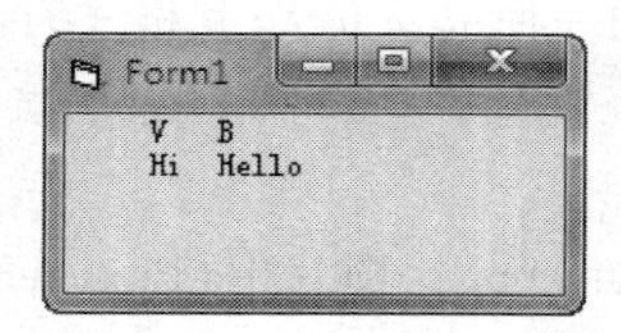

图 2.5　Tab 函数定位输出

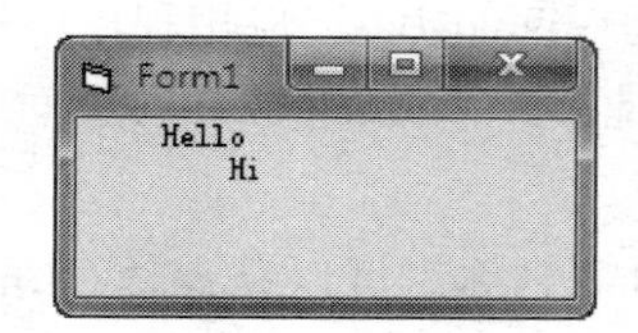

图 2.6　当前位置超过 n 的结果

3. 用 Spc 函数定位输出

在 Print 方法中，还可以使用 Spc 函数来对输出进行定位。Spc 函数的语法为：Spc(n)，与 Tab 函数不同的是，参数 n 表示的是在显示或打印的表达式之前插入 n 个空格。简单来说，Tab 函数中的参数 n 是绝对定位，表示在第几列开始输出表达式，而 Spc 函数的参数 n 是相对定位，表示与前一个表达式空出几列开始输出后一个表达式。下面的程序是一个 Spc 函数应用的简例，其运行结果如图 2.7 所示。

```
Private Sub Form_Click()
    Print Spc(6); "Hi"; Spc(10); "Hello"
    Print Spc(6); "Hello"; Spc(10); "Hi"
End Sub
```

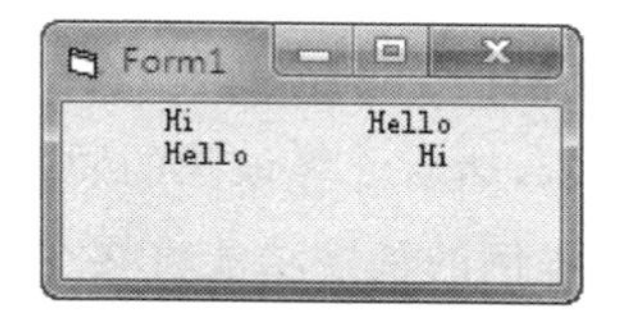

图 2.7　Spc 函数定位输出

注意：不管是 Tab 函数还是 Spc 函数，它们与输出表达式之间均应是用“;”相隔的。

2.3.2　InputBox 函数

InputBox 函数也称为输入对话框函数，用来接收用户的键盘输入，并将输入信息返回给程序中的某变量或某对象的某属性。其语法格式如下：

<变量名> = InputBox(<提示信息>[, <对话框标题>] [, <默认值>])

InputBox 函数的运行效果如图 2.8 所示。

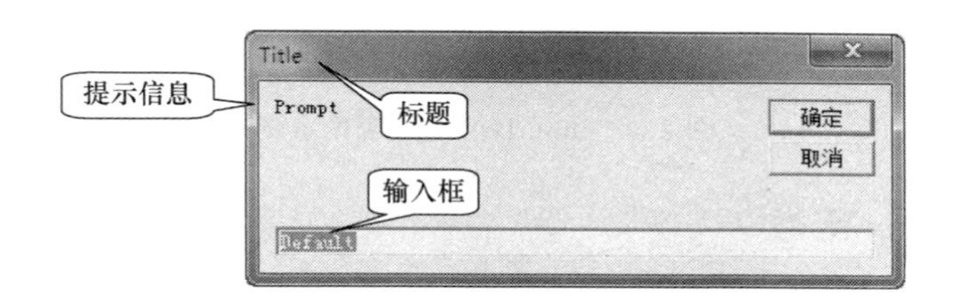

图 2.8　InputBox 函数对话框

各个参数的含义如下：

- <提示信息>：一个字符串表达式，是在对话框中显示的提示文本。本参数为必选项，最大长度为 255 个字符，字符串中可插入 vbCrLf 常量或 Chr(13)＋Chr(10)函数组合进行换行。
- <对话框标题>：一个字符串表达式，在对话框的标题栏显示，若省略此项，则对话框使用工程的名称作为标题。
- <默认值>：一个字符串表达式，是在对话框的输入框中显示的默认文本，意即在执行 InputBox 函数后，如果用户未输入任何内容，则用此值作为默认的输入值。本参数可以省略。

注意：InputBox 函数的返回值为字符串类型，若要使用 InputBox 函数输入一个数值数据，通常需要用 Val 函数或类型转换函数(如 CInt、CSng 等)对返回值进行类型转换。

【实例 2.2】 编写程序，在鼠标单击窗体时，通过 InputBox 函数从键盘输入一个圆的半径 R，然后计算该圆的周长 L 和面积 S 并在窗体上输出。

本例的程序功能直接在窗体上实现，因此界面设计比较简单。因为是计算圆的周长和面积，所以需要将 InputBox 函数输入的内容作为一个数值来处理。具体程序代码如下：

```
Private Sub Form_Click()
    Dim R, L, S
    R = Val(InputBox("请输入半径 R:", "数据输入"))
    L = 2 * 3.14 * R
    S = 3.14 * R * R
    Print "圆的周长 L 为:"; L
    Print "圆的面积 S 为:"; S
End Sub
```

程序运行结果如图 2.9 所示，左图为 InputBox 函数生成的对话框，右图为计算后窗体的显示结果。

图 2.9　InputBox 函数应用示例

2.3.3　MsgBox 函数

MsgBox 函数也称为消息对话框，其生成为用户提供信息和选择的交互式对话框，并且当用户单击对话框中的某按钮时，可返回一个整数以表明用户单击了哪个按钮。MsgBox 函数的语法格式如下：

```
[<变量名> = ]MsgBox(<提示信息>[, <对话框类型>] [, <对话框标题>])
```

MsgBox 函数各参数的含义如下：

- <提示信息>：一个字符串表达式，作为显示在对话框中的信息。本参数为必选项，最大长度为 1 024 个字符，当字符串在一行内显示不完时，系统会自动换行，也可以插入 vbCrLf 常量或 Chr(13)＋Chr(10)函数组合进行强制换行。
- <对话框类型>：一个数值表达式或符号常量表达式，指定对话框中显示的按钮、图标样式及默认按钮等。该参数的值通常由“按钮类型”“图标样式”和“默认按钮”3 个类别中各选一个常量或值相加产生，各类别的具体参数设置值和含义如表 2.2 所示。

表 2.2　对话框类型参数设置值及其含义

类别	常量	值	描述
按钮类型	vbOKOnly	0	只显示“确定”按钮
	VbOKCancel	1	显示“确定”和“取消”按钮
	VbAbortRetryIgnore	2	显示“终止”“重试”和“忽略”按钮
	VbYesNoCancel	3	显示“是”“否”和“取消”按钮
	VbYesNo	4	显示“是”和“否”按钮
	VbRetryCancel	5	显示“重试”和“取消”按钮
图标样式	VbCritical	16	显示 Critical Message 图标( )
	VbQuestion	32	显示 Warning Query 图标( )
	VbExclamation	48	显示 Warning Message 图标( )
	VbInformation	64	显示 Information Message 图标( )
默认按钮	vbDefaultButton1	0	第一个按钮是默认值
	vbDefaultButton2	256	第二个按钮是默认值
	vbDefaultButton3	512	第三个按钮是默认值
	vbDefaultButton4	768	第四个按钮是默认值

• <对话框标题>：一个字符串表达式，在对话框的标题栏显示，若省略此项，则对话框使用工程的名称作为标题。

在实际的程序运行中，许多时候用到的消息对话框是包含多个按钮的，如在用户选择退出系统时，程序会弹出如图 2.10 所示的对话框防止误操作的非正常退出。那么，系统是如何识别用户是单击了“是”按钮还是“否”按钮的呢？

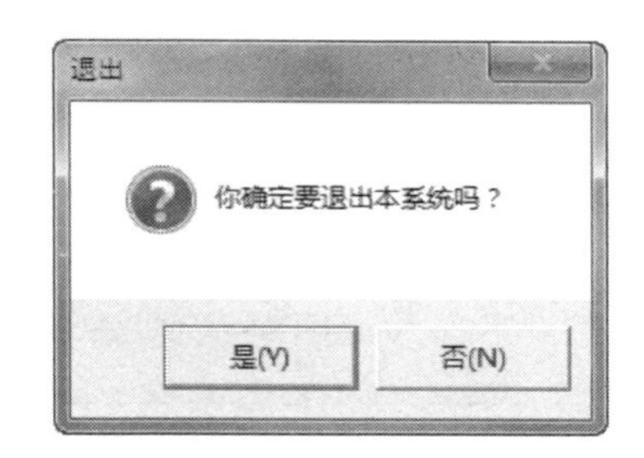

图 2.10　多按钮的消息框

其实，MsgBox 函数本身具有返回值用来表示用户是单击了哪一个按钮的。当用户单击了消息框中的任意一个按钮后，消息框立即从屏幕上消失，但会用一个数值代表用户单击了哪个按钮并将此数值返回给 MsgBox 函数左边赋值符号前面的变量，程序只要根据此变量的值做不同的处理即可。例如，如图 2.10 所示的对话框可用如下语句实现：

```
r = MsgBox("你确定要退出本系统吗?", vbQuestion + vbYesNo, "退出")
```

程序只要判断 r 的值即可知道用户是单击了“是”按钮还是“否”按钮。在消息对话框中有 7 种按钮，MsgBox 函数分别用 1～7 的整数来与这些按钮对应，具体如表 2.3 所示。

表 2.3　MsgBox 函数的返回值

常数	值	用户单击的按钮
vbOK	1	“确定”按钮
vbCancel	2	“取消”按钮
vbAbort	3	“终止”按钮

续 表

常数	值	用户单击的按钮
vbRetry	4	"重试"按钮
vbIgnore	5	"忽略"按钮
vbYes	6	"是"按钮
vbNo	7	"否"按钮

MsgBox 函数也可以写成语句形式，例如：

```
MsgBox "欢迎使用 Visual Basic !", , "消息框"
```

图 2.11　没有返回值的 MsgBox 语句示例

该语句的执行结果如图 2.11 所示，也产生一个消息框，只是该语句没有返回值，常用于比较简单的信息提示。

【实例 2.3】　编写程序，在关闭窗体时弹出一个消息框询问用户是否确定退出系统，若用户选择"是"，则显示另一个"谢谢，欢迎下次使用！"的消息框并退出系统，否则回到窗体运行界面。程序的运行效果如图 2.12 所示。

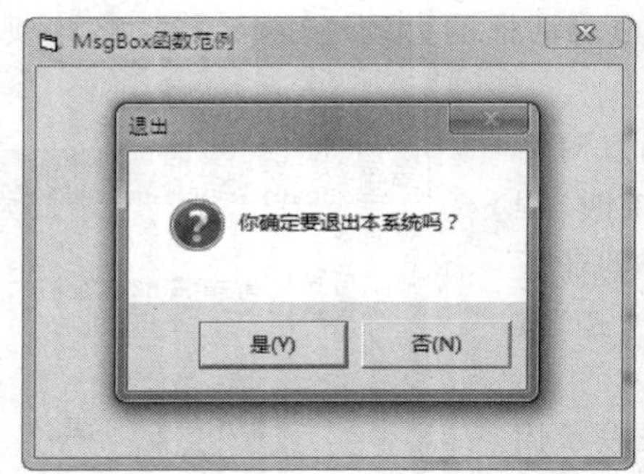

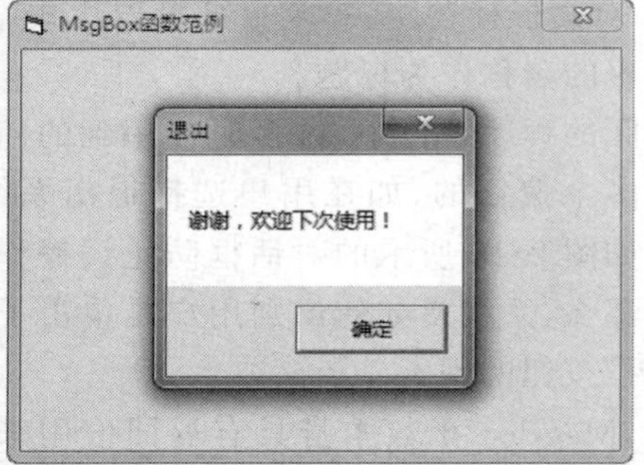

图 2.12　实例 2.3 的程序运行效果界面

（1）界面设计。本例的程序功能直接通过窗体对象实现，界面设计比较简单，只是为了让界面更加友好，将窗体的几个属性设置如表 2.4 所示。

表 2.4　实例 2.3 的窗体属性设置

属性	设置	说明
BorderStyle	1-Fixed Single	窗体固定边框
Caption	MsgBox 函数范例	窗体标题
StartUpPosition	2-屏幕中心	程序启动时，窗体显示在屏幕的中央

（2）代码设计。在关闭窗体时对用户进行询问以决定是否退出系统，因此程序代码应该写在窗体的 Unload 事件中，具体程序语句如下：

```
Private Sub Form_Unload(Cancel As Integer)
```

```
    Dim r As Integer
    r = MsgBox("你确定要退出本系统吗?", vbQuestion + vbYesNo, "退出")
    If r = vbYes Then
        MsgBox "谢谢,欢迎下次使用!", , "退出"
    Else
        Cancel = 1
    End If
End Sub
```

(3) 运行结果。程序运行后,当用户单击了窗体标题栏右边的“关闭”按钮时,程序将弹出消息为“你确定要退出本系统吗?”的对话框,如果用户选择“否”按钮,则程序返回窗体运行界面,而如果用户选择“是”按钮,程序将再弹出消息为“谢谢,欢迎下次使用!”的对话框,当用户单击了“确定”按钮后,程序结束。

事件过程中的 r 是一个整型变量,用来存放 MsgBox 函数的返回值,代表用户单击了哪一个按钮,如果用户单击“是”按钮,则其值为 6,若用户单击的是“否”按钮,则其值为 7,也可以用 vbYes 和 vbNo 分别表示返回值 6 和 7。选择“是”按钮后弹出的消息框只是用来表示对用户的感谢,它只有一个“确定”按钮,意即程序没有必要关心 MsgBox 函数的返回值,因此,此处用语句形式调用 MsgBox 即可。

窗体的 Unload 事件有一个名为 Cancel 的参数,用来确定是否真的将窗体从内存卸载,如果 Cancel 为 0,则窗体被卸载,而 Cancel 为任意一个不为 0 的数时窗体不会被卸载。

2.4　基本控件

在 Visual Basic 中,系统提供了很多控件对象,但是其中的几个是最基本也是最常用的,它们总会出现在几乎所有的 Visual Basic 应用程序中,这几个控件就是:标签(Label)、命令按钮(CommandButton)和文本框(TextBox),它们在工具箱中的位置如图 2.13 所示。

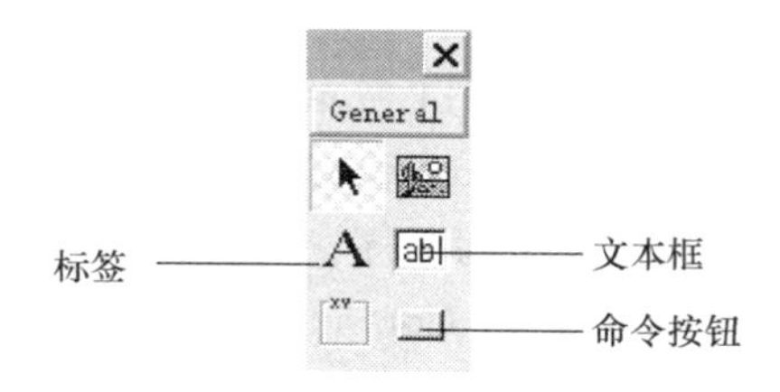

图 2.13　工具箱中的基本控件

2.4.1　命令按钮

命令按钮(CommandButton)可以说是所有控件中最常见的,几乎每个应用程序都需要通过它与用户进行交互,它通常用来在单击时执行指定的操作。

1. 常用属性

(1) Caption。该属性用于设定命令按钮上显示的文本,其默认值与命令按钮的 Name 属性值相同,如新建的名称为 Command1 的命令按钮,其 Caption 属性的初值也是 Command1。

通过 Caption 属性可以为命令按钮设置一个访问键,具体的做法是在 Caption 属性值中添加一个字母,然后在此字母的前面插入一个 & 字符。例如,如果命令按钮的 Caption 属性值为“确定(&Y)”，则程序运行时命令按钮显示为 确定(Y) ，即在 Y 字母的下面会有一条下划线，而字母 Y 就是本命令按钮的访问键，当用户按下了 Alt+Y 组合键时，便相当于单击了此命令按钮。

(2) Enabled。该属性用来设定命令按钮是否可响应用户的鼠标和键盘操作，其值为逻辑类型，即只能取 False 或 True，当值为 False 时命令按钮呈灰色并且不可用，当值为 True 时命令按钮可用。

(3) Default。该属性用于决定命令按钮是否为窗体的默认按钮，其值为逻辑类型。当某命令按钮的 Default 属性值为 True 时，不论焦点处于任何非命令按钮控件上，在按下回车键时，都会调用此命令按钮的 Click 事件。

窗体中只能有一个命令按钮可以作为默认按钮，如果将某个命令按钮的 Default 设置为 True，则窗体中其他的命令按钮的 Default 属性会自动设置为 False。

(4) Cancel。该属性用来设置某个命令按钮是否为窗体中的取消按钮。当某个命令按钮的 Cancel 属性值设为 True 时，在当前运行窗体的任何时候按下 Esc 键都相当于用鼠标单击了该按钮。同 Default 属性一样，一个窗体只允许有一个取消按钮。

(5) Style。该属性用来设置命令按钮的显示类型，其属性值可以设置为：

- 0-Standard：标准，命令按钮上不能显示图形和背景色，此值为本属性的默认值。
- 1-Graphical：图形，命令按钮可以显示图形和背景色，即此时可设置命令按钮的 Picture 属性使命令按钮显示一张图片，也可以设置命令按钮的 BackColor 属性使命令按钮具有背景色。

(6) Picture。该属性用于设置命令按钮中显示的图形。只有将 Style 属性的值设为 1，此属性设置才有意义，否则命令按钮将不会显示指定的图片。

2. 常用事件

命令按钮最常用的事件是 Click 事件，即单击事件，其在程序运行后单击命令按钮时触发。

【实例 2.4】 程序的设计界面如图 2.14 所示，自左向右的两个命令按钮分别为 Command1 和 Command2，其中 Command2 为取消按钮。编写程序，单击 Command1 时，在窗体上显示 Hello；单击 Command2 时程序结束。

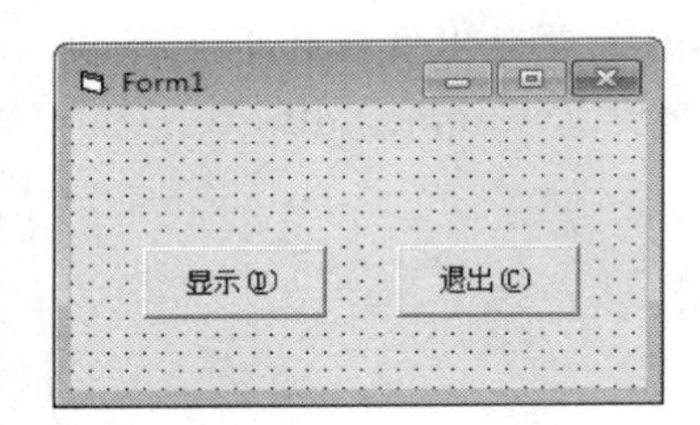

图 2.14 实例 2.4 程序设计界面

(1) 界面设计。此实例的目的在于演示命令按钮的属性设置和简单应用，因此界面设计的主要工作在命令按钮上，具体属性值的设置如表 2.5 所示。

表 2.5 实例 2.4 的命令按钮属性设置

对象	属性	设置	说明
Command1	Caption	显示(&D)	按钮标题，并指定 Alt+D 访问键
Command2	Caption	退出(&C)	按钮标题，并指定 Alt+C 访问键
	Cancel	True	取消按钮

(2) 代码设计。双击 Command1 按钮,在代码窗口中编写它的事件过程,如下:

```
Private Sub Command1_Click()
    Print "Hello"
End Sub
```

双击 Command2 按钮,在代码窗口中编写它的事件过程,如下:

```
Private Sub Command2_Click()
    End
End Sub
```

(3) 运行结果。程序启动后,单击 Command1 按钮,在窗体上会显示 Hello 文本,而单击 Command2 按钮,则程序结束。因为给两个按钮设置了访问键,所以直接在键盘上按下 Alt+D 和 Alt+C 组合键,会分别实现两个按钮的单击事件功能。另外,Command2 还是取消按钮,因此在程序运行期间,只要按下 Esc 键,程序就会结束并退出。

2.4.2　标签

标签(Label)只能显示文本,不能进行编辑,主要用来显示用户不需要修改的文字。在程序中,标签通常作为数据输入或输出的附加描述,例如常出现在文本框的左边,以提示用户文本框的用途等。下面是标签的常用属性。

(1) Alignment。该属性用来确定标签中内容的对齐方式,其有 3 个取值。

- 0-Left Justify:文本左对齐,默认值。
- 1-Right Justify:文本右对齐。
- 2-Center:文本居中。

(2) BackStyle。该属性用于设置标签的背景是否透明,默认值为 1,即不透明;若设为 0,则背景透明,即无背景色。

(3) BorderStyle。该属性用来设置标签是否有边框,默认值为 0,即无边框;设置为 1 时,标签会有立体边框。

(4) Caption。该属性用来设置标签要显示的内容,是标签最重要的属性。其默认值与 Name 属性值相同,如 Label1、Label2 等。

在程序代码中,可以在设置标签的 Caption 属性值的语句中连接上 vbCrLf 常量或 Chr(13)+Chr(10)函数组合,使得标签显示的内容进行换行。例如:

```
Label1.Caption = "Hello," + vbCrLf + "欢迎使用 Visual Basic!"
```

(5) AutoSize。该属性用于设置标签是否自动调整大小以显示所有内容,其有两个取值。

- True:自动改变控件大小以显示全部内容。
- False:保持控件大小不变,超出控件区域的内容被裁剪掉,默认值。

(6) WordWrap。该属性用来设置一个 AutoSize 属性值为 True 的标签是否进行水平或垂直展开以显示其全部文本内容,其有两个取值。

- True:不调整标签控件水平方向的大小,自动调整垂直方向的大小以显示标签中的所有文本内容。
- False:先将标签控件水平方向的大小按照最长的行的文本长度进行调整,再调整垂直方向的大小以显示所有的文本内容,默认值。

另外，标签可响应 Click（单击）和 DblClick（双击）等事件，但一般情况下不对它进行编程。

2.4.3 文本框

文本框（TextBox）是 Visual Basic 程序设计中应用非常广泛的一个控件，它是一个文本编辑区域，用户可以通过它进行数据的输入、输出和编辑。

1. 常用属性

(1) Text。该属性是文本框最重要的属性之一，其默认值与 Name 属性值相同，如 Text1、Text2 等。可以在设计时设定 Text 属性，也可以在运行时直接在文本框内输入或用语句赋值的方法来改变该属性的值。

(2) Locked。该属性设置文本框中的内容是否可编辑。默认值为 False，表示可以编辑；若将其值改成 True，则表示不可以编辑，但可以选中其中的文本内容并复制，意即文本框不允许修改其内容，但能响应用户鼠标或键盘操作触发的相关事件。

(3) MaxLength。该属性设定在文本框控件中能够输入的最大字符数，取值范围为 0～65 535。默认值为 0，表示无限制，即与 65 535 等价。

若该值为取值范围内的一个非 0 值，则文本框中超出该值指定长度的那部分文本将被截断。如执行下列语句后，文本框内显示的是“abcdefghij”。

```
Text1.MaxLength = 10
Text1.Text = "abcdefghij12345"
```

(4) MultiLine。该属性设定文本框中是否允许接受多行文本。若该值为 False（默认值），文本框中的内容只能在一行中显示；若为 True，则文本框中的文本内容可以多行显示，具体控制多行显示的方法如下：

- 界面设计时，在属性窗口中直接输入 Text 属性值，要换行时按 Ctrl＋＜回车＞组合键。
- 程序运行时，在修改 Text 属性值的赋值语句中插入 vbCrLf 常量或 Chr(13)＋Chr(10)函数组合。例如：

```
Text1.Text = "未到达边界" + Chr(13) + Chr(10) + "另起一行."
```

(5) PasswordChar。该属性用来设置在文本框中所输入的字符是否要显示出来。如果该属性值为长度等于 0 的字符串("")（默认值），则文本框显示实际的文本；而如果该属性值为其他字符，如“*”，则无论用户在文本框中键入任何字符，文本框中都显示为“*”。

将文本框作为一个密码域时，设置此属性非常有用。虽然它能够设置为任何字符，但大多数基于 Windows 的应用程序使用的是星号（*）。另外，能够将任意字符串赋予此属性，但只有第一个字符是有效的，所有其他的字符将被忽略。

(6) ScrollBars。该属性决定是否为文本框添加滚动条。文本过长，可能会超过文本框的边界，此时应为该控件添加滚动条。其有 4 个取值：

- 0-None：无滚动条，默认值。
- 1-Horizontal：水平滚动条。
- 2-Vertical：垂直滚动条。
- 3-Both：既有水平滚动条，又有垂直滚动条。

2. 常用方法

文本框最常用的方法是 SetFocus，该方法可把光标移到指定的文本框中，使之获得焦点。本方法没有参数，具体格式如下：

<对象名>.SetFocus

例如，如果一个窗体上有多个文本框，则用下面的语句可将光标移到 Text1 文本框中：

```
Text1.SetFocus
```

注意：焦点只能移到可视的窗体或控件中，所以在 Form_Load 事件过程中如果未先使用 Show 方法显示窗体，则不能使用 SetFocus 方法将焦点移到该窗体的控件中。同时，不能把焦点移到 Enabled 属性被设置为 False 的控件。如果某控件的 Enabled 属性值为 False，则在使用 SetFocus 方法使其接收焦点前必须将此控件的 Enabled 属性设置为 True。

【实例 2.5】 设计一个密码验证对话框，程序界面设计如图 2.15 所示。程序运行时，在上面的文本框中输入密码，如果输入的密码与预设的密码相同，在单击“确定”按钮时，在下面的文本框中显示“密码正确，欢迎使用本系统！”，否则显示“密码错误，请重新输入密码！”。单击“清除”按钮时，将两个文本框的内容清除，同时将焦点置于上面的文本框。

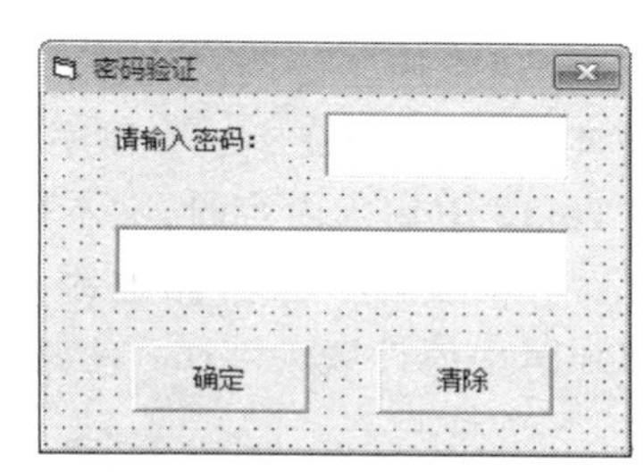

图 2.15　实例 2.5 的程序界面设计

(1) 界面设计。在窗体上放 1 个标签、两个文本框和两个命令按钮。上面的文本框用来输入密码，因此应设置它的 PasswordChar 属性，而下面的文本框用来显示密码验证的结果，所以应将它的 Locked 属性设为 True。各对象的具体属性设置如表 2.6 所示。

表 2.6　实例 2.5 各对象的属性值设置

对象	属性	设置	说明
Form1	Caption	密码验证	窗体标题
	BorderStyle	1-Fixed Single	窗体固定边框
Label1	Caption	请输入密码：	标签标题
Text1	Text	空("")	文本框内容
	PasswordChar	*	密码代替字符
Text2	Text	空("")	文本框内容
	Locked	True	文本框不可编辑
Command1	Caption	确定	按钮标题
Command2	Caption	清除	按钮标题

(2) 代码设计。双击窗体 Form1，进入代码设计窗口，编写如下事件过程代码：

```
Private Sub Command1_Click()
    Const MyPassW = "123456"
```

```
        If Text1.Text = MyPassW Then
            Text2.Text = "密码正确,欢迎使用本系统!"
        Else
            Text2.Text = "密码错误,请重新输入密码!"
        End If
    End Sub
    Private Sub Command2_Click()
        Text1.Text = ""
        Text2.Text = ""
        Text1.SetFocus
    End Sub
```

(3) 运行结果。在密码文本框中输入文本时,显示的是“ * ”,但文本框的真实 Text 属性值还是实际输入的值。本实例预设的密码为“123456”,用户在密码文本框中输入的内容如果跟预设密码不相同,则会显示“密码错误,请重新输入密码!”,否则显示“密码正确,欢迎使用本系统!”。

3. 常用事件

(1) Change 事件。当文本框中的内容被改变时,即文本框的 Text 属性值被修改时触发该事件。例如,用户在文本框中输入“LYX”字符串,就会触发 3 次 Change 事件。Change 事件过程通常用于协调或同步各控件显示的数据。

【实例 2.6】 设计一个程序,界面设计和运行效果如图 2.16 所示。程序运行时,在文本框 Text2 中输入内容时,文本框 Text1 同步显示文本框 Text2 中的内容。

① 界面设计。在窗体上添加两个文本框,布局如图 2.16 所示,将文本框 Text1 的 Locked 属性值设置为 True,使其不可编辑。

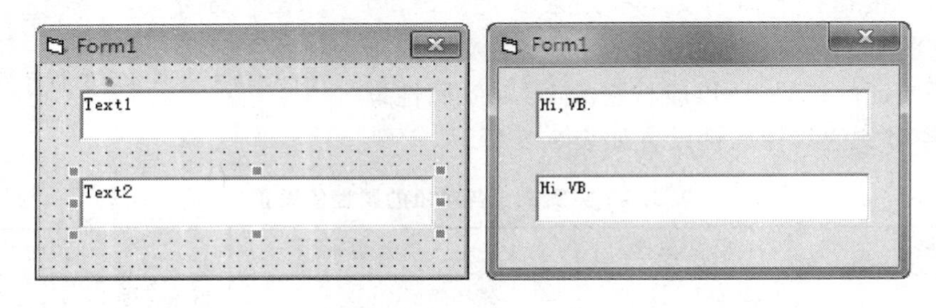

图 2.16 实例 2.6 的程序设计界面和运行界面

② 代码设计。双击文本框 Text2,进入代码设计窗口,编写如下事件过程代码:

```
Private Sub Text2_Change()
    Text1.Text = Text2.Text
End Sub
```

③ 运行结果。程序运行后,在文本框 Text2 中输入或删除任意字符,文本框 Text1 就会同步显示文本框 Text2 中的内容。

(2) KeyPress 事件。当用户在文本框中按下任何可打印的字符或某些特殊字符包括 Enter(回车)及 Backspace(退格)键时会触发此事件。KeyPress 事件过程在截取文本框所输入的击键时是非常有用的,它可立即测试击键的有效性或在字符输入时对其进行格式处理。KeyPress 事件具有一个参数,完整的事件语法格式如下:

```
Private Sub 文本框名称_KeyPress(KeyAscii As Integer)
```

参数 KeyAscii 是一个整数，其返回文本框所输入的击键的 ASCII 码，改变 KeyAscii 参数的值会改变文本框中显示的字符，将 KeyAscii 改变为 0 时可取消击键，即用户按下键的对应字符不会显示在文本框中，因此，使用 KeyPress 事件可以方便地控制文本框只能接受指定字符，如只接受数字键等。

【实例 2.7】 改装“实例 2.5”的程序，将“确定”按钮的功能由文本框代替实现，即用户在文本框 Text1 输完密码并按回车键时进行密码合法性的验证。

① 界面设计。在“实例 2.5”的程序界面基础上，将“确定”按钮删除，其他对象的布局和属性设置不变，如图 2.17 所示。

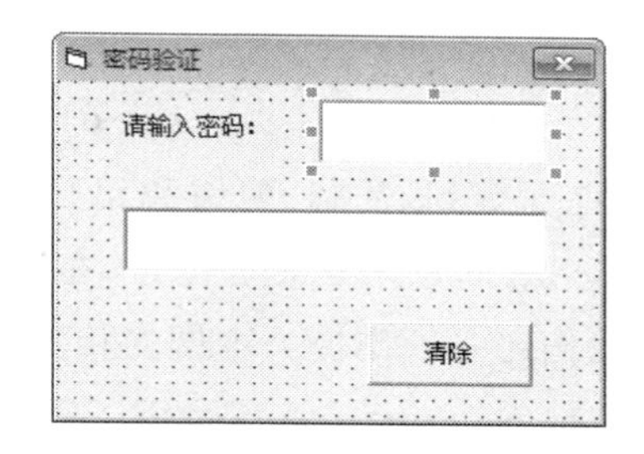

图 2.17　实例 2.7 的程序设计界面

② 代码设计。删除“实例 2.5”的整个 Command1_Click()事件过程，然后重新编写如下事件过程代码：

```
Private Sub Text1_KeyPress(KeyAscii As Integer)
    Const MyPassW = "123456"
    If KeyAscii = 13 Then
        If Text1.Text = MyPassW Then
            Text2.Text = "密码正确,欢迎使用本系统!"
        Else
            Text2.Text = "密码错误,请重新输入密码!"
        End If
    End If
End Sub
```

③ 运行结果。程序运行后，在文本框 Text1 中输入任意字符后按回车，程序将进行密码验证，如果文本框中的内容与预设密码一致，则显示“密码正确，欢迎使用本系统！”，否则显示“密码错误，请重新输入密码！”。

2.4.4　剪贴板

在实际应用中，经常会有对文本框的内容进行编辑的需求，编辑的过程中会频繁地使用复制、剪切和粘贴的操作，而完成这些操作需要使用剪贴板(Clipboard)对象来实现。Clipboard 对象是计算机内存中的一块区域，通过 Clipboard 对象，为各程序之间架起了一座桥梁，并使得各种程序之间传递和共享信息成为可能。

Clipboard 对象没有属性和事件，只有 6 个方法，其中常用的用于字符内容操作的 3 个方法如下：

(1) Clear。该方法用于清除剪贴板的内容。使用方法比较简单，语句为：

```
Clipboard.Clear
```

(2) SetText。该方法将指定的文本字符串放到 Clipboard 对象中，语法格式为：

```
Clipboard.SetText  <字符串内容>
```

(3) GetText。该方法用于获取 Clipboard 对象中的文本字符串，语法格式为：

```
Clipboard.GetText
```

Clipboard 对象的 GetText 方法的目的是返回剪贴板中的内容，因此，在实际应用中，它通常出现在赋值表达式中，赋值符号的左边是一个字符串变量，或者是一个对象的字符串类型的属性，如 s=Clipboard.GetText，表示将剪贴板中的内容赋值给 s 字符串变量。

> **注意：**在复制任何信息到 Clipboard 对象中之前，应使用 Clear 方法清除 Clipboard 对象中的内容。所有 Windows 应用程序共享 Clipboard 对象，因此当切换到其他应用程序时，剪贴板内容会改变。

前面提到，复制、剪切和粘贴是文本框内容编辑的常用操作，而实现的途径可以通过 Clipboard 对象来实现。但是，在实际操作时，编辑的内容总是文本框中部分选定的内容，因此，我们还必须掌握文本框的相关编辑属性。

(1) SelStart。该属性用于返回或设置文本框中所选内容的起始点，如果没有内容被选中，则为光标所在位置。SelStart 属性值的有效范围是 0 到文本框内容的长度，当 SelStart 值为 0 时，表示选择内容的起点在文本框的第 1 个字符之前；若 SelStart 值为文本框内容的长度，则指示的位置在文本框的最后一个字符之后。

(2) SelLength。该属性用于返回或设置文本框中所选择内容的字符个数。SelLength 属性值的有效范围是 0 到文本框内容的长度，如果它的值比 0 小，则会导致一个运行时错误；如果它的值超过文本框内容的长度，则会视为文本框现有内容的长度。

(3) SelText。该属性表示文本框中当前选中的文本字符串，如果没有任何字符被选中，则为零长度的字符串("")。

> **注意：**文本框(TextBox)的这些属性在设计时是不可用的，即只能在程序代码中通过语句进行操作。

【实例 2.8】 设计一个简易的文本编辑器，界面设计如图 2.18 所示。初始时，"复制""剪切"和"粘贴"按钮均不可用；在文本框中选择内容后，"复制"和"剪切"按钮可用；单击"复制"按钮将选中的内容送到剪贴板，单击"粘贴"按钮将选中内容送到剪贴板的同时删除选中的内容，并且"粘贴"按钮可用；单击"粘贴"按钮，将剪贴板的内容显示在文本框的光标所在位置。

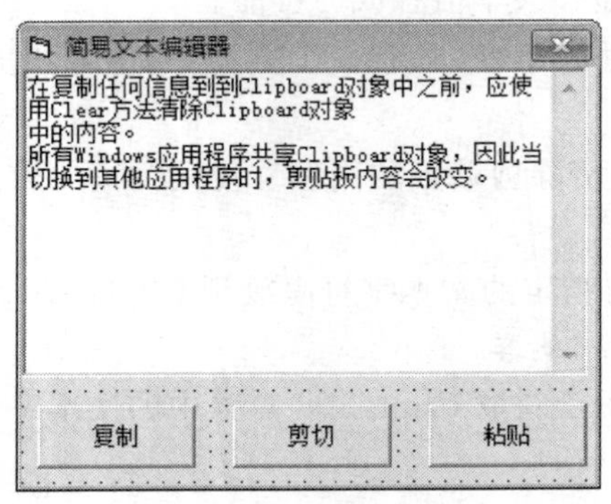

图 2.18　实例 2.8 的程序设计界面

(1) 界面设计。在窗体上添加 1 个文本框和 3 个命令按钮,在文本框中任意输入若干字符。窗体和各对象的具体属性设置如表 2.7 所示。

表 2.7　实例 2.8 各对象的属性值设置

对象	属性	设置	说明
Form1	Caption	简易文本编辑器	窗体标题
	BorderStyle	1-Fixed Single	窗体固定边框
Text1	MultiLine	True	文本框支持多行显示
	ScrollBars	2-Vertical	带垂直滚动条
Command1	Caption	复制	按钮标题
	Enabled	False	按钮不可用
Command2	Caption	剪切	按钮标题
	Enabled	False	按钮不可用
Command3	Caption	粘贴	按钮标题
	Enabled	False	按钮不可用

(2) 代码设计。"复制"和"剪切"按钮是否可用取决于文本框中是否有内容选中,在文本框中选择内容的方法通常使用鼠标实现,事实上,从开始选择到内容选中,文本框会触发 MouseDown、MouseMove、MouseUp 和 Click 等事件,判断是否有内容被选中应该在松开鼠标后进行决定,因此,可以考虑用 MouseUp 或 Click 事件过程来实现,这里采用 Click 事件过程实现。切换到代码设计窗口,编写如下事件过程代码:

```
Private Sub Command1_Click()            '复制
    Clipboard.Clear
    Clipboard.SetText Text1.SelText
    Command3.Enabled = True
    Text1.SetFocus
End Sub
Private Sub Command2_Click()            '剪切
    Clipboard.Clear
    Clipboard.SetText Text1.SelText
    Command3.Enabled = True
    Text1.SelText = ""
    Text1.SetFocus
End Sub
Private Sub Command3_Click()            '粘贴
    Text1.SelText = Clipboard.GetText
    Text1.SetFocus
End Sub
Private Sub Text1_Click()               '控制"复制"按钮和"剪切"按钮是否可用
    '判断在本文框中是否有内容选中
    If Text1.SelLength>0 Then
        Command1.Enabled = True
        Command2.Enabled = True
    Else
        Command1.Enabled = False
```

```
        Command2.Enabled = False
    End If
End Sub
```

(3) 运行结果。程序运行后,“复制”“剪切”和“粘贴”3 个按钮均不可用,在文本框中选中内容后,“复制”和“剪切”按钮可用,若再次单击文本框,而没有内容选中,“复制”和“剪切”按钮又变得不可用。单击“复制”按钮,视觉上感觉没有变化,其实程序已经将选中的内容送至剪贴板;单击“粘贴”按钮,程序会将剪贴板的内容插入到光标所在的位置或替换文本框中选中的内容。单击“剪切”按钮,功能与“复制”按钮相似,主要是将选中内容送至剪贴板,区别是它还会把选中的内容进行删除。

2.5 定时器控件及其应用

定时器(Timer)控件可以有规律地间隔一段时间执行一次代码,利用这点,我们常用它进行时钟或动画的设计。

定时器控件的图标为 ,它在运行时不可见,所以在界面设计时可以放在窗体的任意位置。

1. 常用属性

(1) Interval。该属性用于返回或设置定时器控件计时的时间间隔,其有效范围为 0~65 535,默认值为 0,此时定时器无效。定时器控件运行时的时间间隔是以毫秒为单位计时的,所以 Interval 属性值为 1 000 时,表示间隔 1 s。

(2) Enabled。该属性表示定时器是否被激活。当 Enabled 属性值为 True(默认值)时,定时器被激活并开始计时;当 Enabled 属性值为 False 时,定时器处于休眠状态,即不计时。

2. Timer 事件

定时器控件只响应一个事件,即 Timer 事件。该事件在预定的时间间隔过去之后发生,程序中需要有规律间隔一段时间执行一次的代码就是通过 Timer 事件过程来实现的。

【实例 2.9】 设计一个 60 s 倒计时器,程序设计界面如图 2.19 所示。运行时,单击“开始”按钮进行倒计时;单击“暂停”按钮暂停计时。当倒计时到 0 时,停止计时并将“开始”和“暂停”按钮变得不可用。

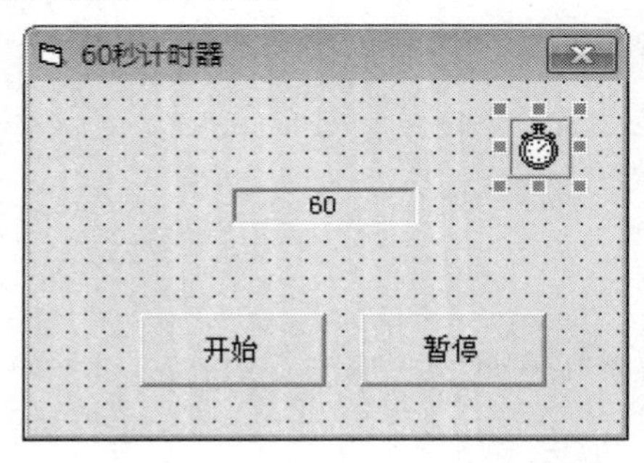

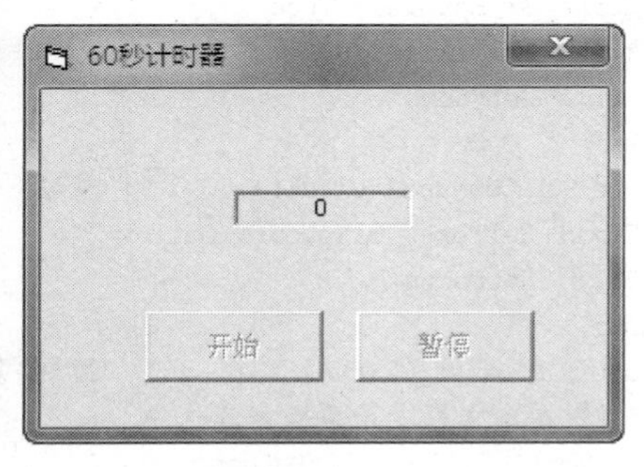

图 2.19 实例 2.9 的程序设计界面和计时结束后的运行界面

(1) 界面设计。在窗体上添加 1 个标签、两个命令按钮和 1 个定时器,按照表 2.8 所示设置窗体和各个对象的属性。

表 2.8　实例 2.9 各对象的属性值设置

对象	属性	设置	说明
Form1	Caption	60 秒计时器	窗体标题
	BorderStyle	1-Fixed Single	窗体固定边框
Label1	Caption	60	标签显示的内容
	BorderStyle	1-Fixed Single	标签边框为 3D 样式
	Alignment	2-Center	标签内容居中对齐
Command1	Caption	开始	按钮标题
Command2	Caption	暂停	按钮标题
Timer1	Enabled	False	初始不激活定时器
	Interval	1000	时间间隔为 1 秒

(2) 代码设计。切换到代码设计窗口，编写如下事件过程代码：

```
Private Sub Command1_Click()                '开始计时
    Timer1.Enabled = True
End Sub
Private Sub Command2_Click()                '暂停计时
    Timer1.Enabled = False
End Sub
Private Sub Timer1_Timer()                  '每隔 1 秒将时间减 1 秒
    Label1.Caption = Label1.Caption - 1
    '计时结束
    If Label1.Caption = "0" Then
        Timer1.Enabled = False
        Command1.Enabled = False
        Command2.Enabled = False
    End If
End Sub
```

【实例 2.10】 设计一个文字移动的动画程序，程序设计界面如图 2.20 所示。程序启动后，标签从左往右移动，当移出窗体右边界时重新从窗体的左边进入，并且是标签的尾部先进入。

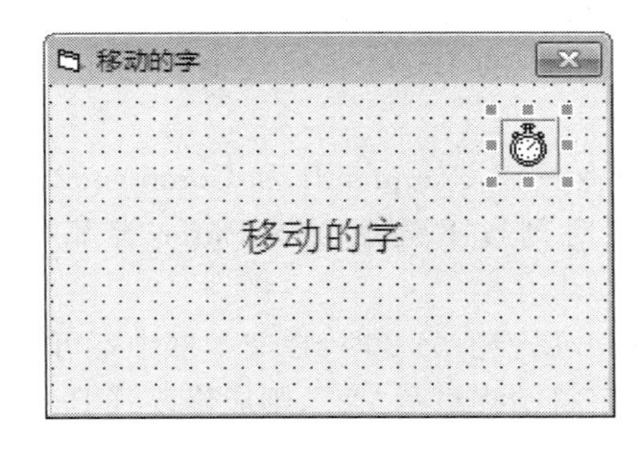

图 2.20　实例 2.10 程序设计界面

(1) 界面设计。在窗体上添加 1 个标签和 1 个定时器，按照表 2.9 所示设置窗体和各个对象的属性。

表 2.9 实例 2.10 各对象的属性值设置

对象	属性	设置	说明
Form1	Caption	移动的字	窗体标题
	BorderStyle	1-Fixed Single	窗体固定边框
Label1	Caption	移动的字	标签显示的内容
	AutoSize	True	标签尺寸自适应内容的长度
	FontSize	14	字体大小设为 14 磅
Timer1	Interval	100	时间间隔为 0.1 秒

(2) 代码设计。标签的位置由 Left 和 Top 属性决定,这里从左往右进行移动,因此改变标签的 Left 属性值即可,也可以使用标签的 Move 方法来实现。至于移动的速度,取决于定时器控件的 Interval 属性值和每次移动的步长,这些读者可以自定义。切换到代码设计窗口,编写如下事件过程代码:

```
Private Sub Timer1_Timer()
    '标签移出了窗体的右边界
    If Label1.Left>Me.Width Then
        '重新从窗体的左侧出来时,标签的尾部先出来
        Label1.Left = - Label1.Width
    Else
        '标签以每 0.1 秒 100 缇(1000 缇/秒)向右移动
        Label1.Left = Label1.Left + 100
    End If
End Sub
```

习 题 2

1. 判断题

(1) 同一窗体中的各控件可以相互重叠,其显示的上下层次的次序不可以调整。

(2) 标签和文本框都能显示字符内容,其显示的内容都是该控件的 Caption 属性值。

(3) 标签控件的 ForeColor 属性用于设置标签显示文字的颜色。

(4) 将命令按钮 Command1 的 Enabled 属性值设为 False,则程序运行时该按钮不可见。

(5) 某窗体上有两个命令按钮 Command1 和 Command2,其中 Command1 的 Default 属性值为 True,那么在任何时刻按下键盘上的 Enter 键都相当于用鼠标单击了 Command1。

(6) 文本框的 MaxLength 属性值为 0 时,在文本框中不可输入任何字符。

(7) 要使输入文本框的字符始终显示"#",则应修改其 PasswordChar 属性为"#"。

(8) 当文本框的 SelStart 和 SelLength 属性的值都设为 1 时,文本框的第 1 个字符被选中。

(9) SetFocus 方法是把焦点移到指定对象上,使对象获得焦点,该方法适用于所有控件。

(10) 由于定时器控件在运行时是不可见的，因此在设置时可任意地将其放在任何位置。

2. 选择题

(1) 下面 4 个事件中，(　　)是窗体最先触发的事件。

A. Click　　B. DblClick　　C. Load　　D. UnLoad

(2) 确定一个窗体或控件尺寸大小的属性是(　　)。

A. Width 和 Height　　B. Left 和 Top

C. Left 和 Width　　D. Top 和 Height

(3) 标签框控件标题、文本框控件显示文本的对齐方式由(　　)属性来决定。

A. WordWrap　　B. AutoSize　　C. Alignment　　D. Style

(4) 将命令按钮 Command1 设置为窗体的取消按钮，可修改该控件的(　　)属性。

A. Enabled　　B. Value　　C. Default　　D. Cancel

(5) 下列属性中(　　)用来表示标签(Label)的内容和窗体(Form)的标题。

A. Text　　B. Caption　　C. Left　　D. Name

(6) 将焦点主动设置到指定的控件或窗体上，应采用(　　)方法。

A. SetDate　　B. SetFocus　　C. SetText　　D. GetGata

(7) 按 Tab 键时，焦点在各个控件之间移动的顺序是由(　　)属性来决定的。

A. Index　　B. TabIndex　　C. TabStop　　D. SetFocus

(8) 下列(　　)方法用于清除剪贴板上的内容。

A. Cls　　B. Clear　　C. Remove　　D. Delete

(9) 在 Visual Basic 中，程序注释可以加在下列(　　)符号之后。

A. '　　B. /　　C. :　　D. //

(10) 要使文本框显示滚动条，除了设置 ScrollBars 属性外，还需设置(　　)属性。

A. AutoSize　　B. Multiline　　C. Alignment　　D. MaxLength

(11) 将文本框的(　　)属性值设为 False，可正常显示文本但不可编辑。

A. Locked　　B. Visible　　C. Enabled　　D. MultiLine

(12) 下面选项中，叙述正确的是(　　)。

A. 赋值语句先计算“=”右边表达式的值，再将它赋给“=”左边的变量或控件属性

B. InputBox 函数的返回值既可以是字符串型也可以是数值类型

C. MsgBox 函数既是一种数据输入方法，也是一种数据输出方法

D. 语句“Print 5 * 5”的执行结果是“5 * 5”

(13) 下列选项中，叙述错误的是(　　)。

A. InputBox 函数的前 3 个参数分别是对话框的提示信息、标题及默认值

B. MsgBox 函数的前 3 个参数分别表示默认按钮、按钮样式和图标样式

C. Clipboard 对象的 GetText 方法用于从剪贴板获取内容

D. 只是将焦点置于文本框中不会触发它的 Change 事件

(14) 下面选项中，叙述正确的是(　　)。

A. 为了使标签的背景透明，则应将它的 BackStyle 属性值设为 1

B. 为了使标签具有边框样式，则应将它的 BorderStyle 属性值设为 0

C. 执行语句“Form1. Hide”后，窗体 Form1 消失并释放占用的内存空间

D. 将命令按钮的 Caption 属性值设为“显示(&S)”，则程序运行时可用 Alt+S 组合键代替鼠标单击此按钮

(15) 设计一个动画程序时，通常用定时器控件的(　　)属性来控制动画速度。

A. Interval　　B. Enabled　　C. Timer　　D. Left

3. 程序填空题

(1)【程序说明】程序运行界面如图 2.21 所示。单击“楷体”按钮在窗体上用楷体显示“楷体”二字；单击“字号变大”按钮将窗体的字号大小加大 2 磅，并将“字号变大”四字显示在窗体上；单击“加粗”按钮用粗体字形将“加粗”二字显示在窗体上；单击“红色”按钮用红颜色将“红色”二字显示在窗体上；单击“退出”按钮，程序结束。

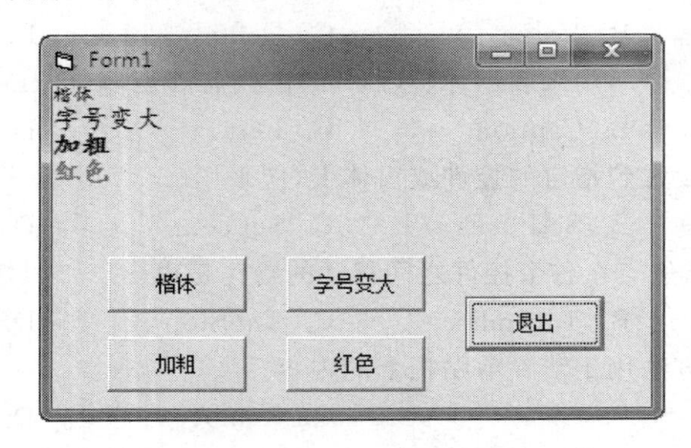

图 2.21　程序运行界面

```
Private Sub Command1_Click()
    ____(1)____
    Print "楷体"
End Sub
Private Sub Command2_Click()
    ____(2)____
    Print "字号变大"
End Sub
Private Sub Command3_Click()
    ____(3)____
    Print "加粗"
End Sub
Private Sub Command4_Click()
    ____(4)____
    Print "红色"
End Sub
Private Sub Command5_Click()
    End    '结束程序
End Sub
```

(2)【程序说明】程序运行界面如图 2.22 所示。程序启动时，设置文本框的相关属性，使得文本框最多只能输入 10 个字符并显示成“＊”符号，同时“保护账号”按钮失效不可用。单击“显示账号”按钮，文本框显示真实的输入字符内容，并将“保护账号”按钮激活而“显示

账号"按钮失效;同理,单击"保护账号"按钮时做反向的相似操作;在文本框中按下回车,则弹出消息框显示文本框中的真实账号内容。

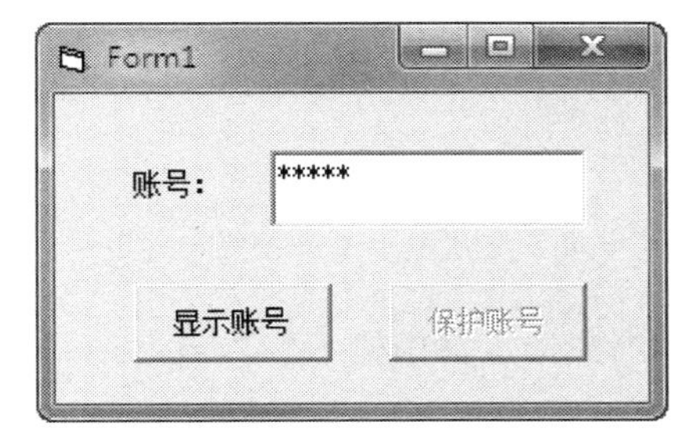

图 2.22　程序运行界面

```
Private Sub Form_Load()
    ____(1)____
    Text1.PasswordChar = " * "
    Command2.Enabled = False
End Sub
Private Sub Command1_Click()
    ____(2)____
    Command1.Enabled = False
    Command2.Enabled = True
End Sub
Private Sub Command2_Click()
    Text1.PasswordChar = " * "
    Command1.Enabled = True
    ____(3)____
End Sub
Private Sub Text1_KeyPress(KeyAscii As Integer)
    If ____(4)____ Then
        MsgBox Text1.Text
    End If
End Sub
```

4. 程序阅读题

(1) 分别写出程序运行时单击 Command1 和 Command2 按钮后窗体上的显示结果。

```
Private Sub Command1_Click()
    Print Tab(1); "12345";
    Print Tab(2); "1234";
    Print Tab(3); "123";
    Print Tab(4); "12";
    Print Tab(5); "1";
End Sub
Private Sub Command2_Click()
    Print Tab(1); "12345"
    Print Tab(2); "1234"
    Print Tab(3); "123"
```

```
    Print Tab(4); "12"
    Print Tab(5); "1"
End Sub
```

（2）已知文本框初始为空，根据下列程序写出在文本框中输入“小林”(不包括双引号）后窗体上的显示结果。

```
Private Sub Text1_Change()
    Print Text1.Text; ",你好!"
End Sub
```

（3）已知文本框初始为空，根据下列程序写出在文本框中输入“123abc4.56”(不包括双引号)后文本框中的显示内容。

```
Private Sub Text1_KeyPress(KeyAscii As Integer)
    If KeyAscii<48 Or KeyAscii>57 Then
        KeyAscii = 0
    End If
End Sub
```

（4）根据下列程序，写出运行后窗体上的显示内容。窗体上显示“你好”的速度是越来越快还是越来越慢？

```
Private Sub Form_Load()
    Timer1.Interval = 1000
End Sub
Private Sub Timer1_Timer()
    Print "你好"
    Timer1.Interval = Timer1.Interval\2
End Sub
```

5. 程序设计题

（1）设计一个程序，在窗体上添加 3 个命令按钮，标题内容分别为“显示”“清除”和“退出”。单击“显示”按钮，在窗体上用蓝色 16 磅字体显示“Hello, World.”；单击“清除”按钮时，清除窗体上的内容；单击“退出”按钮，程序结束。程序运行界面如图 2.23 所示。

图 2.23　程序运行界面

（2）设计一个程序，单击窗体时用 InputBox 函数输入一个摄氏温度，然后根据下面的转换公式计算出对应的华氏温度，并用消息框 MsgBox 函数输出。

$$华氏=\frac{9}{5}\times摄氏+32^\circ$$

（3）设计一个程序用于模拟小学四则运算。在窗体上添加 4 个标签、两个文本框和 4 个命令按钮，两个文本框只能输入数字，当两个运算数输完后，单击对应的命令按钮，将计算结果显示在下面右边的标签中。程序运行界面如图 2.24 所示。

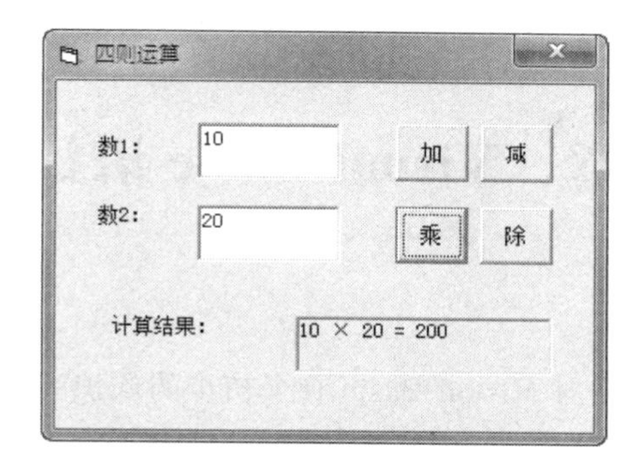

图 2.24　程序运行界面

(4) 设计一个“闪烁字幕”程序。在窗体上添加 1 个定时器控件和 1 个标签控件，标签的显示内容为“闪烁字幕”。在定时器的控制下，标签的文字间隔 0.5 秒进行红蓝交替显示，形成字幕闪烁的效果。

第 3 章　Visual Basic 语法基础

通过前两章的学习，我们对 Visual Basic 有了初步的认识。读者可以参照例题，编写一些简单的应用程序。

在完成应用程序的界面设计后，需要再编写事件过程代码。只有界面设计合理、过程代码编写正确的程序，才能实现具体的功能。因此，掌握 Visual Basic 6.0 的语法及其使用方法是开发应用程序的基础和关键。

这一章主要介绍 Visual Basic 的数据类型、常量与变量、运算符与表达式，以及常用内部函数的功能与应用。

3.1　数据类型

数据是程序的必要组成部分，也是程序处理的对象。Visual Basic 预定义了丰富的数据类型，不同数据类型体现了不同数据结构的特点，如表 3.1 所示。

表 3.1　Visual Basic 6.0 的常用数据类型

类型	名称	字节数	取值范围和有效位数
整型	Integer	2	精确表示－32 768～32 767 范围内的整数
长整型	Long	4	精确表示－2 147 483 648～2 147 483 647 范围内的整数
单精度浮点型	Single	4	$-3.402\,823\times10^{38}\sim-1.401\,298\times10^{-45}$ $1.401\,298\times10^{-45}\sim3.402\,823\times10^{38}$ 7 位有效位数
双精度浮点型	Double	8	$-1.797\,693\,134\,862\,32\times10^{308}\sim-4.940\,656\,458\,412\,47\times10^{-324}$ $4.940\,656\,458\,412\,47\times10^{-324}\sim1.797\,693\,134\,862\,32\times10^{308}$ 15 位有效位数
货币型	Currency	8	－922 337 203 685 477.580 8 ～ 922 337 203 685 477.580 7
字节型	Byte	1	0～255
变长字符串	String	每个字符占 1 个字节，每个字符串最多可存放约 20 亿个字符	
定长字符串	String * size	size 是小于 65 535 的无符号整常数，为字符串长度	
逻辑型	Boolean	2	True 或 False
日期型	Date	8	100.1.1～9999.12.31
对象型	Object	4	任何对象的引用
变体型	Variant	若存放数值类型数据，占 16 个字节，最大可达 Double 的范围 若存放字符串类型数据，字符串长度与变长字符串相同	

表 3.1 中,“名称”用以标识变量的类型,“字节数”表示该类型数据所占内存空间的大小。

在 3.2.2 节,将介绍如何声明变量的类型。了解不同类型变量的取值范围和有效位数,便于我们在设计时根据实际需要正确地选择数据类型。

例如,声明变量 a 用于存放某个同学一学期各门功课的总分(一般不超过 32 767),可以声明“Dim a As Integer”,Visual Basic 处理系统会为变量 a 分配两个字节的存储空间。声明变量 b 用于存放某大学所有职工的工资总和(一般不小于 32 767),则应声明“Dim b As Long”,Visual Basic 处理系统会为变量 b 分配 4 个字节的存储空间。

又如,计算圆柱体的体积并存入变量 v,声明 v 为 Single 类型,半径和圆周率也采用 Single 类型,则结果 v 具有 7 位有效数字;如果要求计算结果具有更高的精确度,可以考虑采用 Double 类型。

不同类型的数值数据,其数值范围和有效位数的差别或是由于所占用的存储空间大小不同,或是由于存储格式不同。例如,Visual Basic 用 1 个字节(8 个二进制位)存储 Byte 类型的数据,其最大值为$(11111111)_2$,因此该类型数据的最大值为 255。又如,Visual Basic 用两个字节(16 个二进制位)存储 Integer 类型的数据,首位为符号位(正数为 0;负数为 1),因此其最大值为$(0111111111111111)_2$,即 32 767。

至此,读者应可理解,为什么 Long 类型数据的数值范围超过了 Integer 类型的数据。

Single 类型数据占用四个字节内存,第一个二进制位表示该数的符号。因为任何一个实数都可以表示为$\pm 2^{\pm J}\times Q$的形式,其中 J 为阶码,即指数,Q 为尾数,即数值部分,是一个纯小数。Visual Basic 将 Single 类型数据的后 31 位分成两段:一段表示 J 的大小与符号,另一段表示 Q 的数值。

Double 类型数据比 Single 类型数据多出 32 位:1 位增加在表示 J 的段中,31 位增加在表示 Q 的段中,因此 Double 类型数据比 Single 类型具有更大的数值范围、更多的有效位数。

特别要指出的是,Visual Basic 的 Single、Double 类型数据,表示各自数值范围内的数据是有误差的。读者可以做一个尝试:将十进制数 0.6 转换为二进制数,会发现用二进制不可以将其精确表示。事实上,计算机不可能用无限位数来表示一个实数,误差就是这样产生的。

3.2 常量与变量

3.2.1 常量

常量是直接写在程序中的数据,常量的类型由它们的书写格式决定。

1. 数值常量

Visual Basic 中的整型数、长整型数、单精度浮点数、双精度浮点数、货币型数、字节型数统称为数值型数据,在使用数值型数据时,应注意以下几点:

(1) 如果数据包含小数,则应使用 Single、Double 或 Currency 类型。其中,Single 类型

的有效数字为 7 位，Double 类型的有效数字为 15 位，Currency 类型支持 15 位整数和 4 位小数，适用于货币计算。

(2) 在 Visual Basic 中，数值类型数据都有一个有效的取值范围，程序中的数如果超出这个范围，就会出现“溢出”(Overflow)错误。

(3) Visual Basic 中的常量一般采用十进制数，但有时也使用十六进制数(数值前加前缀 &H)或八进制数(数值前加前缀 &O)。

例如，赋值语句“d=&H1A2”的作用是，将 418(十进制)送入变量 d 所在的存储单元。

又如，赋值语句“d=&O216”的作用是，将 142(十进制)送入变量 d 所在的存储单元。

2. 字符串常量

字符串常量是用双引号括起来的一串字符，格式为"$h_1 h_2 h_3 ... h_n$"。每个字符占 1 个字节。可以是任何合法字符，如"VB"、"123"、Chr (13)(回车符)、"无实数解"等。

3. 逻辑常量

逻辑常量只有两个值：真(True)和假(False)。当把数值常量转换为 Boolean 时，0 为 False，非 0 值为 True；当把 Boolean 常量转换为数值时，False 转换为 0，True 转换为 -1。

4. 日期常量

日期常量用来表示日期和时间，Visual Basic 可以表示多种格式的日期和时间，输出格式由 Windows 设置的格式决定。日期数据用两个“#”把表示日期和时间的值括起来，如#08/18/2001#、#08/18/2001 08:10:38 AM#等。

5. 符号常量

当程序中多次出现某个数据时，为便于程序修改和阅读，可以给它赋予一个名字，以后用到这个值时就用名字代表，这个名字就称为符号常量。符号常量的定义格式如下：

```
Const <符号常量名>=<常量>
```

可以在窗体模块的任何地方(通用对象声明部分或事件过程中)定义。

下面是符号常量的作用域及应用的例子。

```
Const pi = 3.14159          '在通用对象声明部分声明数值符号常量
Private Sub Command1_Click()
    Const pi = 3.14
    '事件过程与通用对象声明部分声明的符号常量同名，则事件过程内部引用的是内
    '部声明的值，下列 Print 语句的输出结果是 3.14 而不是 3.14159
    Print pi
End Sub
Private Sub Command2_Click()
    '事件过程中未声明 pi，此处 pi 是通用对象声明部分所声明的 pi，输出 3.14159。
    Print pi
End Sub
```

3.2.2 变量

常量的类型由书写格式决定，而变量的类型由类型声明决定。

1. 变量的命名规则

变量名由首字符为英文字母、不超过 255 个字符的字母、数字、下划线等组成。如 Sum、a2、x_1 都可以是 Visual Basic 的变量名。

2. 变量命名的几点说明

(1) 不能使用 Visual Basic 的关键字作为变量名。关键字是指 Visual Basic 系统中已经定义的词,如语句、函数、运算符的名称等,如 Print、If 等都不能用作变量名。

(2) 变量名不能与过程名或符号常量名相同。

(3) Visual Basic 不区分变量名的大小写,即大小写是一样的,如 X1 与 x1 是同一变量。

(4) 变量取名尽量做到"见名知义",以提高程序的可读性。建议根据变量类型确定变量名的首字母,这是一个小写字母,称为变量的数据类型代码标识符,如:

y:字节型　　n:整型　　l:长整型　　g:单精度浮点型

d:双精度浮点型　　s:字符串型　　t:日期型

这里关于变量名首字符如何确定,提出的只是建议,而不是规定。根据变量名的首字母并不能确定变量的类型,例如,仅仅从变量名为 gx1 不能确定变量 gx1 为单精度浮点型,变量的类型只能根据变量声明来确定。

3. 变量声明

在程序中用到的变量一般应声明其类型,由此决定变量的存取格式、取值范围、有效数位等。声明变量类型的方法有两种:隐含声明和强制声明。

(1) 隐含声明。

在变量名的后面加上特定字符(后缀字符),用于规定变量类型的方法称为隐含声明。由变量后缀字符决定变量类型的具体规定如下:

- 变量后缀字符为"%",隐含声明该变量类型为整型。
- 变量后缀字符为"&",隐含声明该变量类型为长整型。
- 变量后缀字符为"!",隐含声明该变量类型为单精度浮点型。
- 变量后缀字符为"#",隐含声明该变量类型为双精度浮点型。
- 变量后缀字符为"$",隐含声明该变量类型为字符串型。

(2) 强制声明。

用 Dim 语句(类型强制声明语句)可以强制声明只能在本窗体中使用的变量类型。

```
Dim yb As Byte, yc As Byte, nk As Integer, k As Long
Dim gx As Single, dy As Double, sname As String * 10
```

以上语句声明 yb、yc 为字节变量,声明 nk 为整型变量,声明 k 为长整型变量,声明 gx 为单精度浮点型变量,声明 dy 为双精度浮点型变量,声明 sname 为最多 10 个字符的定长字符串型变量。

注意:不可以将语句"Dim m As Integer, n As Integer"写作"Dim m, n As Integer",后者实际上将 m 声明为变体类型,增加了变量 m 的内存开销。

若强制声明了变量类型,则不可再为变量名加后缀字符。一个变量如果没有声明,则 Visual Basic 将其作为变体类型变量。

好的程序设计风格是声明每一个变量的类型,一方面可以提高程序的可读性;另一方面可避免采用变体数值类型数据,以减少程序运行时的内存开销。

4. 变量的初始值

在程序中声明了变量以后，Visual Basic 自动将数值类型的变量赋初值 0，变长字符串被初始化为零长度的字符串("")，定长字符串则用空格填充，而逻辑型的变量初始化为 False。

同符号常量一样，可以在窗体模块的任何地方(通用对象声明部分或事件过程中)定义变量。

下面是变量的作用域及应用。

```
Dim sMystring as String          '在通用对象声明部分声明字符串变量
Private Sub Form_Load()
    sMystring = "欢迎使用 VB6.0"
End Sub
Private Sub Form_Click()
    Print sMystring
End Sub
```

程序运行时，单击窗体，在窗体中显示“欢迎使用 VB6.0”。如果不在通用对象声明部分声明字符串变量 sMystring，或将其放在 Form_Click 或 Form_Load 事件过程中声明，则程序运行后什么也显示不出来。

5. Static 语句

在事件过程中声明的变量称为局部变量，局部变量除了用 Dim 语句声明外，还可以使用 Static 语句来声明，用这种方法来声明的变量在程序运行过程中可以保留原来的值，即变量所占用的内存空间没有释放。当以后再次使用该变量时，可以继续使用，直到程序结束才释放变量所占用的内存空间。

下面是 Static 语句使用示例。

```
Private Sub Command1_Click()
    Static m As Integer
    Dim n As Integer
    m = a + 1
    n = b + 1
    Print "m = "; m, "n = "; n
End Sub
```

当程序运行时，连续单击 Command1 按钮 3 次，窗体上的输出结果如下：

```
m = 1         n = 1
m = 2         n = 1
m = 3         n = 1
```

m 定义为静态变量，每次调用 Command1_Click 事件过程结束时，都保留 m 的当前值，作为下一次该事件过程被调用时 m 的初值；变量 n 是局部动态量，在每次执行 Command1_Click 事件过程时都被重新声明，自动赋初值 0。

注意：静态变量只能在过程中声明，而不能在通用对象声明部分声明。

3.2.3 要求变量声明

前面讲过，在程序中用到的变量可以用隐含声明或强制声明方式加以声明。事实上，

Visual Basic 的变量也可以不定义而直接使用，此时变量类型为变体类型。例如：

```
Private Sub Form_Click()
  x = InputBox("")
  y = InputBox("")
  Print x + y
End Sub
```

程序运行时输入 12 和 34，则窗体上显示 1234，因为 InputBox 函数的返回值为字符串类型，两个字符串“12”和“34”连接得到“1234”。

在窗体的通用对象声明部分加上命令 Option Explicit，则要求程序中的变量必须先声明才能使用。例如：

```
Option Explicit
Private Sub Form_Click()
    x = InputBox("")
y = InputBox("")
    Print x + y
End Sub
```

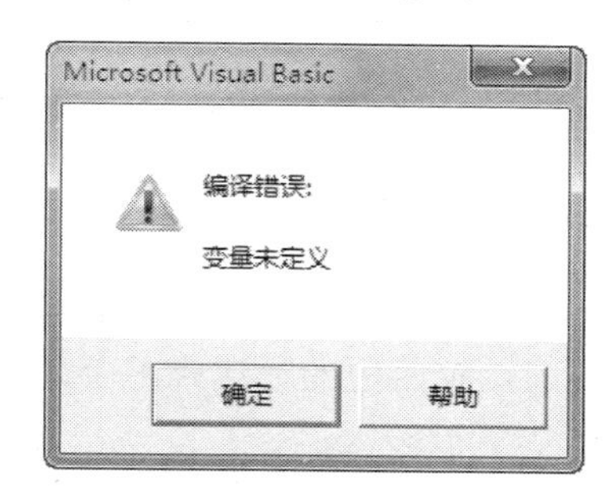

图 3.1 变量未定义

程序运行时出现如图 3.1 所示的编译错误提示。

3.3 运算符与表达式

3.3.1 算术运算符

如表 3.2 所示，Visual Basic 共有 7 个算术运算符，除了负号是单目运算符外，其他都是双目运算符。

表 3.2 算术运算符

运算符	名称	实例
^	乘方	2^3 值为 8，−2^3 值为 −8
*	乘法	5 * 8
/	除法	7/2
\	整除	7\2 值为 3，12.58\3.45 值为 4（两边先四舍五入再运算）
Mod	求余数	7 mod 2 值为 1，12.58 Mod 3.45 值为 1（两边先四舍五入再运算）
+	加法	1+2
−	减法、取负	5−8，−3

注意：整除和求余运算只能对整型数据（Byte、Integer、Long）进行，如果其两边的任一个操作数为实型（Single、Double），则 Visual Basic 自动将其四舍五入，再用四舍五入后的值作整除或求余运算。

3.3.2 字符串运算符

字符串运算符有两个：＋和 &，均为双目运算符，用于连接两边的字符串表达式。

3.3.3 关系运算符

关系运算符也称为比较运算符，包括＜、＜＝、＞、＞＝、＝、＜＞6 种，均为双目运算符，用于比较两边的表达式是否满足条件，运算结果为 True 或 False。

3.3.4 逻辑运算符

常用的逻辑(布尔)运算符有 3 种，如表 3.3 所示。

关系表达式的值为 False 或 True，因此也是逻辑表达式；关系表达式用逻辑运算符正确地连接后可以构成更为复杂的逻辑表达式。

表 3.3 逻辑运算符

运算符	名称	实例说明
And	与	8 Mod 2＝0 And 8 Mod 3＝0，值为 False 只有当两个表达式的值都为真(True)时，结果才为真，否则为假(False)
Or	或	8 Mod 2＝0 Or 8 Mod 3＝0，值为 True 两个表达式中只要有一个为真(True)时，结果就为真；只有当两个表达式的值都为假(False)时，结果才为假(False)
Not	非	Not 1＞0，值为 False，由真变假；Not 1＜0，值为 True，由假变真

3.3.5 表达式

1. 算术表达式

常量、变量、函数是表达式，将它们加圆括号或用运算符作有意义的连接后也是表达式，书写 Visual Basic 的算术表达式应注意与数学表达式在写法上的区别。

- 不能漏写运算符，如 3xy 应写作 3 * x * y。
- Visual Basic 算术表达式中使用的括号都是小括号。

下面的例子是由数学式写出相应的 Visual Basic 算术表达式。

- $\dfrac{1}{1+\dfrac{1}{1+x}}$ 写作：1/(1＋1/(1＋x))
- $-(a^2+b^3)\cdot y^4$ 写作：－(a * a＋b * b * b) * y^4
- $(-a^{b^c}+\sqrt{b})\cdot(a-b)^{-\frac{1}{2}}$ 写作：(－a^(b^c)＋b^0.5) * (a－b)^－0.5
- 变量 k 是一个两位整数，求其个位数与十位数之和的算术表达式为：k Mod 10＋k \ 10。

2. 字符表达式

下面的例子是字符表达式计算。

"ABCD" & "efg"　　计算后所得表达式的值为"ABCDefg"

"杭州" & "西湖"　　计算后所得表达式的值为"杭州西湖"

字符串连接符"&"具有自动将非字符串类型的数据转换成字符串后再进行连接的功能，而"＋"则不能。例如：

"xyz" & 123　　　　　　计算后所得表达式的值为"xyz123"

"xyz"＋123　　　　　　出现类型不匹配错误

3. 关系表达式

在关系表达式求值时：

- 数值数据比较大小，如 3＜＝5 为 True。
- 日期类型数据比较先后，如 ＃11/18/1999＃＞＃03/05/2001＃ 为 False。
- 字符类型数据比较字符的 ASCII 码：若两端首字符相同则比较第 2 个字符……直到比较出相应字符的 ASCII 值大小或两端所有字符比较结束。

例如，"ABCd"＞＝"ABCD" 为 True；"ABCd"＞＝"cd" 为 False；"ABCd"＝"ABCd"为 True。

两个字符串的"＝"关系比较结果为 True，它们必定是两个完全相同的字符串。

4. 逻辑表达式

下面的例子是由条件写出相应的 Visual Basic 逻辑表达式。

- 条件"$-3<x<3$"写作逻辑表达式为：$-3<x$ and $x<3$。
- 判断变量 a、b 均不为 0 的逻辑表达式为：a ∗ b ＜＞ 0 或 a ＜＞ 0 and b ＜＞ 0。
- 判断变量 a、b 中必有且仅有 1 个为 0 的逻辑表达式为：a＝0 and b ＜＞ 0 or a ＜＞ 0 and b＝0 或 a ∗ b＝0 and a＋b ＜＞ 0。
- 判断整型变量 k 是正的奇数的逻辑表达式为：k＞0 and k mod 2＝1。
- 判断变量 a、b、c 是否等比数列中顺序的 3 项，逻辑表达式为：a/b＝b/c。
- 平面三点坐标为(x_1,y_1)、(x_2,y_2)、(x_3,y_3)，且 $x_1 \neq x_2 \neq x_3$，判断它们是否共线的逻辑表达式为：(y3－y2)/(x3－x2)＝(y2－y1)/(x2－x1)。

3.3.6　运算符优先级

算术运算符之间的运算优先级从高到低如下所示，由此可知：指数运算优先级最高，而加、减运算优先级最低。

指数运算^→取负－→乘、除→整除\→求余 Mod→加、减

乘、除和加、减分别为同级运算符，同级运算从左向右进行。在表达式中加括号可以改变表达式的求值顺序。

逻辑运算符的优先级是：先 Not，次 And，后 Or。

算术运算符、关系运算符和逻辑运算符的优先级关系为：算术运算符最高，其次是关系运算符，最后是逻辑运算符。

3.4　常用内部函数

Visual Basic 的内部函数是系统预定义函数，可由用户直接调用。Visual Basic 函数的自变量必须用括号括起来，并满足一定的取值要求，这里主要介绍一些常用内部函数。

3.4.1 数学函数

下列函数的参数均为数值类型。

(1) 三角函数:Sin(x)、Cos(x)、Tan(x)、Atan(x)。

以上函数分别返回正弦值、余弦值、正切值和反正切值。

Visual Basic 没有余切函数,求 x 弧度的余切值可以表示为 1/Tan(x)。

函数 Sin、Cos、Tan 的自变量必须是弧度,如数学式 Sin 30°,写作 Visual Basic 的表达式为 Sin(30 * 3.1416/180)。

其他反三角函数可以转换为等值的反正切函数,然后用 Visual Basic 的反正切函数 Atan 计算,如函数 Atan(x/sqr(1－x * x))可以求 $\sin^{-1}x$(不可以写作 Asin(x),因为 Visual Basic 没有预定义反正弦函数 Asin)。变量名不能与过程名或符号常量名相同。

(2) Abs(x):返回 x 的绝对值。

(3) Exp(x):返回 e 的指定次幂,即 e^x。

(4) Log(x):返回 x 的自然对数。

(5) Sgn(x):符号函数,当 $x>0$ 时,Sgn(x)的值为 1;当 $x=0$ 时,Sgn(x)的值为 0;$x<0$ 时,Sgn(x)的值为－1。

(6) Sqr(x):返回 x 的平方根,如 Sqr(16)的值为 4,Sqr(1.44)的值为 1.2。

(7) Int(x):返回不大于 x 的最大整数,如 Int(7.8)值为 7,Int(－7.8)值为－8。

(8) Fix(x):返回 x 的整数部分,如 Fix(7.8)值为 7,Fix(－7.8)值为－7。

(9) Rnd 函数:产生 0～1 之间的随机数。

读者可以连续写出多个语句"Print Rnd",可以看到每个语句的输出结果不同。

一般地,要得到[a,b]之间的随机整数,可用公式"Int(Rnd * (b－a＋1))＋a"。

实际上,Visual Basic 的随机函数发生器是用一个特殊的公式计算"随机数",而上一次计算的结果作为自变量参与下一次求随机函数的计算,因此所产生的是一种"伪随机数"。

Randomize 语句:该语句的作用是初始化 Visual Basic 的随机函数发生器(为其赋初值)。

下面的例子是由以下条件写出相应的 Visual Basic 表达式。

- 求变量 x 之绝对值的平方根,算术表达式为:Sqr(Abs(x))
- 判断变量 k 的整数部分是否为两位数的逻辑表达式为:

  Int(Abs(k))>9 and Int(Abs(k))<100
- 数学式 $\sqrt{s(s-a)(s-b)(s-c)}$ 写作算术表达式为:Sqr(s * (s－a) * (s－b) * (s－c))
- 将大于 0 的单精度变量 k 四舍五入至小数点后两位的表达式为:

  Int(k * 100＋0.5)/100
- 数学式 cos 25°＋ctg 32°写作算术表达式为:

  Cos(25 * 3.14159/180)＋1/Tan(32 * 3.14159/180)
- 数学式 $e^{12.6} \cdot \log_e 3-8.6$ 写作算术表达式为:Exp(12.6) * Log(3)－8.6
- 数学式 $(e^x-\log_{10}y)\cdot\cos 35°$ 写作算术表达式为:

  (Exp(x)－Log(y)/Log(10)) * Cos(3.14159 * 35/180)

• N 是大于 0 的整数，求 N 的位数的表达式为：Len(Str(N))－1

3.4.2 字符函数

(1) Ltrim(x)：返回删除字符串 x 前导空格符后的字符串。如 Ltrim("   abc")的计算结果为字符串"abc"。

Rtrim(x)：返回删除字符串 x 尾随空格符后的字符串。如 Rtrim("abc   ")的计算结果为字符串"abc"。

Trim(x)：返回删除字符串 x 前导和尾随空格符后的字符串。如 Trim("   abc   ")的计算结果为字符串"abc"。

(2) Left(x,n)：返回字符串 x 前 n 个字符所组成的字符串。

Right(x,n)：返回字符串 x 后 n 个字符所组成的字符串。

Mid(x,m,n)：返回字符串 x 从第 m 个字符起的 n 个字符所组成的字符串。

若 s$＝"abcdefg"，则函数 Left(s$,2)返回"ab"，函数 Right(s$,2) 返回"fg"，函数 Mid(s$,9,3) 返回空字符串，Mid(s$,2,3) 返回"bcd"。

(3) Len(x)：返回字符串 x 的长度，如果 x 不是字符串，则返回 x 所占存储空间的字节数。如函数 Len("abcdefg")的返回值为 7，而函数 Len(k%)的返回值为 2，因为 Visual Basic 用两个字节存储 Integer 类型的数据。

(4) LCase(x)和 UCase(x)：分别返回以小写字母、大写字母组成的字符串。如 LCase("abCDe") 返回"abcde"，UCase("abCDe") 返回"ABCDE"。

(5) Space(n)：返回由 n 个空格字符组成的字符串。

如执行语句 a$＝"abc"＋Space(5)＋"def"后，变量 a$ 中的字符串为"abc   def"，其中包括 5 个空格字符。

(6) String(n, c)：返回 n 个由字符 c 组成的字符串，c 可以是一个字符的 ASCII 码，也可以是一个字符串，但 String 函数只取其第一个字符。例如：

```
Dim MyString
MyString = String(5, "*")        '返回"*****"
MyString = String(5, 42)         '返回"*****"
MyString = String(10, "ABC")     '返回"AAAAAAAAAA"
```

(7) InStr(x, y)：字符串查找函数，返回字符串 y 在字符串 x 中首次出现的位置。如果 y 不是 x 的子串，即 y 没有出现在 x 中，则返回值为 0。如 a$＝"abcd efg cd_xy"，则函数 InStr(a$,"cd")的计算结果为 3，因为 a$ 中包含了"cd"，第一次出现的位置是在 a$ 中的第 3 个字符；而函数 InStr(a$,"yx")的返回值为 0，因为字符串 a$ 中不存在子串"yx"。

3.4.3 转换函数

(1) Str(x)：返回把数值型数据 x 转换为字符型后的字符串。如 Str(－123.45)返回"－123.45"；大于 0 的数值转换后符号位用空格表示，如 Str(123.45)返回" 123.45"。

(2) Val(x)：把一个数字字符串 x 转换为相应的数值。

如果字符串中包含非数字字符，则仅将第一个数字形式的字符串转换为相应的数值，后面的字符不作处理。如函数 Val("123.45abc678")的计算结果为数值 123.45。

注意，此处函数名 Val 中全是字母，不要将字母 l 误写作数字 1。

(3) Chr(x):返回以 ASCII 值为 x 的字符,如 Chr(65)返回"A"。

(4) Asc(x):返回字符串 x 首字符所对应的 ASCII 值,是函数 Chr 的逆运算。如 Asc("ABcde")返回数值 65。

3.4.4 日期函数

(1) Date:返回系统当前日期,如语句"Print Date"可以在窗体上输出当前日期。

(2) Time:返回系统当前时间,如语句"Print Time()"可以在窗体上输出当前时间。

(3) Now:返回系统当前日期和时间。

(4) Minute(Now)、Minute(Time):返回系统当前时间"hh:mm:ss"中的 mm(分)值。

(5) Second(Now)、Second(Time):返回系统当前时间"hh:mm:ss"中的 ss(秒)值。

3.4.5 测试函数

(1) IIf:可以用来执行简单的条件判断操作,是"If…Then… Else…"结构的简写版本。

格式如下:

```
result = IIf(条件, True 部分, False 部分)
```

在这里,"result"是函数的返回值,"条件"是一个逻辑表达式。当"条件"为真时,IIf 函数返回"True 部分";而当"条件"为假时,IIf 函数返回"False 部分"。"True 部分"或"False 部分"可以是表达式、变量或其他函数。

例如:m=IIf(a>b, a, b)

如果 $a>b$,则 $m=a$;否则 $m=b$。因此,m 的值等于 a 与 b 中较大的值。

注意:IIf 函数中的 3 个参数都不能省略,而且要求"True 部分""False 部分"及结果变量的类型一致。

(2) IsDate/IsNull/IsNumeric/IsObject:判断表达式的值是否是指定类型(日期型/无效型/数值型/对象型)。

例如:检测变量。

```
Dim MyVar, MyCheck
MyVar = "53"                          '指定值
MyCheck = IsNumeric(MyVar)            '返回 True

MyVar = "Help"                        '指定值
MyCheck = IsNumeric(MyVar)            '返回 False
```

(3) IsArray:判断指定变量分量是否为数组。

例如:检测是否为数组。

```
Dim MyArray(1 To 5) As Integer, YourArray, MyCheck    '声明数组变量
YourArray = Array(1, 2, 3)            '使用数组函数
MyCheck = IsArray (MyArray)           '返回 True
MyCheck = IsArray (MyArray)           '返回 True
```

【实例 3.1】 设计一个程序,程序运行界面如图 3.2 所示。界面上有 4 个标签框、1 个文本框和 3 个单选按钮。单击"Sin 正弦值"单选按钮时,文本框中输入的角度会自动计算

出其正弦值,结果显示在下面3个标签框里,其他两个三角函数计算过程类似。

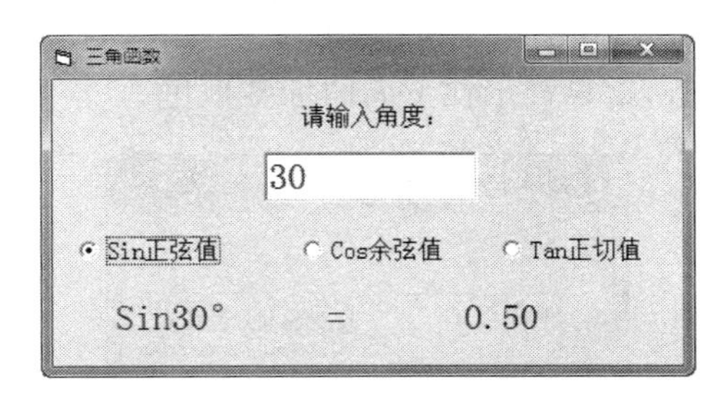

图 3.2　实例 3.1 的程序运行界面

(1) 界面设计。新建一个工程,参照图 3.2 所示的运行界面在窗体上添加 4 个标签框,1 个文本框 Text1 和 3 个单选按钮 Option1、Option2、Option3。按照表 3.4 所示设置窗体和各对象的属性。

表 3.4　实例 3.1 的各控件属性设置

对象	属性	设置	说明
Form1	Caption	三角函数	窗体标题
Label1	Caption	请输入角度	提示文字
Label2	Caption	清空	标签框的内容清空
Label3	Caption	清空	标签框的内容清空
Label4	Caption	清空	标签框的内容清空
Text1	Text	清空	文本框的内容清空
Option1	Caption	sin 正弦值	单选按钮标题
Option2	Caption	cos 余弦值	单选按钮标题
Option3	Caption	tan 正切值	单选按钮标题

(2) 代码设计。切换到代码设计窗口,编写如下程序代码:

```
Private Sub Option1_Click()    '其中的 Format 函数是将计算结果进行格式化
    Label2.Caption = "Sin" + Text1.Text + "°"
    Label3.Caption = " = "
Label4.Caption = Format(Str(Sin(Val(Text1.Text) * 3.14159265/180)), "0.00")
End Sub
Private Sub Option2_Click()
    Label2.Caption = "Cos" + Text1.Text + "°"
    Label3.Caption = " = "
Label4.Caption = Format(Str(Cos(Val(Text1.Text) * 3.14159265/180)), "0.00")
End Sub
Private Sub Option3_Click()
    Label2.Caption = "Tan" + Text1.Text + "°"
    Label3.Caption = " = "
Label4.Caption = Format(Str(Tan(Val(Text1.Text) * 3.14159265/180)), "0.00")
End Sub
```

【实例 3.2】 设计一个程序，程序运行界面如图 3.3 所示。界面上有 1 个文本框、1 个标签框和 1 个命令按钮。单击"转换成 ASCII 值"命令按钮时，文本框中输入的字符串首字符会转换成对应的 ASCII 值，结果显示在下面的标签框里。

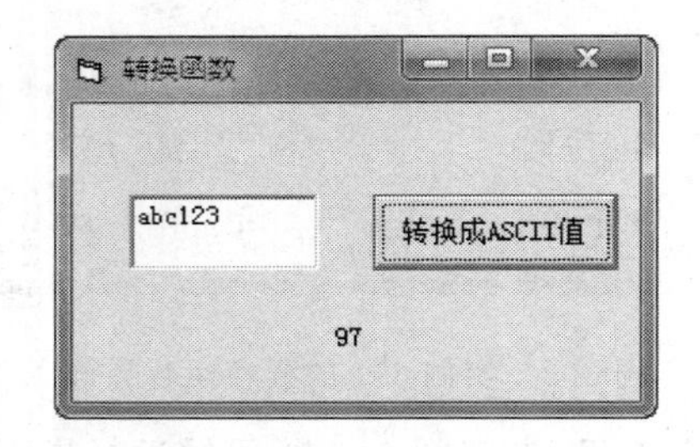

图 3.3　实例 3.2 的程序运行界面

(1) 界面设计。新建一个工程，参照图 3.3 所示的运行界面在窗体上添加 1 个文本框、1 个标签框和 1 个命令按钮。按照表 3.5 所示设置窗体和各对象的属性。

表 3.5　实例 3.2 的各控件属性设置

对象	属性	设置	说明
Form1	Caption	转换函数	窗体标题
Label1	Caption	清空	标签框的内容清空
Text1	Text	清空	文本框的内容清空
Command1	Caption	转换成 ASCII 值	命令按钮标题

(2) 代码设计。切换到代码设计窗口，编写如下程序代码：

```
Private Sub Command1_Click()
    Label1.Caption = Str(Asc(Text1.Text))
End Sub
```

习　题　3

1. 判断题

(1) 整型变量有 Byte、Integer、Long 类型 3 种。

(2) Byte 类型的数据，其数值范围在－255～255。

(3) Visual Basic 的 Double 类型数据可以精确表示其数值范围内的所有实数。

(4) 在逻辑运算符 Not、Or、And 中，运算优先级由高到低依次为 Not、Or、And。

(5) 关系表达式是用来比较两个数据的大小关系的，结果为逻辑值。

(6) 一个表达式中若有多种运算，在同一层括号内，计算机按函数运算→逻辑运算→关系运算→算术运算的顺序对表达式求值。

(7) 赋值语句的功能是计算表达式值并转换为相同类型数据后为变量或控件属性赋值。

(8) 用 Dim 定义数值变量时，该数值变量自动赋初值为 0。

(9) 函数 InputBox 的前 3 个参数分别是输入对话框的提示信息、标题和默认值。

(10) 函数 MsgBox 的前 3 个参数分别表示默认按钮、按钮样式和图标样式。

2. 选择题

(1) Integer 类型数据能够表示的最大整数为(　　)。

A. 2^{15}　　B. 2^{15-1}　　C. 2^{16}　　D. 2^{16-1}

(2) 货币类型数据小数点后面的有效位数最多只有(　　)。

A. 1 位　　B. 6 位　　C. 16 位　　D. 4 位

(3) 输入对话框 InputBox 的返回值的类型是(　　)。

A. 字符串　　B. 整数　　C. 浮点数　　D. 长整数

(4) 运算符"\"两边的操作数若类型不同,则先(　　)再运算。

A. 取整为 Byte 类型　　B. 取整为 Integer 类型

C. 四舍五入为整型　　D. 四舍五入为 Byte 类型

(5) Int(Rnd * 100) 表示的是(　　)范围内的整数。

A. [0,100]　　B. [1,99]　　C. [0,99]　　D. [1,100]

(6) 下列程序段的输出结果是(　　)。

```
a = 10: b = 10000: x = Log(b)/Log(a): Print "Lg(10000) = ";x
```

A. Lg(10000)=5　　B. Lg(10000)=4

C. 4　　D. 5

(7) 返回删除字符串前导和尾随空格符后的字符串用函数(　　)。

A. Trim　　B. Ltrim　　C. Rtrim　　D. Mid

(8) Print 语句的一个输出表达式为(　　),则输出包括日期、时间信息。

A. Date　　B. Month　　C. Time　　D. Now

(9) 语句 Print "5 * 5" 的执行结果是(　　)。

A. 25　　B. "5 * 5"　　C. 5 * 5　　D. 出现错误提示

(10) 语句"Form1. Print Tab(10);"#""的作用是在窗体当前输出行(　　)。

A. 第 10 列输出字符"#"　　B. 第 9 列输出字符"#"

C. 第 11 列输出字符"#"　　D. 输出 10 个字符"#"

3. 填空题

(1) 语句"Dim C As ________"定义的变量 C 可用于存放控件的 Caption 的值。

(2) 长整型变量(Long 类型)占用________个字节。

(3) 表达式 Right(String(65, Asc("abc")), 3)的值是________。

(4) 表达式 2 * 4^3+4 * 6/3+3^2 的值是________。

(5) 表达式 16/2-2 ^ 3 * 7 Mod 9 的值是________。

(6) 表达式 81\7 Mod 2 ^ 2 的值是________。

(7) 已知字符串变量 x 存放"1234",表达式 Val("&H"+Left(x, Len(x)/2))的值是________。

(8) 语句 Print Not 10>15 And 8<5+2 的输出结果为________。

(9) 设 x 为一个两位数,将其个位和十位数交换后所得两位数的 Visual Basic 表达式是________。

(10) 用随机函数产生一个两位整数的 Visual Basic 表达式是________。

（11）求 a 与 b 之积除以 c 的余数，用 Visual Basic 表达式可表示为________。

（12）算术式 $\ln(x)+\sin(30°)$ 的 Visual Basic 表达式为________。

（13）声明单精度常量 PI 代表 3.1415926 的语句是________。

（14）#20/5/01#表示________类型常量。

（15）设 I 为大于 0 的实数，写出大于 I 的最小整数的表达式________。

4. 程序阅读题

```
Private Sub Form_Click()
    Static a As Integer
    Dim b As Integer
    b = a + b + 1
  a = a + b
  Form1.Print "a = "; a, "b = "; b
End Sub
```

请写出单击窗体三后，窗体上的显示结果。

5. 程序设计题

（1）编程，输入圆的半径，计算并输出圆的面积，按下列要求分别实现：

① 界面设计尽可能美观、大方。

② 创建一个文本框控件用于输入，单击命令按钮后通过标签控件显示计算结果。

③ 修改界面和程序：单击命令按钮后，调用 InputBox 函数输入数据，通过标签控件显示计算结果。

④ 新建一个文件夹，保存工程（工程文件、窗体文件等，可以用默认的名称，也可以重命名）在该文件夹中，然后退出 Visual Basic。

⑤ 求计算结果具有 15 位有效位数，重新打开工程，检查程序并决定是否修改。

（2）编程，创建文本框控件 Text1 用于输入，单击窗体后通过标签控件 Label1 显示计算结果（输入数据自行确定），事件过程如下：

```
Private Sub Form_Load()
  Dim x As Single, y As Single
  x = Text1.Text
  Label1.Caption = Sin(x)
End Sub
```

① 运行该程序，体会 Single 类型数据有效位数不超过 6 位、Sin 函数的自变量为弧度制等。

② 修改该程序，体会其他数学函数、字符运算函数的功能以及使用规则。

第 4 章 控制结构

程序控制结构就是控制程序中语句执行顺序的结构,程序控制结构可以使程序段的逻辑结构清晰、层次分明,可以有效地改善局部程序段的可读性和可靠性,可以保证程序质量并提高开发效率。Visual Basic 6.0 为用户提供了 3 种最基本的程序控制结构:顺序结构、选择结构和循环结构。

4.1 顺序结构

顺序结构是最基本、最简单的结构,它由若干块组成,按照各块的排列顺序依次执行。其中,这里的块是指 3 种基本结构之一或者表达式语句等,但不包括转移语句,其执行流程如图 4.1 所示。

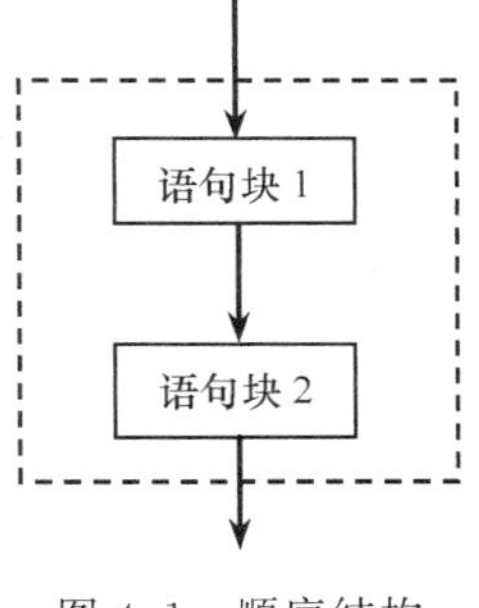

图 4.1 顺序结构

【实例 4.1】 编程,用 InputBox 函数输入球的半径 R,计算并输出球的体积。

(1) 界面设计(略)。

(2) 代码设计。

```
Private Sub Command1_Click()
    Dim R As Single, V As Single
    R = Val(InputBox("请输入球的半径:"))
    V = 4 * 3.1415926535 * R ^ 3/3
    Form1.Print "半径为:" & R & "的球的体积为:" & V
End Sub
```

注意:(1) 在顺序结构中,语句如有一定的逻辑顺序,其位置不能任意调换;(2) 数学中圆周率 π 一般使用近似值来代替。

4.2 选择结构

在程序设计过程中,往往需要根据某些条件作出判断,决定选择哪些语句执行或不执行某些语句,这时候可以采用选择结构,选择结构也称分支结构。Visual Basic 语言中为我们提供了 If 结构和 Select 结构。其中,If 结构又分为单分支结构、双分支结构和多分支结构。

4.2.1 单分支 If 结构

单分支 If 结构的形式为:

```
If <表达式> Then
<语句块>
End If
```

或

```
If <表达式> Then <语句>
```

功能：先计算表达式的值，若表达式为 True，则执行语句，否则不执行。单分支 If 结构的执行流程如图 4.2 所示。

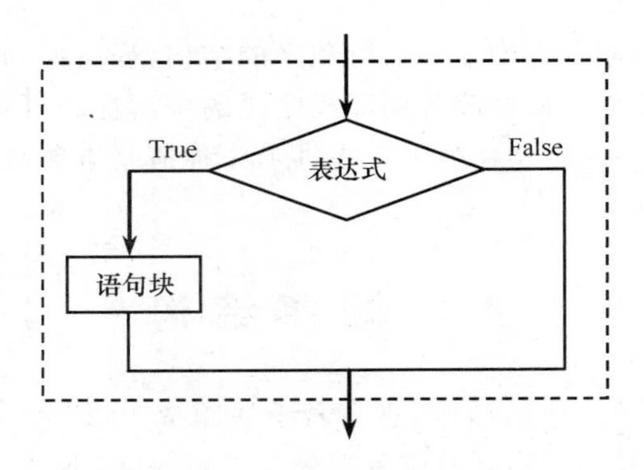

图 4.2　单分支 If 结构

【实例 4.2】 编程，输入 x、y，仅当 $x<y$ 时交换 x、y 值，然后输出 x、y 的值(在 Text 控件中输入，输出到 Label 控件)。

(1) 界面设计。建立文本框控件 Text1 和 Text2，标签控件 Label1。

(2) 代码设计。编制事件过程 Form_Click 如下(单击窗体响应)：

```
Private Sub Form_Click()
    Dim x as Single, y as Single, Temp as Single
    '文本框 Text1、Text2 中应已输入相应数值，再赋值到变量 x、y
    x = Text1.Text
    y = Text2.Text
    '当 x<y 时，交换两个变量的值
    If x<y Then Temp = y : y = x : x = Temp
    Label1.Caption = "x = " + str(x) + "   y = " + str(y)
End Sub
```

思考：(1) 以上过程中，表达式"x＝"＋str(x)＋"　y＝"＋str(y)能不能写作"x＝"＋x＋"　y＝"＋y?

(2) 多条语句书写在同一行中则每两句中间加冒号，以便区分；往往在前后语句联系比较密切、语句比较短的情况下使用。

(3) 若将语句中交换 x、y 变量值的 3 条语句 Temp＝y : y＝x : x＝Temp 改为 x＝y:y＝x，是否能完成交换 x、y 值的工作?

4.2.2　双分支 If 结构

双分支 If 结构的形式为：

```
If <表达式> Then
    <语句块 1>
Else
    <语句块 2>
End If
```

或

```
If <表达式> Then <语句 1> Else <语句 2>
```

功能:先计算表达式的值,若表达式的值为 True,则执行语句块 1,否则执行语句块 2。其中,语句 1、语句 2 可以是多条 Visual Basic 可执行语句或选择结构、循环结构等。

双分支 If 结构的执行流程如图 4.3 所示。

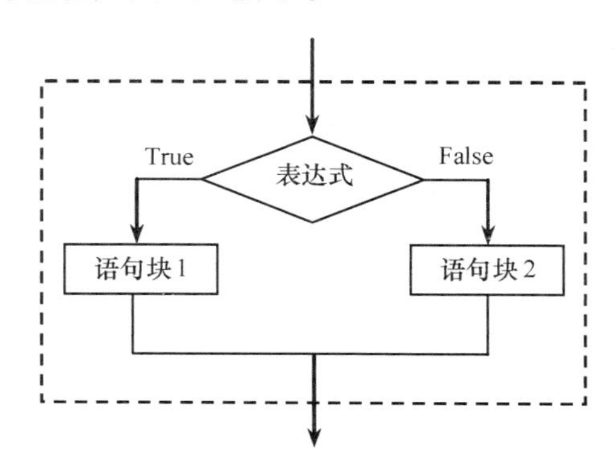

图 4.3 双分支 If 结构

【实例 4.3】 输入 3 个数,然后输出其中最大的数。程序如下:

```
Private Sub Form_Click()
    Dim A As Single, B As Single, C As Single
    Dim Max As Single
    A = InputBox("请输入 A:")
    B = InputBox("请输入 B:")
    C = InputBox("请输入 C:")
    If A>B Then Max = A Else Max = B
    If C>Max Then Max = C
    Print "三个数中最大值是" & Max
End Sub
```

【实例 4.4】 求 $ax^2+bx+c=0$ 根,用 InputBox 函数输入系数,计算结果在文本框 Text1 中显示。

界面设计略,过程设计如下:

```
Private Sub Form_Click()
    Dim a As Single, b As Single, c As Single, d As Single
    Dim x1 As Single, x2 As Single
    a = InputBox("输入 2 次项系数 a", "解 1 元 2 次方程")
    b = InputBox("输入 1 次项系数 b", "解 1 元 2 次方程")
    c = InputBox("输入常数项系数 c", "解 1 元 2 次方程")
    d = b * b - 4 * a * c
    If d> = 0 Then
        x1 = ( - b + Sqr(d))/2/a
        x2 = ( - b - Sqr(d))/2/a
```

```
        Text1.Text = "x1 = " + Str(x1) + "    x2 = " + Str(x2)
    Else
        'x1 保存解的实部系数,x2 保存解的虚部系数
        x1 = - b/2/a
        x2 = Sqr( - d)/2/a
        Text1.Text = "x1 = " + Str(x1) + " + " + Str(Abs(x2)) + "i" + _
            Chr(13) + Chr(10)    '上一行最后的字符"_"表示本行是上一行的续行
        Text1.Text = Text1.Text + "x2 = " + Str(x1) + " - " + _
            Str(Abs(x2)) + "i"
    End If
End Sub
```

4.2.3 多分支 If 结构

多分支 If 结构的形式为:

```
If <表达式 1> Then
    <语句块 1>
ElseIf <表达式 2>Then
    <语句块 2>
…
[Else
    <语句块 n+1>  ]
End If
```

功能:先计算表达式 1 的值,若表达式 1 的值为 True,则执行语句块 1,否则计算表达式 2 的值,若表达式 2 的值为 True,则执行语句块 2……依此类推,最后计算表达式 n 的值,若表达式 n 的值为 True,则执行语句块 n,否则,执行语句块 $n+1$。

多分支 If 结构的执行流程如图 4.4 所示。

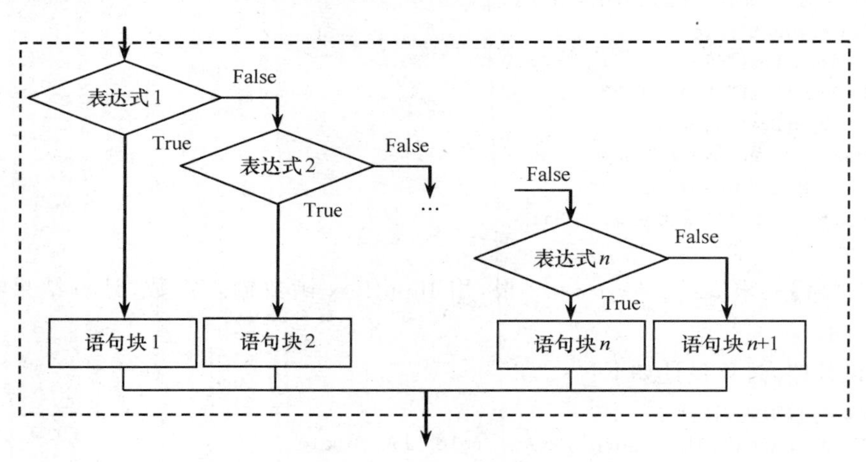

图 4.4 多分支 If 结构

【实例 4.5】编程,在窗体上输出字符串"欢迎使用 Visual Basic"。第一次单击时以黑体显示;第二次单击时以楷体显示;第三次单击时以宋体显示;第四次单击则清除窗体上的信息。

界面设计略,过程设计如下:

```
Dim nflag As Integer                 '在通用对象声明部分声明变量
```

```
Dim smystring As String
Private Sub Form_Load()              '设置变量的初始值
    nflag = 1
    smystring = "欢迎使用 Visual Basic"
    Form1.FontSize = 18
End Sub
Private Sub Form_Click()             '根据 nflag 的值决定以何种字体显示或清除
    If nflag = 1 Then
        Form1.FontName = "黑体"
        Print smystring
        nflag = nflag + 1
    ElseIf nflag = 2 Then
Form1.FontName = "楷体"
        Print smystring
        nflag = nflag + 1
    ElseIf nflag = 3 Then
        Form1.FontName = "宋体"
        Print smystring
        nflag = nflag + 1
    Else
        Cls
        nflag = 1
    End If
End Sub
```

程序运行的情况如图 4.5 所示。

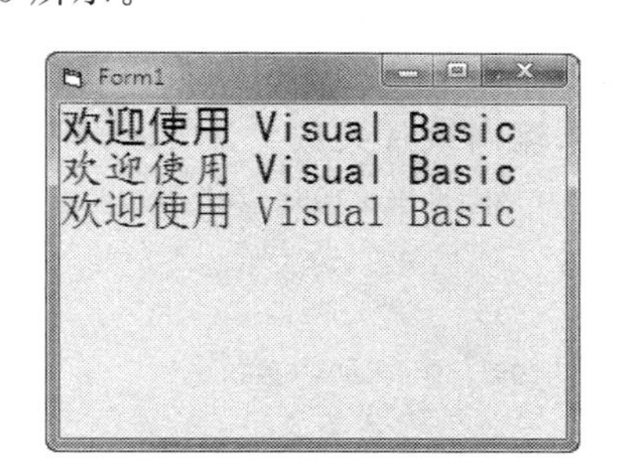

图 4.5　例 4.5 运行时、清屏前的输出结果

4.2.4　情况选择结构

If 语句主要解决两个分支的情况，当有多分支时，需要采用 If 语句的嵌套形式。当在分支较多的情况下，If 的嵌套也随之增加，降低了程序的可读性，此时多采用情况选择结构。情况选择结构用于多路选择，根据取整数值的表达式或字符串表达式的不同取值决定执行该结构的哪一个分支。情况选择结构格式如下：

```
Select Case <测试表达式>
    [Case <表达式列表 1>
          [<语句块 1>]]
    ...
    [Case Else
          [<语句块 n+1>]]
End Select
```

功能：先计算测试表达式的值，如果其值满足列表 1，则执行语句块 1；如果其值满足列表 2，则执行语句块 2，依此类推，情况选择结构执行流程如图 4.6 所示。

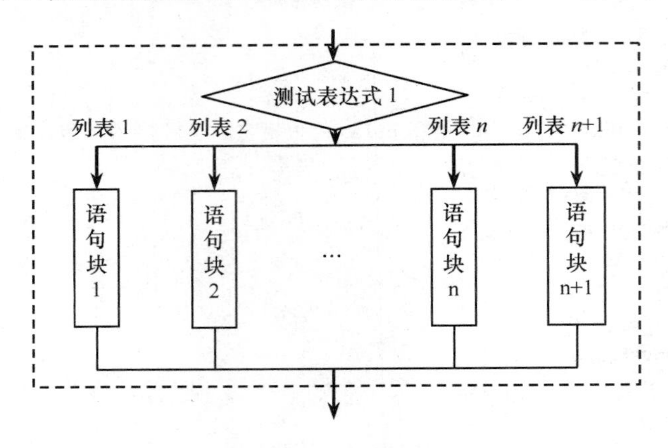

图 4.6　情况选择结构

其中：

(1) 测试表达式：为数值表达式或字符串表达式。

(2) 表达式列表：可以是单个表达式(单值)，也可以是“表达式 To 表达式”的形式(多值)，或用符号“Is”表示测试表达式的值与其他表达式的比较关系。

(3) 执行流程如下：自上而下顺序地判断测试表达式的值与表达式列表中的哪一个匹配，如有匹配则执行相应语句块，然后转到 End Select 的下一语句；若所有的值都不匹配，执行 Case Else 所对应的语句块，如省略 Case Else，则直接转移到 End Select 的下一语句。

【实例 4.6】 输入年份、月份，输出该月天数。计算 y 年是否闰年的条件如下：

```
y Mod 4 = 0 And y Mod 100<>0 Or y Mod 400 = 0
```

界面设计略，过程设计如下：

```
Private Sub Form_Click()
    Dim y As Integer, m  As Integer, d As Integer
    y = InputBox("输入年份", "输入数据")
    m = InputBox("输入月份", "输入数据")
    Select Case m
        Case 1, 3, 5, 7, 8, 10, 12              '7, 8 也可以写作 7 To 8
            d = 31
        Case 4, 6, 9, 11
            d = 30
        Case 2
            If y Mod 4 = 0 And y Mod 100 <> 0 Or y Mod 400 = 0 Then
                d = 29
            Else
                d = 28
            End If
    End Select
Print y; "年"; m; "月有"; d; "天"
End Sub
```

【实例 4.7】 分析以下程序，理解情况选择结构的执行流程。(当程序运行时，先后输入 3、-1、4 和 125，查看在 Label1 上的信息分别是什么？)

界面设计略，过程设计如下：

```
Private Sub Form_Click()
    Dim a As Integer, w As Integer
    a = Val(InputBox("输入 a", ""))
    Select Case a Mod 5
        Case Is<4
            w = a + 10
        Case Is<2
            w = a * 2
        Case Else
            w = a - 10
    End Select
    Label1.Caption = "w = " & Str(w)
End Sub
```

例中，Select 结构内的“Is”表示表达式 a Mod 5 的值。

4.3 循环结构

循环是指在程序设计中，从某处开始有规律地反复执行某一程序块的现象，被重复执行的程序块称为“循环体"。Visual Basic 提供的设计循环结构的语句有：For…Next、While…Wend、Do…Loop 等。

4.3.1 For…Next 循环结构

格式：FOR <控制变量 X> = <初值 e1> TO <终值 e2> [STEP <步长 e3>]
  循环体
    NEXT <控制变量 X>

功能如图 4.7 所示（For…Next 循环结构流程图）。

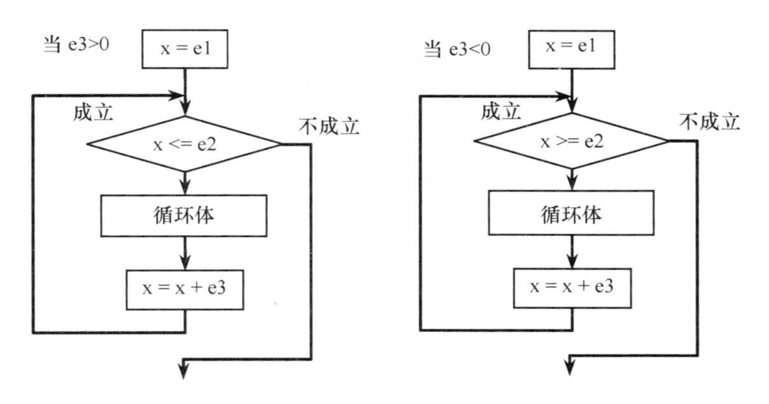

图 4.7 For…Next 循环结构流程图

格式说明：

- <初值>、<终值>、<步长>是数值表达式，既可以是整数也可以是实数。
- <循环变量>为循环计数变量。省略 Step<步长>时，<步长>为 1。
- For…Next 循环执行时，以递增循环为例，先将初值赋给循环变量，判断是否超过终值，若未超过则执行循环体，遇到 Next 语句后，循环变量增加一个步长，再判断是否超过终值，若未超过则继续执行循环体，如此重复直到循环变量超过终值，退出循环。

- Next 后面的循环变量可以省略。
- ＜步长＞可以为正数或负数，若为负数，则循环变量必须小于终值时才退出循环。
- For 循环常用于已知次数的循环，循环次数可以用公式计算：循环次数＝Int((终值－初值)/步长＋1)。
- 若要求提前退出循环语句，可以使用 Exit For 语句。一般情况下，Exit For 语句不单独使用，可以与单分支 If 结构联用。

例如，计算 1～100 之间奇数和的程序段可编写为：

```
For n = 1 to 99 step 2
    s = s + n
Next n
```

也可以写作：

```
For n = 99 to 1 step - 2 : s = s + n : Next n
```

4.3.2 Do…Loop 循环结构

```
格式 1:Do [{While|Until}<条件>]          '先判断条件,后执行循环体
           循环体
       Loop

格式 2:Do                                '先执行循环体,后判断条件
           循环体
       Loop [{While|Until}<条件>]
```

其执行流程如图 4.8 所示。

格式说明：

(1) 选项 While 当条件为真时执行循环体，选项 Until 当条件为假时执行循环体。

(2) Exit Do 是跳出本层 Do 循环，循环体中出现语句 Exit Do，将控制转移到 Do…Loop 结构后一语句。

(3) 省略{While|Until}＜条件＞，按无条件执行。必须和 Exit Do 配合使用，否则将成为"死"循环。

(4) Do…Loop 循环结构主要用于不确定循环次数的循环，所以需要在循环中修改循环条件，以避免出现"死"循环。

【实例 4.8】用以上格式(组合出 4 种)的 Do…Loop 循环输出 1～10 的平方和，请读者比较。

(1) Do While…Loop 格式

```
Dim s as Integer, i as Integer
s = 0 : i = 1
Do While i< = 10
    s = s + i * i
    i = i + 1
Loop
```

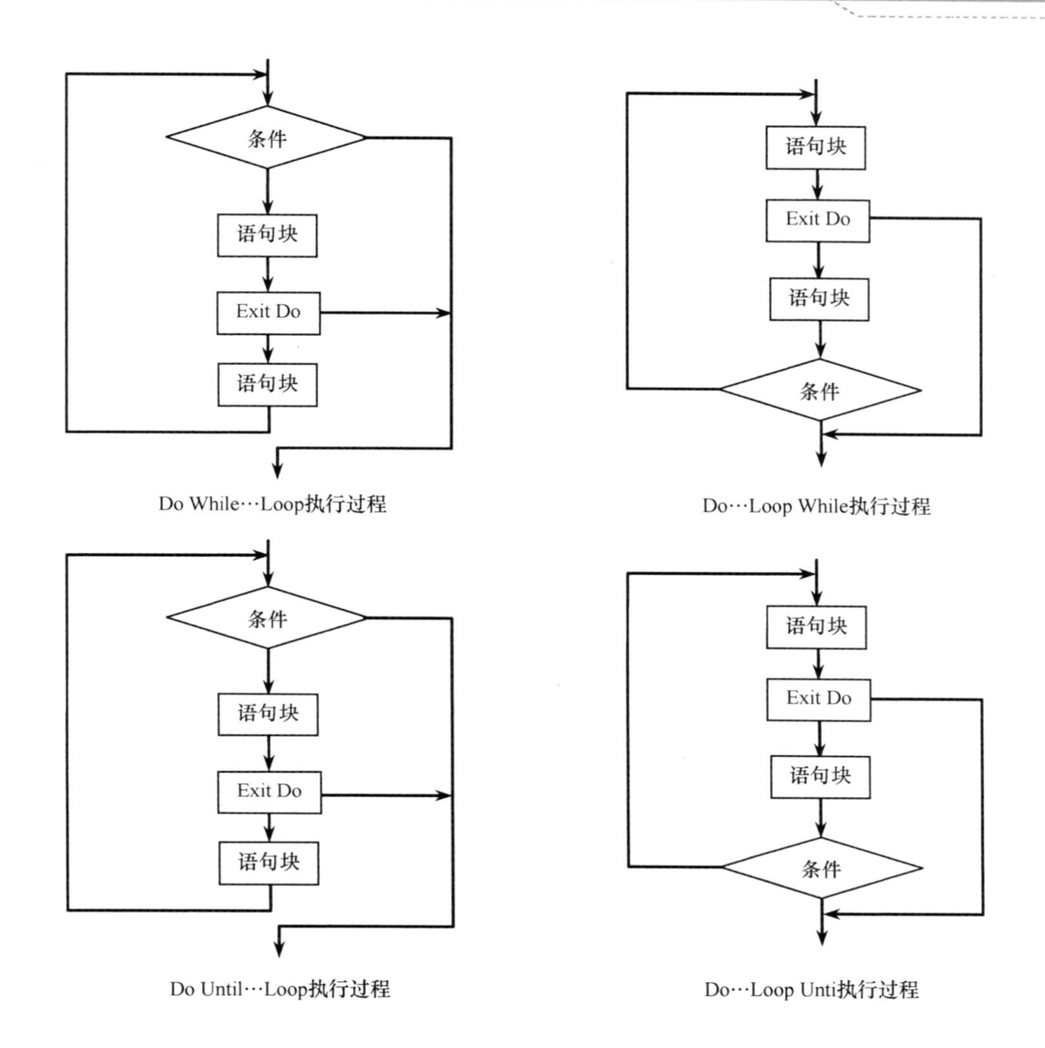

图 4.8 Do…Loop 循环结构执行流程

```
Print s
```

(2) Do Until…Loop 格式

```
Dim s as Integer, i as Integer
s = 0 : i = 1
Do Until i>10
    s = s + i * i
    i = i + 1
Loop
Print s
```

(3) Do…Loop While 格式

```
Dim s as Integer, i as Integer
s = 0 : i = 1
Do
    s = s + i * i
    i = i + 1
Loop While i< = 10
```

```
Print s
```

(4) Do…Loop Until 格式

```
Dim s as Integer,i as Integer
s = 0 : i = 1
Do
    s = s + i * i
    i = i + 1
Loop Until i>10
Print s
```

思考:(1) 什么时候使用 While,什么时候使用 Until?

(2) 什么时候使用先判断条件,后执行循环体;什么时候使用先执行循环体后判断条件?

4.3.3 While…Wend 语句

```
格式:While <条件>
        循环体
     Wend
```

功能:当条件为真(True)时执行循环体,其功能类似前面的 Do While…Loop 结构。

While…Wend 结构的特点是:先判断条件,后执行循环体,常用于编制某些循环次数预先未知的程序。

【实例 4.9】 编程,输入 x,求下列级数和直至末项小于 10^{-5} 为止。

$$1+x+\frac{x^2}{2!}+\frac{x^3}{3!}+\frac{x^4}{4!}+\cdots+\frac{x^n}{n!}+\cdots$$

编程分析:级数前项与后项之间的关系如下:

$a_0=1$

$a_1=x\cdot a_0/1$

$a_2=x\cdot a_1/2$

$a_3=x\cdot a_2/3$

$a_4=x\cdot a_3/4$

…

$a_n=x\cdot a_{n-1}/n$

由此导出级数各项的递推公式如下:

$$\begin{cases}a_0=1\\a_i=x\cdot a_{i-1}/i \quad i>0\end{cases}$$

界面设计略,为窗体的 Click 事件编制过程如下:

```
Private Sub Form_Click()
    Dim y As Single, x As Single, a As Single
    Dim i As Integer
    x = InputBox("输入 x", "")
    a = 1       '级数第 1 项为 1
```

```
    y = a       '将第 1 项存入 y
    i = 0       '变量 i 记录当前已累加的项数
While a> = 0.00001
        i = i + 1
        a = a * x/i
y = y + a
    Wend
    Print "y = "; y
End Sub
```

思考:本例的 While…Wend 结构能否用 Do…Loop 结构代替?

4.3.4 多重循环

如果在一个循环内完整地包含另一个循环结构,则称为多重循环或循环嵌套,嵌套的层数可以根据需要而定,嵌套一层称为二重循环,嵌套二层称为三重循环。

上面介绍的几种循环控制结构可以相互嵌套,下面是几种常见的二重嵌套形式。

```
(1) For  I = ...
                ...
          For J = ...
                ...
          Next J
              ...
    Next I
(2) For  I = ...
              ...
          Do While|Until...
                ...
          Loop
                ...
    Next I
(3) Do While...
              ...
              For J = ...
                    ...
          Next J
              ...
    Loop
(4) Do While|Until...
              ...
              Do While|Until...
                  ...
              Loop
              ...
    Loop
```

【实例 4.10】 我国古代数学家在《算经》中出了一道题:"鸡翁一,值钱五;鸡母一,值钱三;鸡雏三,值钱一。百钱买百鸡,问鸡翁、母、雏各几何?”

意为:公鸡每只 5 元,母鸡每只 3 元,小鸡 3 只 1 元。用 100 元钱买 100 只鸡,问公鸡、母鸡、小鸡各多少?

在计算机中处理此类问题,通常采用“穷举法”。所谓穷举法就是将各种可能性一一考虑到,将符合条件的输出即可。

设公鸡有 x 只、母鸡 y 只、小鸡 z 只。显然有很多种 x、y、z 的组合。

我们先使 x 为 0,y 为 0,而 $z=100-x-y$,看这一组的价钱加起来是否为 100 元,显然不是,所以这一组不可取。再保持 $x=0$,y 变为 1,$z=99$……直到 $x=100$,y 再由 0 变化到 100。这样就把全部组合测试了一遍。

按照这样的方法,编出程序如下(界面设计略):

```
Private Sub Form_Click()
  Dim x As Integer, y As Integer, z As Integer
  For x = 0 To 100
    For y = 0 To 100
      z = 100 - x - y
      If 5 * x + 3 * y + z/3 = 100 Then Print x,y,z
    Next y
  Next x
End Sub
```

这个程序无疑是正确的。但实际上不需要使 x 由 0 变到 100,y 由 0 变到 100。因为公鸡每只 5 元,100 元钱最多买 20 只公鸡,母鸡也同样。读者可以自行分析,修改程序。

下面的例题也是用多重循环以“穷举法”解题的典型示例。

【实例 4.11】 输出乘法口诀表。

界面设计略。

```
Private Sub Form_click()
    Dim i As Integer, j As Integer
    For i = 1 To 9
        For j = 1 To 9
            Print i * j;
        Next j
        Print
    Next i
End Sub
```

修改后的程序有较好的输出效果:

```
Private Sub Form_click()
    Print Space(4);
    For i = 1 To 9
        Print Space(5 - Len(Str $ (i))); Str $ (i);
    Next i
    Print
    For i = 1 To 9
        '用 4 位输出 i:先输出 i,再输出空格补足 4 位
        Print Str $ (i); Space(4 - Len(Str $ (i)));
        For j = 1 To 9
            '用 5 位输出 i * j:计算 i * j 的位数,不足 5 位则先输出空格
            '补足 5 位(加上后输出的 i * j)
```

```
            Print Space(5 - Len(Str$(i * j))); Str$(i * j);
        Next j
        Print
    Next i
End Sub
```

【实例 4.12】 计算方程 $x^2+y^2+z^2=2\,000$ 的所有整数解。

界面设计略，为窗体的 Click 事件编制事件过程如下：

```
Private Sub Form_Click()
    Dim x As Integer, y As Integer, z As Integer
    For x = - 45 To 45
        For y = - 45 To 45
            For z = - 45 To 45
                If x * x + y * y + z * z = 2000 Then Print x, y, z
            Next z
        Next y
    Next x
End Sub
```

【实例 4.13】 每行 10 个输出 2～1 000 内的素数。

界面设计略，过程设计如下：

```
Private Sub Form_Click()
  Dim k as Integer,i as Integer,j as Integer
  Print Spc(5); LTrim(Str(2)); Spc(5); LTrim(Str(3));
  k = 2
  For i = 5 To 997 Step 2                  '大于 2 的偶数显然不是素数
    For j = 3 To Sqr(i) Step 2
      If i Mod j = 0 Then Exit For
    Next j
    If j>Sqr(i) Then
      Print Spc(6 - Len(LTrim(i))); LTrim(Str(i));      '输出按列右对齐
      k = k + 1                                         '计数
      If k Mod 10 = 0 Then Print                        '换行
    End If
  Next i
End Sub
```

【实例 4.14】 证明 64 不是两个或两个以上连续自然数的和。

界面设计略，事件过程如下：

```
Private Sub Form_Click()
    Dim i As Integer, j As Intrger, s As Integer
    '连续自然数相加,最小的为 1;两个以上连续自然数相加如 32 + 33 显然大于 64
    '因此第 1 个加数最大为 32。因此,列举第 1 个加数应从 1 到 32
    For i = 1 To 32
        s = 0         '累加开始前,变量 s(累加器)清零。
        j = i     '第 i% 步累加,第 1 个累加数为 i
        '当前累加值小于 64 则继续累加,否则做第 i% + 1 步
        While s<64
            s = s + j
            j = j + 1
        Wend
        '第 i 步累加结束后,判断累加和是否等于 60
```

```
        '下一语句为行 If 语句，当条件成立时，输出相应信息并退出循环。
        If s = 64 Then Print "64 是连续自然数的和，命题不成立！"：Exit For
    Next i
    '如果 For 循环自然结束(没有执行 Exit For 语句)，则 i 的当前值为循环的终值
    '加步长，即 33，因此，以判断 i 是否等于 33 作为命题是否成立的条件
    If i = 33 Then Print "64 不是连续自然数的和，命题成立"
End Sub
```

【实例 4.15】 编程，运行时单击命令按钮后输入 $n(n<10)$，然后在图片框内输出一个如图 4.9 所示的 n 层数字金字塔(图中所示是输入 $n=7$ 的结果)。

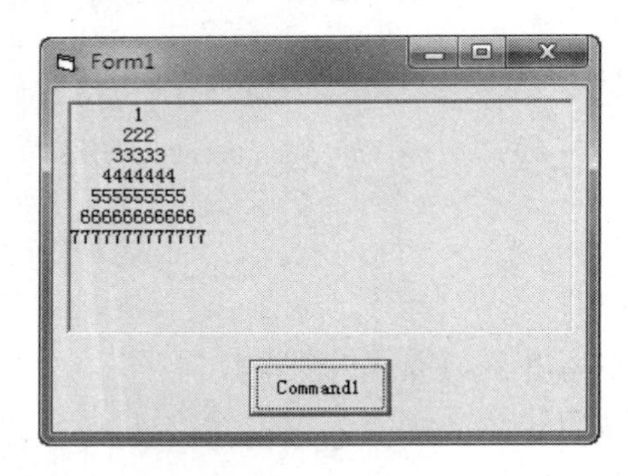

图 4.9　例 4.15 的输出结果

过程设计如下：

```
Private Sub Command1_Click()
    Dim i As Byte, j As Byte, n As Byte
    Do
        '该循环控制所输入的 n 必须在给定范围内
        n = InputBox("n = ", "输入 1～9 的整数")
    Loop While n<1 Or n>9
    For i = 1 To n
        Picture1.Print Tab(n - i + 1);  '设置该行输出的起始位置
        For j = 1 To 2 * i - 1
            '数值转换为字符串后正号转换为空格
            '函数 Trim 去除参数 Str(i)串两端的空格
            Picture1.Print Trim(Str(i));
        Next j
    Next i
End Sub
```

打印由多行组成的图案，通常采用双重循环，外层循环用于控制行数，内层循环用于输出每一行的信息。

程序中利用 Tab 函数设置每一行显示的起始位置。通过简单分析可知：每行的字符个数与行序 i 的关系为 2 * i－1。

4.4　On Error GoTo 语句

程序在运行时，若产生运行错误，将终止执行。对于可以预见的错误，可以用 On Error GoTo 语句捕获，并将控制转去执行一段预先写好的处理错误的语句。

格式:On Error GoTo L1

功能:在执行该语句后,若发生运行错误,控制将转去执行标号为 L1 的语句。

例如,下列事件过程用于输出变量 x 的倒数,其中 x 的值通过文本框控件 Text1 输入。如果调用该事件过程前 Text1. Text 值为空,则会产生 0 作除数的错误。

```
Private Sub Command_Click()
    Print 1/Val(Text1.Tex)
End Sub
```

将该事件过程改写如下,则可以在错误发生时显示一行提示信息,程序继续运行。

```
Private Sub Command_Click()
    On Error GoTo Err001
    Print 1/Val(Text1.Text)
    Exit Sub  '为防止没有出错情况下错误地执行下一语句,退出 Sub 过程
Err001: MsgBox "除数不能为 0,请输入 x 的值"
End Sub
```

4.5 常见错误处理

在程序设计过程中,由于种种原因,程序难免会出现各种错误,有些错误会出现在程序编译时,也会出现在程序运行时。要想避免错误就需要对程序中出现的错误有足够的认识并且找到解决的方法。

1. Visual Basic 中的错误

在 Visual Basic 编程中,所遇到的错误种类很多,这些错误大致可以分为以下 3 种类型:

- 编译错误
- 运行错误
- 逻辑错误

(1) 编译错误。“编译错误”是由于不正确设计代码而产生的。如果不正确地输入了关键字,遗漏了某些必需的标点符号或语句,那么 Visual Basic 在编译时就会检测到这些错误。

例如:

```
Private Sub SomeSub()
    DimI as Integer
    For i = 1 to 10
End sub
```

由于程序段中使用了 For 循环,却没有相应的 Next 与之对应。当程序运行时,Visual Basic 会自动检测到编译错误,并提示用户加以修改。

(2) 运行错误。“运行错误”是在运行模式下所产生的错误,这种错误较“编译错误”难以发现,通常必须运行应用程序才能检测到这种错误。在 Visual Basic 中启动运行应用程序,当一个语句试图执行一个不能执行的操作时,就会发生运行错误。

(3) 逻辑错误。应用程序未按照预期方式运行,就会产生“逻辑错误”。逻辑错误比较难检查,要求用户对运行结果的值域有很好的了解。

2. 减少错误的发生

错误的排查需要花费较大的时间和精力，所以在编写代码时，要尽量减少错误的发生。以下是一些减少错误的建议：

- 精心设计应用程序：仔细编写事件响应及过程函数的代码，为每个事件过程和每个普通过程都制定一个特定、明确的目标。
- 多加注释：如果用注释说明每个过程的目的，那么在回过头来分析代码时，就能更深入地理解这些代码。
- 遵循 Visual Basic 的"编码约定"。平时在程序设计时多注意 Visual Basic 编码的约定，养成良好的设计习惯，对于减少错误有很大的帮助。

注意：使用上述方法可以减少错误的发生，并能够杜绝某些常见的错误。尽管可以采用各种方式方法来减少错误，但错误仍然是不可避免的。

3. 错误处理

当应用程序在运行中出现错误时，根据错误出现的不同类型，有不同的错误处理方法。

(1) 错误处理的一般步骤。所谓错误处理，就是使用 Visual Basic 提供的错误处理语句中断运行中的错误，并进行处理，Visual Basic 可以截获的错误称为"可捕捉的错误"，出错处理语句只能对这类错误进行处理。错误处理程序是应用程序中捕获和响应错误的例程。通用的错误处理程序如下：

```
'执行一些代码
'设置错误捕捉
On Error GoTo CheckError
    '执行一些代码，这些代码可能会触发错误
    '退出子过程
    Exit Sub
CheckError:
    '错误处理程序
```

注意：一般在错误处理程序段的行标签定义之前，需要添加退出过程的语句(如：Exit Sub)。否则，即使没有错误发生，也会执行错误处理程序。错误处理段的行标签(本例中的 CheckError)后面需要加冒号，但是在 On Error GoTo line 语句后面的标签不能加冒号。

(2) 设计错误处理程序一般包括以下 3 个步骤：

- 捕捉错误。当错误发生时，通知应用程序在分支点即执行错误处理程序的地方设置或者激活错误捕获功能。
- 编写错误处理代码。对所有能预见的错误都作出响应。
- 退出错误处理例程。在处理完错误之后，需要退出错误处理例程，确定程序后面的流程。

习 题 4

1. 判断题

(1) 若行 If 语句中逻辑表达式值为 True,则关键字 Then 后的若干语句都要执行。

(2) 在行 If 语句中,关键字 End If 是必不可少的。

(3) 块 If 结构中的 Else 子句可以缺省。

(4) For…Next 语句中,循环控制变量只能是整型变量。

(5) For…Next 语句中,Step 1 可以缺省。

(6) For…Next 循环正常(未执行 Exit For)结束后,控制变量的当前值等于终值。

(7) 在循环体内,循环变量的值不能被改变。

(8) Do…Loop While 结构中的循环体至少被执行一次。

(9) Do…Loop Until 结构的循环是“先判断、后执行(循环体)”的循环结构。

(10) 使用 On Error GoTo 语句并编写相应程序,可以捕获程序中的编译错误。

2. 选择题

(1) 下列关于 Select Case 之测试表达式的叙述中,错误的是(　　)。

A. 只能是变量名　　B. 可以是整型

C. 可以是字符型　　D. 可以是浮点类型

(2) 下列关于 Select Case 的叙述中,错误的是(　　)。

A. Case 10 To 100 表示判断 Is 是否介于 10 与 100 之间

B. Case "abc","ABC" 表示判断 Is 是否和"abc". "ABC"两个字符串中的一个相同

C. Case "X" 表示判断 Is 是否为大写字母 X

D. Case－7,0,100 表示判断 Is 是否等于字符串"－7,0,100"

(3) 由 For i＝1 To 16 Step 3 决定的循环结构被执行(　　)次。

A. 4　　B. 5　　C. 6　　D. 7

(4) 若 i 的初值为 8,则下列循环语句的循环次数为(　　)。

```
Do While i< = 17
i = i + 2
Loop
```

A. 3 次　　B. 4 次　　C. 5 次　　D. 6 次

(5) 由 For i＝1 To 9 Step－3 决定的循环结构被执行(　　)次。

A. 4　　B. 5　　C. 6　　D. 0

3. 程序填空题

(1)【程序说明】下面是一段计算数学表达式的程序。

$$1-\frac{2}{2!}+\frac{3}{3!}-\frac{4}{4!}+\cdots+(-1)^{n+1}\frac{n}{n!}$$

```
Private Sub Form Click()
   Dim n As Integer, p As Integer, s As Sigle
   Dim q As Integer, i As Integer
   n = InputBox("请输入 N 的值:")
   s = 0:p = - 1:q = 1
```

```
  For i = 1 To n
    p = - p: q = ___(1)___
     s = ___(2)___
  ___(3)___
  Print s
End Sub
```

(2)【程序说明】下列程序求两个正整数 m、n 的最大公约数。

```
Private Sub Form_Click()
  Dim m As Integer, n As Integer, r As Integer
  m = InputBox("请输入 M 的值:"): n = InputBox("请输入 N 的值:")
   Print m; "和"; n; "的最大公约数是:"
   r = m Mod n
   Do Until ___(1)___
     m = n: n = r: r = ___(2)___
   Loop
   Print n
End Sub
```

4. *程序阅读题*

(1) 请写出单击命令按钮输入 15 后,窗体上的输出结果,思考该程序完成什么功能。

```
Private Sub Command1_Click()
     Dim n As Integer
     n = Val(InputBox("n"))
     While n <> 0
          f10_2 = n Mod 2 & f10_2
          n = n\2
     Wend
     Print f10_2
End Sub
```

(2) 请写出输入 8、9、3、0 后窗体上的显示结果。

```
Private Sub Form_Click()
  Dim i As Integer, sum As Integer, m As Integer
  Do
    m = InputBox("请输入 m", "累加和等于" & sum)
    If m = 0 Then Exit Do
    sum = sum + m
Loop
  Print sum
End Sub
```

(3) 请写出单击命令按钮后,在文本框中输入 25,在标签上的显示结果,并思考该程序完成什么功能。

```
Private Sub Command1_Click()
     Dim n As Integer, k As Integer
     n = Val(Text1.Text): Label1.Caption = ""
     While n <> 0
          k = n Mod 16
          If k<10 Then
               Label1.Caption = Trim(Str(k)) + Label1.Caption
          Else
               Label1.Caption = Chr(k - 10 + Asc("a")) + Label1.Caption
```

```
            End If
            n = n\16
        Wend
    End Sub
```

(4) 请写出单击命令按钮后，输入28、16，窗体上显示的结果，并思考该程序完成什么功能。

```
Private Sub Command1_Click()
    Dim a As Integer, b As Integer, x As Long, i As Integer
    On Error GoTo qq
    a = InputBox("a = ")
    b = InputBox("b = ")
    x = a
    While Not (a Mod x = 0 And b Mod x = 0)
        x = x - 1
    Wend
    Print x
    Exit Sub
qq:    MsgBox "请重新输入"
    Exit Sub
End Sub
```

(5) 请写出单击命令按钮1后，输入－123，单击命令按钮2，在文本框中显示的结果，并思考该程序完成什么功能。

```
Dim n As Integer
Private Sub Command1_Click()
    Text1.Text = "": n = InputBox("n = ")
End Sub
Private Sub Command2_Click()
    If n<0 Then n = - n: Text1.Text = " - "
    While n <> 0
        Text1.Text = Text1.Text & n Mod 10
        n = n\10
    Wend
    End Sub
Private Sub Form_Load()
    Text1.Locked = True
End Sub
```

5. 程序设计题

(1) 用InputBox函数输入3个任意整数，按从大到小的顺序输出。

(2) 编程，输入 x 值，按下式计算并输出 y 值：

$$y=f(x)=\begin{cases} x+3 & x>3 \\ x^2 & 1\leqslant x\leqslant 3 \\ \sqrt{x} & 0<x<1 \\ 0 & x\leqslant 0 \end{cases}$$

(3) 编程，在窗体上输出九九乘法表。

(4) 输入 n、x（x 的绝对值必须小于1)后，计算并显示下列表达式的值。

$$1-\frac{x}{2}+\frac{x^2}{3}-\frac{x^3}{4}+\cdots+\frac{(-x)^{n-1}}{n}$$

(5) 用近似公式求自然对数的底数 e 的值,直到前后两项之差小于 10^{-4} 为止。

$$e \approx 1+\frac{1}{1!}+\frac{1}{2!}+\frac{1}{3!}+\ldots+\frac{1}{n!}$$

(6) 编程,输入 n(n 为一位正整数),输出 $n+1$ 层的杨辉三角形。如 n 为 6 时,输出结果如图 4.10 所示。

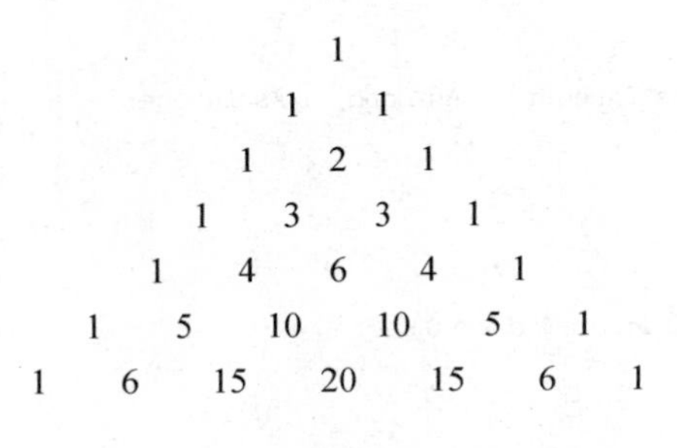

图 4.10 杨辉三角形

第 5 章　数　　组

如果在处理大批数据时仍然采用前面所学的数据类型，一个一个地单独处理数据，是非常烦琐的，比如大批量数据的排序、统计、矩阵运算等。数组很好地解决了这个问题。它使得数据在物理上有相应的关系，在使用数据时只需按位置调用即可，从而缩短程序代码，提高程序的可读性和执行效率。

5.1 基本概念

中学数学中已经学过关于数组的定义：一组可顺序索引并具有相同内部数据类型的元素。数组中每个元素具有唯一索引号。如 S=[S1,S2,S3]。例如，班级中 30 名同学，如果期末计算成绩，标示每个学生某门课程的成绩为 S1,S2,S3,S4,…,S30,S 代表班级,1,2,3,4,…,30 代表学号,S1 代表班级中学号为 1 号的同学的成绩，依此类推，代码可以标识出班级中所有同学的成绩，利用这些有规则的数据进行求和、求平均数等统计运算非常简单方便。

在 Visual Basic 中把一组具有相同名字、不同下标的数据称为数组，表示为：A(n)，A 为数组的名称，n 为下标变量，不同的下标表示了不同的数据。数组中的每个元素的表示为：A(1)，A(2)，A(3)，…，A(1)表示 A 数组的第一个元素，A(n)表示 A 数组的第 n 个元素。

当然，数组还有多种形态，比如二维数组，数据遵循行列的关系进行排列，也就是由两个下标来标识，在后面的章节中有详细的介绍。

5.2 一维数组

5.2.1 一维数组的定义

1. 基本的数据定义

数组在使用时要严格遵循先定义后使用的原则，目的是通知计算机为其留出所需要的空间。在程序的通用对象声明部分可用语句 Option Base 1 声明所有数组第 1 个元素下标为 1，Option Base 0 声明所有数组的第 1 个元素下标为 0（默认值）。语句只能出现在窗体层或模块层，不能出现在过程中，并且必须放在数组定义之前。注意下标不能是负数。

数组声明示例：

```
Dim y(5) AsInteger      '声明 y 是 Integer 类型数组
```

不加特殊说明的情况下，y 数组的最大下标为 5，但最小下标从 0 开始，即数组有 6 个数：y(0)、y(1)、y(2)、y(3)、y(4)、y(5)。

而程序中有语句"Option Base 1"，则有如下语句：

```
Dim m(6) As  Single
```

数组 m 的元素有 m(1)、m(2)、m(3)、m(4)、m(5)、m(6)。最大下标和数组个数吻合。

数组还有一种表示方式不受 Option Base 语句的影响，数组主动标示出上下的界线，如：Dim x(1 to 5) As Double，表示数组 x 的元素有 x(1)、x(2)、x(3)、x(4)、x(5)。

2. 初始值的设定

数据在定义以后都有一个默认的数值，规则如数据类型说明中所述，数值类型初值为 0，字符型数组初始值为空等。这对一维数组、二维数组都适用。

在 Visual Basic 中允许对变体一维数组初始化数据的函数为 Array，如：

```
Dim S                   '声明变量 S 为变体类型
S = Array(1,2,3,4)      '为 S 数组的每个数据赋初值，即 S(1) = 1,S(2) = 2,S(3) = 3,S(4) = 4
```

5.2.2 一维数组的引用

对于数组的数据输入输出，以及数据的存放情况，来看下面的例子。

【实例 5.1】 随机生成 10 个两位正整数，并在窗体上打印出来。

```
Option Base 1                          '数组下界从 1 开始计数
Private Sub Form_Click()
    Dim i As Integer                   '数据定义
    Dim x(10) As Integer
    For i = 1 To 10                    '数据输入
        x(i) = Int(Rnd * 90) + 10
    Next i
    For i = 1 To 10                    '数据输出
        Print x(i);
    Next i
End Sub
```

由此可以看到，数组数据的操作过程都是操作数组的下标，只要灵活利用下标，就可以一次操作多个数据。在此例中利用循环的办法可以对 10 个数据同时操作，非常简单易行。

当数据有其自身规则时，生成数据只需关心数据本身，而且还可以保留数据。

【实例 5.2】 打印数列 1,1,2,3,5,8,…中前 30 项的值。

这是一个斐波那契(Fibonacci)数列。Fibonacci 数列问题起源于一个古典的有关兔子繁殖的问题：假设在第 1 个月时有一对小兔子，第 2 个月时成为大兔子，第 3 个月成为老兔子，并生出一对小兔子(一对老，一对小)。第 4 个月时老兔子又生出一对小兔子，上个月的小兔子变成大兔子(一对老，一对大，一对小)。第 5 个月时上个月的大兔子成为老兔子，上个月的小兔子变成大兔子，两对老兔子生出两对小兔子(两对老，一对中，两对小)……

这个数列的前两个数是 1、1，第三个数是前两个数的和，以后的每个数都是其前两个数的和。因此，数列中后面的数都可以在前面数的基础上通过适当的运算得到，这种方法称为"递推"。

设 3 个变量 f1、f2、f3。开始时 f1 的值为数列中的第一个数 1，f2 为第二个数 1，显然第三个数为 f3＝f1＋f2。

在求出第三个数后，使 f1 和 f2 分别表示数列中的第二个数和第三个数，以便求出第四个数等。据此，可以编写出如下程序：

```
Private Sub Form_Click()
```

```
    Dim f1 As Long, f2 As Long, f3 As Long, i As Integer
    f1 = 1
    f2 = 1
    Print f1; f2;
    For i = 3 To 30      '用循环显示后 28 个数
        f3 = f1 + f2
        Print f3;
        f1 = f2
        f2 = f3
    Next i
End Sub
```

该程序用数组实现更为方便,特别是程序的易读性大为提高。

```
Private Sub Form_Click()
    Dim f(30) As Long, i As Integer
    f(1) = 1
    f(2) = 1
    For i = 3 To 30
        f(i) = f(i - 1) + f(i - 2)
    Next i
    For i = 1 To 30
        Print f(i);
        If i Mod 5 = 0 Then Print     '打印每 5 个换行
    Next i
End Sub
```

【实例 5.3】 编程,输入 $n(n \leqslant 10)$ 个整数,求它们的最小公倍数。

数组说明中的下标界只能是非负整常量,因此数组下标界只能按题意取最大需要值10。运行时先输入实际需要处理的数组元素个数 n,再输入 n 个元素的值,然后再作处理。

界面设计略,编制窗体的 Click 事件过程如下:

```
Private Sub Form_click()
    Dim a(10) As Integer, gbs As Long, n As Byte, i As Integer
    n = InputBox("n = ", "数组元素的个数 n")
    For i = 1 To n              '输入数组各元素
        a(i) = InputBox("a(" + Str$(i) + ") = ", "输入数组各元素")
    Next i
    '公倍数必然是第一个元素的倍数,因此以 a(1)作为最小公倍数的初值
    gbs = a(1)
    Do
        For i = 2 To n      '判断 gbs 能否被其余 n - 1 个数整除
            If gbs Mod a(i) <> 0 Then gbs = gbs + a(1): Exit For
        Next i
    Loop Until i = n + 1
    Print gbs
End Sub
```

在数组的使用中,排序的重要性是显而易见的。排序又称为分类(Sorting)算法,是程序设计中常用的算法。排序的方法非常多,这里介绍选择排序法(Selection Sort)。

【实例 5.4】 用随机函数产生 20 个 2 位正整数,用选择法排序后将它们按值从小到大

顺序输出。

选择排序法说明：在数组中搜寻出最小(大)的，把它和第一个数对调，这样第一的位置放的是最小(大)的数，然后在此基础上，从第二个数开始寻找第二个最小(大)的数，再和第二个位置互换，依此类推，直至全部都排列完成。

程序可以利用一个哨兵来帮助完成，哨兵每次出发都是寻找本次循环中的最小(大)值。

以如下 6 个数为例(option base 1)，首先设定一个哨兵 a(k)，初始状态和 a(1)一样大小。

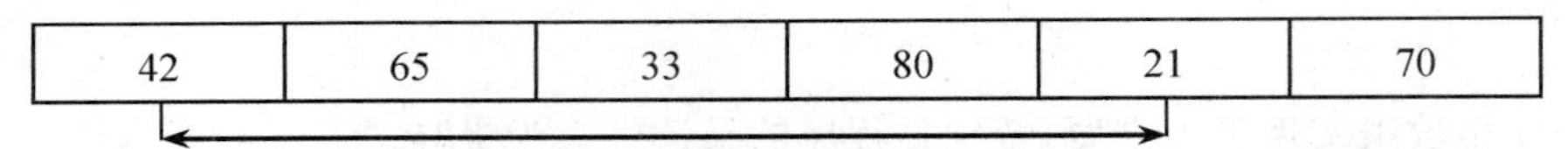

第一次排序：哨兵遍历数组，找到所有数中最小的数 21，下标为 5，则把哨兵 a(k)和 a(1)互换，即 a(1)和 a(5)互换，结果如下：

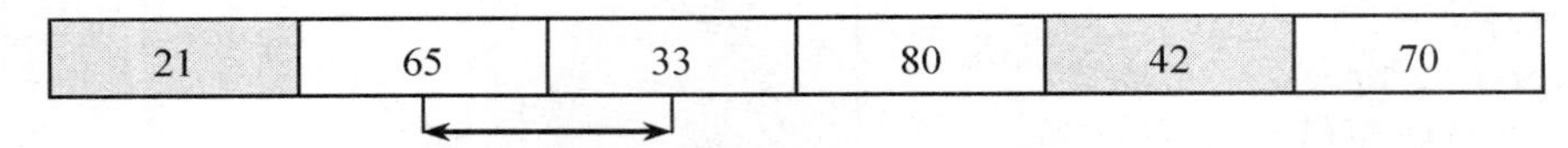

第二次排序：哨兵变成 a(2)，从第二个数开始，找到第二小的数 a(3)，把 a(2)和 a(3)互换，此时，第一个和第二个数已有序，其后的排序从第三个数开始。

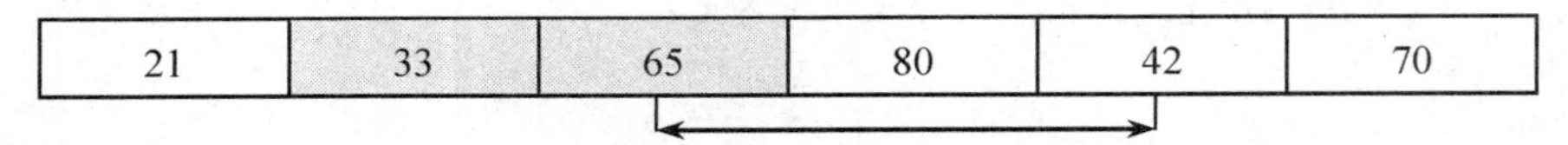

第三次排序：哨兵寻找到最小数为 42，即 a(5)，则 a(k)和 a(3)互换。前 3 个数有序。

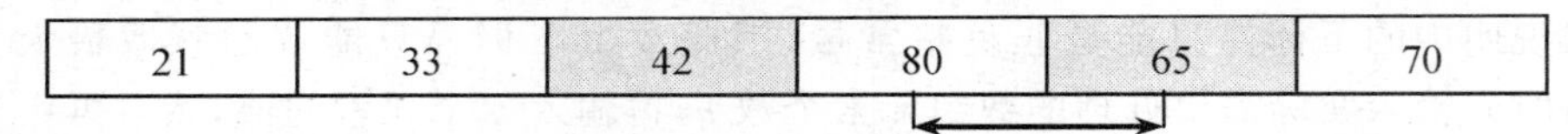

第四次排序：哨兵找到最小数为 65，即 a(5)，则 a(4)和 a(5)互换。前 4 个数有序。

21	33	42	65	80	70

最后一次排序：最小数为 70，a(5)和 a(6)交换。全部完成。

21	33	42	65	70	80

一般地，N 个数经过 $N-1$ 次排序后均有序。通过以上选择法排序的展开分析，可以归纳出选择法排序算法如下：

```
For i = 1 To n - 1
    找出 a(i)～a(n)值最小的数组元素下标 k
    交换 a(i)与 a(k)
Next i
```

其中，找出 a(i)～a(n)值最小的数组元素下标 k 的程序段为：

```
  k = i                        '假设下标为 i 的元素值最小
For j = i + 1 To n
    If a(j)<a(k) Then k = j
Next j
```

全部代码如下：

```
Private Sub Form_click()
    Dim a(1 To 20) As Integer, temp As Integer
```

```
    Dim i As Byte, j As Byte, k As Byte
    For i = 1 To 20                          '产生数据
        a(i) = Int(Rnd * 90) + 10
    Next i
    For i = 1 To 19                          '排序
        k = i                                '设定哨兵
        For j = i + 1 To 20                  '查找最小值
            If a(j) < a(k) Then k = j
        Next j
        temp = a(i): a(i) = a(k): a(k) = temp   '交换哨兵(最小值)和排序位的数据
    Next i
    For i = 1 To 20                          '打印输出
        Print a(i);
    Next i
    Print
End Sub
```

5.3 二维数组

5.3.1 二维数组的定义

数组在使用时有多种形式,有时需要表示坐标数据或其他多维数据时,需要使用到多维数组。例如三行三列的二维数组 A(3,3)。

	第一列	第二列	第三列
第1行	A(0,0)	A(0,1)	A(0,2)
第2行	A(1,0)	A(1,1)	A(1,2)
第3行	A(2,0)	A(2,1)	A(2,2)

每个数据都是由它的下标唯一标示,例如 A(1,1)表示第二行第二列的数据,A(2,2)表示第三行第三列的数据,这里要说明的是在 Visual Basic 里除非加以特殊说明,计数都从 0 开始。这样的多维数据的表示容易定位归类,方便处理。

5.3.2 二维数组的引用

二维数组的输入输出是根据二维数组的特点,对数组一行一行扫描的结果。这样就产生了两层循环:一层数行,一层数列。

【实例 5.5】 利用 InputBox 输入一组 3×3 的二维数组的数据,并打印出来。

```
Option Base 1
Private Sub Form_Click()
    Dim i As Integer
    Dim s(3, 3) As Byte
    For i = 1 To 3                    '数据输入
        For j = 1 To 3
            s(i, j) = Val(InputBox("请输入数据:"))
        Next j
```

```
    Next i
    For i = 1 To 3                          '数据输出
        For j = 1 To 3
            Print s(i, j);                  '同行打印
        Next j
        Print                               '换行
    Next i
End Sub
```

二维数组的输出要注意在一行打印完后要换行。

二维数组中有很多特点，例如，对于一个 $M \times M$ 的二维数组，其主对角线上的元素的行列下标值相等，副对角线上元素的行列下标值的和等于 $M+1$ 等。

【实例 5.6】 建立一个 5 行 5 列的二维数组，两条对角线上的元素为 1，其余元素为 0。

程序如下：

```
Private Sub Form_Click()
    Dim s(1 To 5, 1 To 5) As Integer
    Dim i As Integer, j As Integer
    For i = 1 To 5
        For j = 1 To 5
            If i = j Or i + j = 6 Then      '对角线上的元素赋值 1,其余为 0
                s(i, j) = 1
            Else
                s(i, j) = 0
            End If
            Print s(i, j);              '显示输出
        Next j
        Print
    Next i
End Sub
```

程序的输出结果如图 5.1 所示。

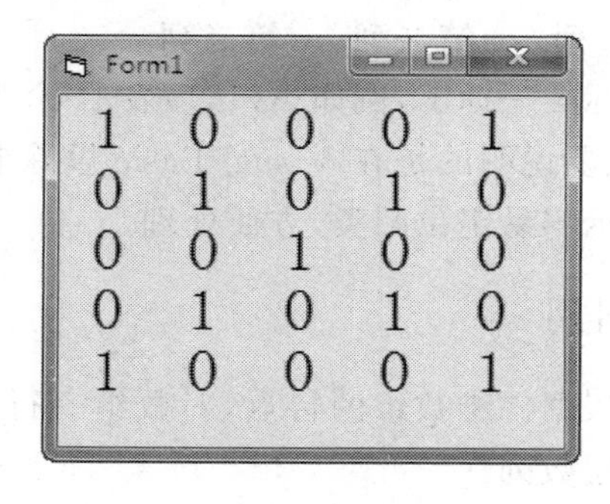

图 5.1 实例 5.6 的程序运行界面

数组应用中对二维数组的统计也是比较常用的，比如分数的求和、求平均数等。

【实例 5.7】 输入一个 3 行 4 列的数组，求它的和以及最大值。

代码如下：

```
Option Base 1
Private Sub Form_Click()
    Dim x(3, 4) As Single
    Dim i As Byte, j As Byte, max As Single, s As Single
```

```
    For i = 1 To 3                                    '赋值并打印
        For j = 1 To 4
            x(i, j) = Val(InputBox("请输入数据 x(" & i & "," & j & ")的值:"))
            Print x(i, j);
        Next j
        Print
    Next i
    max = x(1, 1)                                     '设定最大值的初始值
    For i = 1 To 3
        For j = 1 To 4
            If x(i, j)>max Then max = x(i, j)         '求最大数
            s = s + x(i, j)                           '求和
        Next j
    Next i
    Print "此数组的最大值为:" & max                   '打印
    Print "此数组的和为:" & s
End Sub
```

数组在数学运算上效果更显著。

【实例 5.8】 对一个自动生成两位正整数的 5×5 的二维数组转置。

分析:转置的概念就是将列的数据和行的数据交换,拿一个 3×3 的数组说明。

$$\begin{bmatrix} 12,23,45 \\ 24,68,96 \\ 41,78,22 \end{bmatrix} \longrightarrow \begin{bmatrix} 12,24,41 \\ 23,68,78 \\ 45,96,22 \end{bmatrix}$$

代码如下:

```
Option Base 1
Private Sub Command1_Click()
    Dim a(5, 5) As Integer
    Dim b(5, 5) As Integer
    For i = 1 To 5                                    '数据自动生成
        For j = 1 To 5
            a(i, j) = Int(Rnd * 90) + 10
        Next j
    Next i
    For i = 1 To 5                                    'a 数组打印
        For j = 1 To 5
            Print a(i, j);
        Next j
        Print
    Next i
    Print
    For i = 1 To 5                                    'b 数组转向继承 a 数组数据
        For j = 1 To 5
            b(j, i) = a(i, j)
        Next j
    Next i
    For i = 1 To 5                                    '打印 b 数组
        For j = 1 To 5
            Print b(i, j);
        Next j
```

```
        Print
    Next i
End Sub
```

其中 b(j, i)＝a(i, j)正是 b 数组转向地复制了 a 数组的数据的代码，将行列互换：

a(1,2)↔b(2,1)，a(1,3)↔a(3,1)…

【实例 5.9】 编程，计算下列矩阵的乘积并输出：

$$\begin{pmatrix} 12 & 8 & -3 & 0 \\ 4 & 11 & 9 & 11 \\ -3 & 9 & 6 & -5 \\ 6 & -4 & 7 & 8 \\ 7 & 3 & 12 & 11 \end{pmatrix} \times \begin{pmatrix} -4 & 5 & 7 \\ 2 & 6 & -1 \\ 11 & -11 & 6 \\ 7 & 8 & 5 \end{pmatrix}$$

设矩阵 $\boldsymbol{a}$ 为 M 行 N 列，矩阵 $\boldsymbol{b}$ 为 N 行 K 列，则 $\boldsymbol{a}\times\boldsymbol{b}$ 的结果 $\boldsymbol{c}$ 为 M 行 K 列矩阵，且 $\boldsymbol{c}$ 矩阵各元素的计算公式如下：

$$c_{ij} = \sum_{I=1}^{n}(a_{iI} \times b_{Ij}) \qquad \begin{array}{l} i = 1,2,\cdots,m \\ j = 1,2,\cdots,k \end{array}$$

界面设计略，编制窗体的 Click 事件过程如下：

```
Private Sub Form_Click()
    Const M = 5                         'a,c 数组的行数
    Const N = 4                         'a 数组的列数,b 数组的行数
    Const K = 3                         'c 数组的列数
    Dim a(1 To M, 1 To N) As Single, b(1 To N, 1 To K) As Single
    Dim c(1 To M, 1 To K) As Single, i As Byte, j As Byte, t As Byte
    For i = 1 To M                      '按行输入 a 数组各元素值
        For j = 1 To N
            a(i, j) = InputBox("a(" + Str(i) + "," + Str(j) + ") = ", "")
    Next j, i
    For i = 1 To N                      '按行输入 b 数组各元素值
        For j = 1 To K
            b(i, j) = InputBox("b(" + Str(i) + "," + Str(j) + ") = ", "")
    Next j, i
    For i = 1 To M
        For j = 1 To K                  '按公式计算 c 数组各元素值
            c(i, j) = 0
            For t = 1 To N
                c(i, j) = c(i, j) + a(i, t) * b(t, j)
            Next t
        Next j
    Next i
    For i = 1 To M
        For j = 1 To K
            Print Space(10 - Len(c(i, j))); c(i, j);
        Next j
        Print                           '每次输出 c 数组一行元素后换行
    Next i
End Sub
```

程序运行时，按行分别输入 ***a***、***b*** 矩阵中的各个元素值，输出结果如图 5.2 所示。

Form1

```
-65      141      58
 182      75      126
 61      -67     -19
 101      -7      128
 187       9      173
```

图 5.2 实例 5.9 的程序运行界面

5.4 动 态 数 组

5.4.1 创建动态数组

使用定长数组要预先知道需要存储的数据量的大小，但有时数据量的大小不能确定，这就需要用到动态数组。动态数组不需要在声明中指出它存储量的大小，它可以在运行时根据需求动态改变其大小或上下界，使用完成后内存即被释放，从而有效地利用存储空间。

动态数组在创建时需要在数据声明部分先定义数据类型，但不需要说明数据的大小，然后在使用中根据需要确定数组的元素个数。例如：

```
Dim s() As Integer                '声明动态数组 s 是整型
...
n = Val(InputBox("请输入数组的大小!"))
ReDim s(n)                        '定义数组最大下标为 n
...
```

在程序的声明阶段先说明数组的类型，在程序运行时动态地改变数组的大小。

ReDim 语句有很多具体的限制：

- 仅可以在过程级出现。这意味着可以在过程中而不是在类或模块级重新定义数组。
- ReDim 语句无法更改数组变量的数据类型。
- ReDim 语句可以用来更改已被正式声明的数组的一个或多个维度的大小。即利用 ReDim 可以多次定义同一个数组，随时修改数组中元素的个数，但不能修改维数。此时原数组的内容都会丢失，数组元素的值都被初始化(数值型被置为 0，字符型被置为空串，逻辑型被置为 False 等)。如果要保留原数组的值，就要在数据重置时在语句中加上 Preserve 关键字，Visual Basic 将这些元素从现有数组复制到新数组。

格式：`ReDim [ Preserve ] 数组名(数组维数)`

例如，有如下代码：

```
Dim I as Integer, M() As Integer   '声明数组类型
ReDim M(5)                         '动态定义了 6 个元素
For I = 0 To5
  M(I) = I                         '赋值
Next I
Redim Preserve M(15)               '重新定义 M 并保留原数据
```

语句 Redim Preserve M(15)重新定义了数组的大小，但保留了数据原始的值，扩充的

部分由数据类型的默认值填充，这里是 0。如果重新定义的数组元素个数少于原数组的元素个数，Visual Basic 会自动地截取。

【实例 5.10】 从一个不定长数组中删除一个指定的数，若该数不存在，则给出提示。

```
Option Base 1
Private Sub Form_Click()
Dim a() As Integer, n As Integer, i As Integer, pos As Integer
    Dim x As Integer
    n = InputBox("请输入数据个数")
    ReDim a(n) As Integer
    For i = 1 To n
        a(i) = Int(Rnd * 90) + 10               '随机生成 n 个两位正整数
        Print a(i);
    Next i
    Print
    x = InputBox("请输入要删除的数")
    pos = 0
    For i = 1 To n
        If x = a(i) Then                        '寻找需要删除的数，如果找到，记录它的位置
            pos = i
            Exit For
        End If
    Next i
    If pos <> 0 Then
        For i = pos To n - 1                    '找到该数后，从此数的后一个开始依次向前覆盖
            a(i) = a(i + 1)
        Next i
        ReDim Preserve a(n - 1)                 '保留了前 n - 1 个数后，重新定义数组
        For i = 1 To n - 1
            Print a(i);
        Next i
    Else
        MsgBox ("未找到删除的数!")
    End If
End Sub
```

5.4.2 LBound 和 UBound 函数

UBound(数组名)是取数组最大下标的函数，与之对应的是 LBound(数组名)，它提取的是数组最小下标。

【实例 5.11】 计算文本框中英文单词"at"的个数。

由于文本框中文字个数的不确定性，在这里用动态数组来定义字符串数组，把文字逐个单独存放在数组中，再对其进行操作。

界面设计略，编制窗体的 Click 事件过程如下：

```
Private Sub Form_Click()
    Dim Tx() As String, n As Integer, s As Integer
    n = Len(Text1.Text)
    ReDim Tx(n)                                 '定义动态数组
    For i = 0 To n - 1                          '将字符逐个存放在数组中
        Tx(i) = Mid(Text1.Text, i + 1, 1)
```

```
    Next i
    For i = LBound(Tx) To UBound(Tx) - 1        '取出数组的上下标
        If Tx(i) & Tx(i + 1) = "at" Then s = s + 1
    Next i
    Print s
End Sub
```

【实例 5.12】 有 ShiftStr 过程,用于移动数组中的字符串:该过程是当 Tag 为 True 时,将字符数组 a()的前 *m* 个字符移到数组尾部;当 Tag 为 False 时,把字符数组 a()中的后 *m* 个字符移到数组的首部。

界面设计略,程序如下:

```
Public Sub ShiftStr(a() As String, m As Integer, tag As Boolean)
    Dim i As Integer, j As Integer, t As String
    Dim c As String
    If tag Then
        For i = 1 To m
            c = a(0)                            '保留第一个字母
            For j = 0 To UBound(a) - 1          '向前覆盖
                a(j) = a(j + 1)
            Next j
            a(UBound(a)) = c                    '把第一个字母归位
        Next i
    Else
        For i = 1 To m
            c = a(UBound(a))
            For j = UBound(a) To LBound(a) + 1 Step - 1
                a(j) = a(j - 1)
            Next j
            a(0) = c
        Next i
    End If
End Sub

Private Sub Form_Click()
    Dim ss As String, tag As Boolean, s() As String, n As Integer
    Dim m As Integer, Ntag As Integer
    ss = Text1.Text
    n = Len(ss)
    ReDim s(n - 1) As String
    For i = 0 To n - 1
        s(i) = Mid(ss, i + 1, 1)
        Print s(i);
    Next i
    m = InputBox("请输入移动的位数.")
    Ntag = Val(InputBox("请输入方向,1 为后移,0 为前移."))
    If Ntag = 1 Then tag = True Else tag = False'利用 Ntag 来设置移动方向
    Call ShiftStr(s(), m, tag)
    Print
    For i = 0 To n - 1
        Print s(i);
    Next i
End Sub
```

5.5 控件数组

5.5.1 控件数组的概念

控件数组是数组对象的另一个应用,它要求控件都是同一种类型,具有相同的控件名称,而由它的索引即下标来进行区分,如 Command1(0)、Command1(1)。由于控件数组是自动生成的,所以控件的下标由系统内定,与 Option Base 的设置无关,总是从 0 开始计数。

5.5.2 控件数组的建立

控件数组的建立方法如下:

(1) 先建立一个初始控件,如图 5.3 所示。

(2) 在窗体上单击该控件,选择"编辑"菜单中的"复制"(或按 Ctrl+C 组合键),然后选择"编辑"菜单中的"粘贴"(或按 Ctrl+V 组合键),如图 5.4 所示。

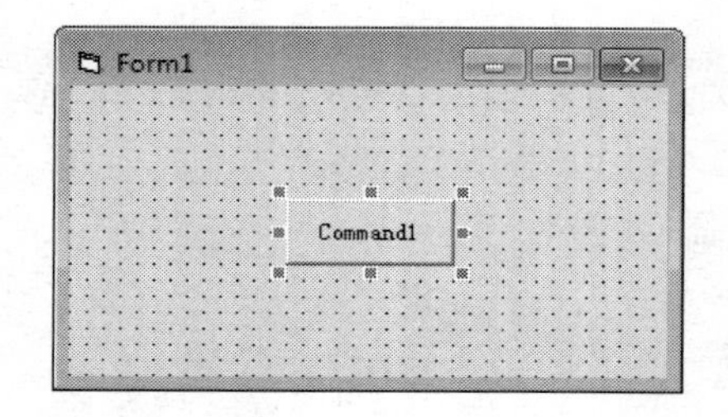

图 5.3 控件数组建立初始控件

图 5.4 控件数组建立数组控件

(3) 选择"是"按钮,则控件 Command1 更名为 Command1(0),新建控件名称为 Command1(1),继续粘贴则建立控件 Command1(2)、Command1(3)等,它们构成了一个控件数组 Command1,每个控件都是数组中的一个元素。

【实例 5.13】 建立一个窗体,在窗体上显示 0~9 不断变化的数字。

这个问题的解决方法有很多,如果使用控件数组来完成,整个界面容易整理,实现代码也十分方便。

建立窗体界面如图 5.5 所示。

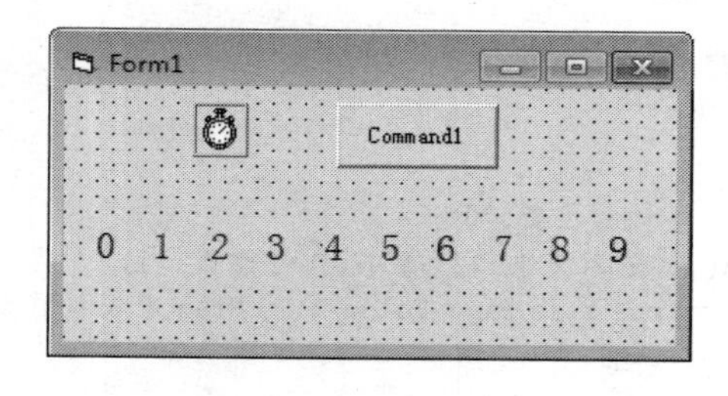

图 5.5 实例 5.13 建立初始控件

窗体上控件属性设置如表 5.1 所示。

表 5.1 实例 5.13 窗体属性设置

对象	属性	设置	说明
Label1(0)	Caption	0	标签的标题内容
Label1(1)	Caption	1	标签的标题内容
Label1(2)	Caption	2	标签的标题内容
Label1(3)	Caption	3	标签的标题内容
Label1(4)	Caption	4	标签的标题内容
Label1(5)	Caption	5	标签的标题内容
Label1(6)	Caption	6	标签的标题内容
Label1(7)	Caption	7	标签的标题内容
Label1(8)	Caption	8	标签的标题内容
Label1(9)	Caption	9	标签的标题内容
Command1			
Timer	Interval	100	时钟间隔

代码设计如下：

```
Option Base 1
Dim i As Integer
Private Sub Form_Load()
    Dim j As Integer
    Command1.FontName = "隶书"
    Command1.FontSize = 30
    Command1.FontBold = True
    For j = 0 To 9      '让标签框数组不可见
      Label1(j).Visible = False
    Next j
End Sub
Private Sub Timer1_Timer()
Command1.Caption = Label1(i).Caption
    '控制下标即可控制控件数组
    i = i + 1
    If i>9 Then i = 0
End Sub
```

运行后在窗体上 0～9 的标签框已不可见，在命令按钮上出现连续不断的数字。

控件数组在形成数组后，在它的事件上已经统一，如上例中双击标签框，代码行会出现：

```
Private Sub Label1_Click(Index As Integer)
    ...
End Sub
```

此时，这 10 个控件都由 Index 作为区分，不用再分别对其编程，只需利用选择语句即可使用这 10 个控件，方法如下：

```
Private Sub Label1_Click(Index As Integer)
    Select Case Index
        Case 0
            ... '控件 1 的语句
        Case 1
```

```
        ... '控件 2 的语句
    End Select
End Sub
```

习　题　5

1. 判断题

(1) 用 Dim s(2 to 5) as integer 定义的数组占 8 个字节的存储空间。

(2) 声明动态数组的语句是 ReDim。

(3) 窗体通用部分的语句"Option Base 1"用于指定本窗体中定义的数组默认的下标界为 1。

(4) 在声明静态数组、重定义动态数组时,下标都可以用变量来表示。

(5) 数组声明"Dim a(－1 to 2, 3)",则该数组大小为 4×4,共 16 个元素。

2. 选择题

(1) 用下面的语句定义的数组元素的个数是(　　)。

```
Dim  s(7) as Integer
```

A. 6　　B. 7　　C. 8　　D. 9

(2) 用下面的语句定义的数组元素的个数是(　　)。

```
Dim s(3,4) as String
```

A. 7　　B. 12　　C. 20　　D. 18

(3) 有数组 Array(1 to 5,5),下列数组元素(　　)不存在。

A. Array(1,1)　　B. Array(1,0)

C. Array(0,1)　　D. Array(5,5)

(4) 在过程中定义 Dim　x(1 to 10,3)As single,则数组占用(　　)字节的内存空间。

A. 132　　B. 80　　C. 160　　D. 120

(5) 关于动态数组,以下说明错误的是(　　)。

A. 仅可以在过程级出现。这意味着可以在过程中而不是在类或模块级重新定义数组

B. ReDim 语句无法更改数组变量的数据类型

C. 动态数组无法保留更改长度后的数据

D. ReDim 语句可以用来更改已被正式声明的数组的一个或多个维度的大小

(6) 窗体通用部分的语句"Option Base 1"决定本窗体中数组(　　)。

A. 下界必须为 1　　B. 默认的下界为 1

C. 下界必须为 0　　D. 默认的下界为 2

3. 程序填空题

(1) **【程序说明】**以下程序的功能是用 Array 函数建立一个含有 8 个元素的数组,然后查找并输出该数组中的最小值,请填空。

```
Option Base 1
Private Sub Command1_Click()
    Dim arr1
```

```
    Dim Min As Integer, i As Integer
    arr1 = Array(12, 435, 76, -24, 78, 54, 866, 43)
    Min = ___(1)___
    For i = 2 To 8
        If arr1(i)<Min Then ___(2)___
    Next i
    Print "最小值是:"; Min
End Sub
```

(2)【程序说明】下列程序用来在窗体上输出如图 5.6 所示的数据。

```
Private Sub Form_Click()
    Dim a(5, 5) As Byte, i As Byte, j As Byte
    For i = 1 To 5
        For j = 1 To 6 - i
            a(i, j) = ___(1)___
    Next j, i
    For i = 2 To 5
        For j = ___(2)___ To 5
            a(i, j) = j + i - 6
    Next j, i
    For i = 1 To 5
        For j = 1 To 5
            Print a(i, j);
        Next j
        ___(3)___
    Next i
End Sub
```

```
1  2  3  4  5
2  3  4  5  2
3  4  5  1  2
4  5  1  2  3
5  1  2  3  4
```

图 5.6 程序输出结果

(3)【程序说明】以下程序产生 30 个两位随机整数,并按从小到大的顺序存入数组 a 中,再将其中的奇数按从小到大的顺序在窗体中用紧凑格式输出。

```
Private Sub Form_Click()
    Dim a(30) As Byte, i As Byte, j As Byte, m As Byte
    For i = 1 To 30: a(i) = ___(1)___ : Next i
    For i = 1 To 29
        For j = ___(2)___
            If a(i)>a(j) Then
                m = a(i): ___(3)___ : a(j) = m
            End If
    Next j, i
    For i = 1 To 30
        If ___(4)___ Then Print a(i);
    Next i
End Sub
```

4. 程序阅读题

(1) 在窗体上画一个名称为 Command1 的命令按钮,然后编写如下事件过程:

```
Option Base 1
Private Sub Command1_Click()
    Dim a
    a = Array(1, 2, 3, 4, 5)
    For i = 1 To UBound(a)
        a(i) = a(i) + i - 1
```

```
    Next i
    Print a(3)
End Sub
```

程序运行后，单击命令按钮，则在窗体上显示的内容是________。

（2）有如下程序：

```
Option Base 1
Private Sub Form_Click()
Dim arr, Sum
    Sum = 0
    arr = Array(1, 3, 5, 7, 9, 11, 13, 15, 17, 19)
    For i = 1 To 10
        If arr(i)/3 = arr(i)\3 Then
            Sum = Sum + arr(i)
        End If
    Next i
    Print Sum
End Sub
```

程序运行后，单击窗体，输入结果为________。

（3）在窗体上画一个名称为 Label1 的标签，然后编写如下事件过程：

```
Private Sub Form_Click()
    Dim arr(10, 10) As Integer
    Dim i As Integer, j As Integer
    For i = 2 To 4
        For j = 2 To 4
            arr(i, j) = i * j
        Next j
    Next i
    Label1.Caption = Str(arr(2, 2) + arr(3, 3))
End Sub
```

程序运行后，单击窗体，在标签中显示的内容是________。

（4）有如下程序：

```
Dim arr() As Integer
Private Sub Form_Click()
    Dim i As Integer, j As Integer
    ReDim arr(3, 2)
    For i = 1 To 3
        For j = 1 To 2
            arr(i, j) = i * 2 + j
        Next j
    Next i
    ReDim Preserve arr(3, 4)
    For j = 3 To 4
        arr(3, j) = j + 9
    Next j
    Print arr(3, 2) + arr(3, 4)
End Sub
```

程序运行后，单击窗体，输出结果为________。

5. 程序设计题

（1）某数组有 20 个元素，元素的值由键盘输入，要求将前 10 个元素与后 10 个元素对换。即第 1 个元素与第 20 个元素互换，第 2 个元素与第 19 个元素互换……第 10 个元素与第 11 个元素互换。输出数组原来各元素的值和对换后各元素的值。

(2) 由键盘输入一串英文字符，对其 ASCII 码排序后输出。

(3) 有一个 6×6 的矩阵，各元素的值由键盘输入，求全部元素的平均值，并输出高于平均值的元素以及它们的行列号。

(4) 如图 5.7 所示，建立一个显示颜色的控件数组，在一个标签框上显示颜色的效果。

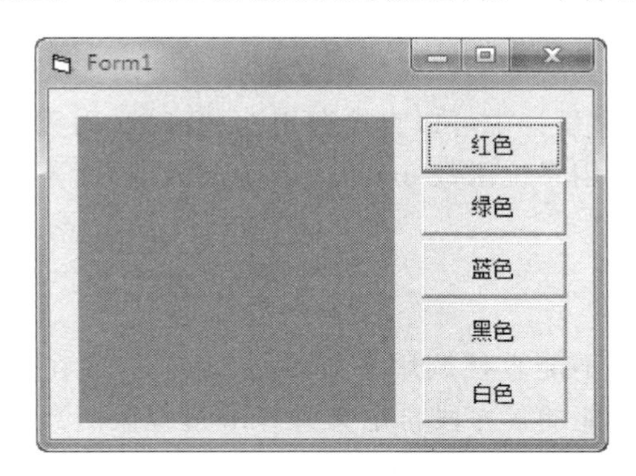

图 5.7 运行效果图

第6章 过程与函数

Visual Basic 语言处理系统的编译器提供了许多系统函数(部分常用函数已经在第 3.4 节中予以介绍),用户在程序设计中可以直接调用这些函数,而无须自己编制实现该函数功能的程序段。例如,可以调用系统函数 exp(x)计算 e^x 的值,而不必按下式编写一个循环结构来计算:

$$e^x = 1 + x + \frac{x^2}{2!} + \frac{x^3}{3!} + \frac{x^4}{4!} + \cdots$$

但有些功能较为复杂,不能直接调用系统函数来实现,而在程序中又需要多次重复使用,用户可以将实现这些功能的程序段自定义为 Sub 过程或函数过程。

下面介绍的就是如何编写和调用自定义 Sub 过程和函数过程。

6.1 Sub 过程

过程是一段完成特定功能的语句集合,以一个名字来标识,用该名字来调用。

一个过程必须有声明语句和结束语句,中间是过程体,它实现过程的功能。新定义的过程可在其他过程中调用,从而完成过程规定的功能。

6.1.1 Sub 过程的定义

格式:
```
[ Public|Private][Static] Sub <Sub 过程名>[(形参列表)]
        Sub 过程体
    End sub
```

说明:

(1) 关键字 Public 和 Private 用来规定本过程可以被调用的范围。定义为 Public(默认属性)的过程,可以被当前工程中所有窗体或模块中的过程调用;定义为 Private 的过程,只能被其所在窗体(或模块)中的过程调用。

(2) 关键字 Static 是表明在本过程中定义的所有局部变量都是静态变量(请参考第 6.4 节)。

(3) Sub 过程名,是这个过程的名字,取名规则跟变量的取名规则一样。在其他过程调用这一过程时需要使用这个过程的名字。

(4) 形参列表是指明本过程在调用时需要接受的参数个数和数据类型,多个参数时用逗号分隔。

(5) Sub 过程体是实现本过程功能的程序段,可用若干条语句来实现。

(6) 首行的 Sub 与末行的 End Sub 是过程定义的格式,表明本过程的开始处与结束处。

【实例 6.1】 编程,将数组中各元素按值从大到小排序,要求将数组排序编写为 Sub

过程。

程序如下：

```
Private Sub sort(a() As Single, ByVal n As Byte)
    Dim i As Integer, j As Integer, k As Integer
    Dim temp As Single
    For i = 1 To n - 1
        k = i
        For j = i + 1 To n
            If a(j)>a(k) Then k = j
        Next j
        temp = a(k): a(k) = a(i): a(i) = temp
    Next i
End Sub
```

6.1.2　Sub 过程的调用

(1) 定义为 Private 的过程，只能被其所在窗体(或模块)中的过程调用。

调用格式为：Call 过程名(实参列表)

或

过程名　实参列表

(2) 定义为 Public(默认属性)的过程，可以被当前工程中所有窗体或模块中的过程调用。

调用格式为：Call　窗体名.过程名(实参列表)

或

窗体名.过程名　实参列表

在实例 6.1 中定义了一个可以对数组中的元素排序的过程，我们可以在其他过程中(如窗体的单击事件过程)调用它，让它对特定的数组排序，通过输出排序前后数组元素的值的变化我们可以验证这个程序的正确性。

```
Private Sub Form_click()
    Dim b(6) As Single, i As Integer
    For i = 1 To 6
        b(i) = InputBox("b(" + Str(i) + ") = ", "")
        Print b(i),                      '输出排序前的 6 个数组元素的值
    Next i
    Print                                '换行
    '调用 Sub 过程 sort，对 6 个元素的数组 b 按值从大到小排序，也可以写作"sort b(),6"
    Call sort(b(), 6)
    '输出排序后的 6 个数组元素的值
    For i = 1 To 6
        Print b(i),
    Next i
End Sub
```

6.2　Function 过程

Function 过程(函数)与 Sub 过程一样，也是一段完成特定功能的语句集合，以一个名

字来标识,并用该名字来调用。

不同的是:Sub 过程不能利用 Sub 过程名来实现结果的返回,而 Function 过程可以利用 Function 过程名来实现结果的返回。所以在 Sub 过程的定义格式中没有对过程名作数据类型的声明,并且在 Sub 过程体中也不能对 Sub 过程名进行赋值;而在 Function 过程的定义格式中就需要对 Function 过程名作数据类型的声明,并且在 Function 过程体中需要对 Function 过程名进行赋值来实现结果的返回。

6.2.1 Function 过程的定义

格式:
```
[ Public|Private][Static] Function <函数名>[(形参列表)] [As <类型声明>]
      函数体
  End Function
```

说明:

(1) 有些关键字在 Sub 过程的定义中已经介绍了,在此不再重复,请参考 6.1 节。

(2) As 类型声明用来指明本函数过程的返回值的数据类型。

(3) 函数体为实现计算功能的若干语句,其中至少应有条赋值语句为函数名赋值。通过函数名变量来实现计算结果的返回。

6.2.2 Function 过程的调用

(1) 定义为 Private 的过程,只能被其所在窗体的过程调用。调用格式为:

函数名(实参列表)

(2) 定义为 Public(默认属性)的过程,可以被当前工程中其他窗体中的过程调用。调用格式为:

窗体名.函数名(实参列表)

(3) 一般应像使用 Visual Basic 内部函数一样来调用 Function 过程,调用后返回结果是一个函数值。

也可以像后面所介绍的调用 Sub 过程那样用 Call 命令调用,如 Call 函数名(实参列表),但用这种方式调用函数时,Visual Basic 系统将放弃返回值,这样就得不到想要的函数值了。

【实例 6.2】打印 1~1000 之间的素数。编制函数过程,用于判断一个整数是否是素数。

(1) 界面设计(略)。

(2) 代码设计。

函数名设为 prime,该函数有一个 Integer 类型形参 n,由调用处的实参向其传送需要判断的数值。函数返回值(函数名 prime 的值)应为 Boolean 类型:n 是素数则返回 True,否则返回 False。

```
Private Function prime(ByVal n As Integer) As Boolean
    Dim i As Integer
    If n<2 Then
        prime = False
    Else
        For i = 2 To Sqr(n)
            If n Mod i = 0 Then Exit For
```

```
            Next i
            If i>Sqr(n) Then prime = True Else prime = False
        End If
    End Function
    Private Sub Form_click()
        Dim k As Integer, i As Integer
        k = 0
        For i = 1 To 1000
            If prime(i) Then
                Print i,
                k = k + 1: If k Mod 6 = 0 Then Print   '每行输出6个素数。
            End If
        Next i
    End Sub
```

【实例6.3】 计算 a 数组中最大值与 b 数组中最大值之差(数组元素个数均小于20)。

(1) 界面设计(略)。

(2) 代码设计。

定义一个函数过程,其功能是在 n 个元素的数组中找最大值,请读者注意数组作为自定义函数参数时的表示方法。

```
Private Function fmax(x() As Single, ByVal n As Byte) As Single
'形参n在函数被调用时,由调用处向函数传递与形参数组所对应的实参数组元素个数
    Dim i As Integer
    fmax = x(1)
    For i = 2 To n
        If x(i)>fmax Then fmax = x(i)
    Next i
End Function
Private Sub Form_click()
    Dim a(20) As Single, b(20) As Single, m As Byte, n As Byte
    Dim i As Integer
    m = InputBox("输入a数组的元素个数", "1<=m<=20")
    n = InputBox("输入b数组的元素个数", "1<=n<=20")
    For i = 1 To m
        a(i) = InputBox("a(" + Str$(i) + ") = ", "输入数组a")
    Next i
    For i = 1 To n
        b(i) = InputBox("b(" + Str$(i) + ") = ", "输入数组b")
    Next i
    '求a数组中最大值和b数组中最大值之差。
    Print fmax(a(), m) - fmax(b(), n)
End Sub
```

6.3　参数传递

一般地,我们把被调用的过程称为子过程,调用该子过程的过程称为主过程。用户自定义的子过程只有当它被调用时才会执行相应的代码,同时会把主过程的实参传递给子过程中定义的形参,这就产生了参数传递。

参数传递可分为两种情况：一种是把实参的值传递给形参，称为按值传递，另一种是把实参的存储地址传递给形参，称为按地址传递。

下面就来介绍如何判断参数的传递方式和两种参数传递方式的区别。

6.3.1 按值传递

形参声明处变量名前的修饰符是 ByVal，为按值传递，实参应为与形参同类型的表达式。

当实参是常量或表达式时，不管形参是哪种声明方式，均为按值传递方式。

在按值传递方式中，形参新建一个存储单元，并把实参的值传递给形参，形参获得了与实参一样的初始值。在子过程的运行中，形参的值可能发生改变，但由于形参与实参分别占用两个存储单元，所以实参的值并不改变。简单地讲，对于按值传递，形参的变化与实参无关。

6.3.2 按地址传递

形参声明处变量名前的修饰符是 ByRef(或者缺省)，为按地址传递，实参应为与形参同类型的变量(数组)名。需要注意的是，如果参数传递的对象是数组，那么只能按地址传递。

在按地址传递方式中，形参并不另建存储单元，而是把实参所占的存储地址传递给形参，这样形参与实参就共用同一存储单元。在子过程的运行中，形参的值可能发生改变，那么这个存储单元的数值也相应发生改变，由于实参与形参是共用该存储单元，故实参的值也相应地发生改变。简单地讲，对于按地址传递，形参的变化同样影响实参。

所以，对于按地址传递，在过程调用结束后，我们要注意到实参的值已经随着形参的值的改变而改变，也就是说在过程调用结束后，形参的最终结果又传回给了实参。

【实例 6.4】 编制 Sub 过程，用于在数组中找出最大值、最小值。

(1) 界面设计(略)。

(2) 代码设计。

编写 Sub 过程 find，用于在数组中找出最大值、最小值，其中形参 max、min 的传递方式为默认值 ByRef，切不可为 ByVal。因为，所得到的最大值、最小值需要传递到调用处。程序如下：

```
Private Sub find(a() As Single, n As Integer, _
    max As Single, min As Single)
    max = a(1)
    min = max
    While n>1
        If a(n)>max Then max = a(n)
        If a(n)<min Then min = a(n)
        n = n - 1
    Wend
End Sub
Private Sub Form_click()
    Dim b(6) As Single, x As Single, y As Single
    Dim i As Integer
    For i = 1 To 6
```

```
        b(i) = InputBox("b(" + Str$(i) + ") = ", "")
    Next i
    find b(), 6, x, y  '①
    Print x, y
End Sub
```

过程 Find 中的形参 n 为按地址传递，如果将程序中标记①的行改为：

```
k% = 6 : find  b(),k%,x,y : Print k%
```

那么显示 k%的当前值为 1，其值在调用 Find 的过程中被改变了。如果不希望这种改变发生(调用 find 后 k%的值还是 6)，可将 find 中的形参 n 改为按值传递，即"Byval n As Integer"。

注意：如果将过程 Find 中的形参 max、min 都改为按值传递，请读者判断，程序运行后会显示怎样的结果。

【实例 6.5】 输出 6～100 所有整数的质数因子(将求质因子写作 Sub 过程)。

(1) 界面设计(略)。

(2) 代码设计。

```
Private Sub pp(ByVal k As Integer)
    Dim i As Integer
    i = 2
    While k>1
        If k Mod i = 0 Then
            Print i;
            k = k\i
        Else
            i = i + 1
        End If
    Wend
    Print
End Sub
Private Sub Form_Click()
    Dim i As Integer
    For i = 6 To 100
        pp i
    Next i
End Sub
```

本例中，若按 ByRef 设置 k 为传地址调用，则程序出错。分析如下：

(1) 启动程序后，单击窗体，执行 Form_Click 事件过程代码。进入循环，以实参 i(值为 6)调用过程 pp，即把 i 的值传递给形参 k，并执行过程 pp 的程序代码。

(2) 在过程 pp 中，打印出 6 的质数因子。过程 pp 执行结束后，要返回调用它的下一个语句，即 Form_Click 中的 Next i，此时 k 的值已经变成了 1，而形参 k 又被声明为传地址调用，这样 k 的改变也就影响 i%的值，即 i 也变成 1。

(3) 执行 Next i，i 加上步长 1，变为 2，因没有超过 For 循环的终值 100，继续循环，以实参 i%(值为 2)调用过程 pp，出现错误并构成死循环。

【实例 6.6】 编程，将输入在文本框中的文本删除其中的空格符后在标签控件内输出。

（1）界面设计（略），界面设计如图 6.1 所示。

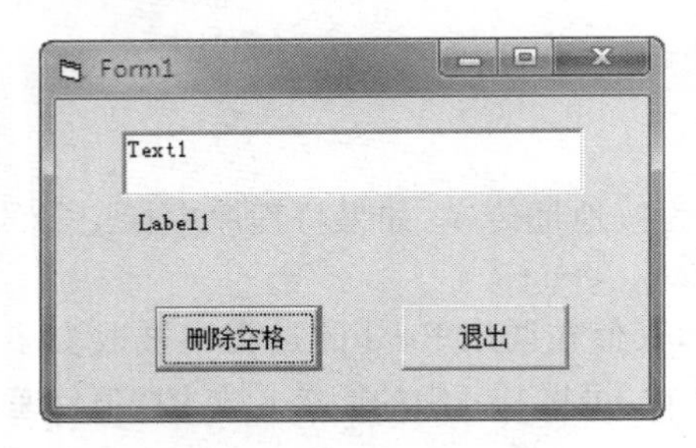

图 6.1　实例 6.6 的界面设计

（2）代码设计。其中函数过程 delkg 的功能是：在字符数组 st 中删除第一个空格符（空格符后的所有数组元素循环向前移动一位）。

```
Private Function delkg(st() As String, m As Byte) As Boolean
Dim i As Integer, j As Integer
    'delkg 赋值 False,表示(假定)此次查找没有找到空格符
    delkg = False
    For i = 1 To m - 1                    '在数组中查找空格符,m 为数组元素个数
        If st(i) = " " Then               '找到空格符,则以后的所有字符向前移动一位
            For j = i To m - 1
                st(j) = st(j + 1)
            Next j
            delkg = True    'delkg 赋值 True,表示此次查找找到了空格符
            'm 为地址传递的形参,删除一个空格后,字符串长度减 1
            m = m - 1
            '删除一个空格符后,则退出 For 循环、返回调用处
            Exit For
        End If
    Next i
End Function
Private Sub Command1_Click()
    Dim s(100) As String, n As Byte, i As Byte
    '计算字符串 Text1.Text 的长度
    n = Len(Text1.Text)
    '将 Text1.Text 中所有字符逐个存入数组 s
    For i = 1 To n
        s(i) = Mid(Text1.Text, i, 1)
    Next i
    '循环调用函数过程 delkg,直到返回值为 False 即数组 s 的 n 个元素中没有空格
    '符为止。注意参数 n 是按地址传递的,随着空格符被删除,n 值相应在减小
    Do
    Loop Until delkg(s, n) = False
    '将数组 s 中的各字符相连,改写 Label1 的 Caption 属性
    Label1.Caption = ""
    For i = 1 To n
        Label1.Caption = Label1.Caption + s(i)
    Next i
End Sub
Private Sub Command2_Click()
```

```
    End
End Sub
```

图 6.2 所示为运行时在 Text1 中输入一串字符后单击 Command1 按钮时的输出结果。

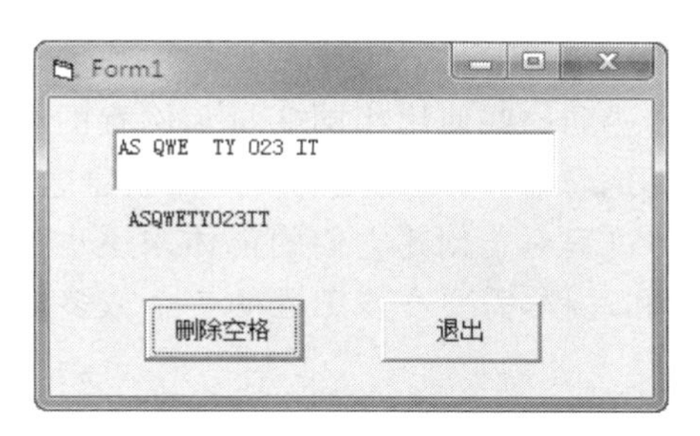

图 6.2 实例 6.6 运行时的输出结果

6.4 多模块程序设计

Visual Basic 工程通常主要包含以下两类文件：

- 窗体文件(.frm 文件)：该文件存储窗体上使用的所有控件对象和有关的属性、对象相应的事件过程、程序代码。一个应用程序至少包含一个窗体文件。
- 标准模块文件(.bas 文件)：该文件存储所有模块级变量及用户自定义的通用过程。

Visual Basic 的工程资源管理器窗口用于显示一个应用程序以及组成该应用程序的所有文件，如图 6.3 所示。

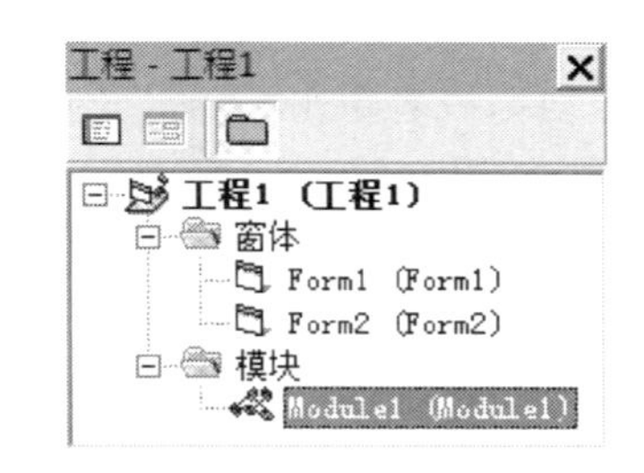

图 6.3 Visual Basic 的工程资源管理器窗口

6.4.1 窗体模块

由于 Visual Basic 是面向对象的应用程序开发工具，所以应用程序的代码结构就是该程序在屏幕上表示的对应模型。根据定义，对象包含数据和代码。应用程序中的每个窗体都有一个相对应的窗体模块(文件扩展名为.frm)。

窗体模块是 Visual Basic 应用程序的基础。窗体模块可以包含处理事件的过程、通用过程，以及变量、常数、自定义类型和外部过程的窗体级声明。写入窗体模块的代码是该窗体所属的具体应用程序专用的，也可以引用该程序内的其他窗体和对象。

每个窗体模块都包含事件过程，在事件过程中有为响应该事件而执行的程序段。窗体可包含控件。在窗体模块中，对窗体上的每个控件都有一个对应的事件过程集。除了事件过程，窗体模块还可包含通用过程，它对来自该窗体中的任何事件过程的调用都作出响应。

6.4.2 标准模块

标准模块是程序中的一个独立容器，包含全局变量、Function(函数)过程和 Sub 过程(子过程)。

可将那些与特定窗体或控件无关的代码放入标准模块中。标准模块中包含应用程序内的允许其他模块访问的过程和声明。它们可以包含变量、常数、类型、外部过程和全局声明或模块级声明。写入标准模块的代码不必固定在特定的应用程序上。

1. 使用标准模块

在编写程序时，很可能会遇到一些使用相同变量和例程的窗体和事件过程。在默认状态下，变量对于事件过程来说是局部的，也就是说仅能在创建这些变量的事件过程中读取或者修改变量。与之相似，事件过程对于创建它们的窗体来说也是局部的。为了在工程中的所有窗体和事件中共享变量和过程，需要在该工程的一个或多个标准模块中对它们进行声明和定义。

标准模块或代码模块是具有文件扩展名.bas，并包含能够在程序的任何地方使用的变量和过程的特殊文件。

正如窗体一样，标准模块被单独列在“工程”窗口内，并可通过使用“文件”菜单中的“保存模块”菜单项存盘。但是，与窗体不同，标准模块不包含对象或属性设置而只包含可在代码窗口中显示和编辑的代码。

2. 创建标准模块

如要在程序中创建新的标准模块，那么单击工具栏中的“添加窗体”按钮上的下箭头并单击“模块”，或者单击“工程”菜单中的“添加模块”菜单项。在工程中创建一个空的标准模块的步骤如下：

(1) 启动 Visual Basic，打开一个新的标准工程，单击“工程”菜单中的“添加模块”菜单项，单击“打开”按钮。Visual Basic 在工程中增加一个名为 Module 的标准模块。该模块对应的代码窗口被打开，对象和过程列表框的内容表明该标准模块的通用声明已被打开。在此所声明的变量与过程在整个程序都可以使用。

(2) 双击工程资源管理器窗口的标题栏，以便能看到整个工程资源管理器窗口。

(3) 在“文件”菜单中单击“保存模块”菜单项。

(4) 如果 D:\VB6sbs\less10 文件夹未被选择时，选择该文件夹，输入 MyTestMod.bas，然后按回车键。该标准模块作为 MyTestMod.bas 文件保存到磁盘，并且可以通过“工程”菜单中的“加载文件”菜单项将此文件通过其文件名加载到另一个工程中。

(5) 双击“属性”窗口标题栏。由于模块不包含对象，因此它唯一的属性就是 Name。

(6) 将 Name 属性改为 modVariables，然后按 Enter 键。

3. 声明公用变量

在标准模块中声明全局变量十分简单，输入关键字 Public，后跟该变量名。

默认状态下，公用变量在模块中被声明为变体类型，但是可以通过使用 As 关键字来指定相应类型，可以把公用变量声明为某个指定的基本类型。

6.4.3 变量作用域

1. 局部量

在事件、函数、Sub 过程内部用 Dim 语句声明的变量(包括数组)，或用 Const 语句声明的符号常量是局部量。

局部量的作用域限于它们所在的过程，而不能被其他过程引用。

例如，在实例 6.6 中，函数过程 delkg、命令过程 Command1 中都声明了变量 i，它们是不同的变量，作用域局限于各自所在的过程。如果在函数过程 delkg 中对变量 i 不作显式声明，该过程中的 i 也是局部量（因为在该窗体的代码窗口中没有声明模块级的变量 i），是变体数值类型的局部量。

2. 模块级量

在模块的通用对象声明部分，用 Dim 或 Private 语句声明的变量（包括数组）、用 Const 或 Private Const 语句声明的符号常量，是模块级量。

模块级量的作用域限于它们所在的模块，即不能被其他窗体的过程引用。模块级变量的值能在该模块运行期间保留，即它的值不会随着该模块内某个过程的结束而消失。

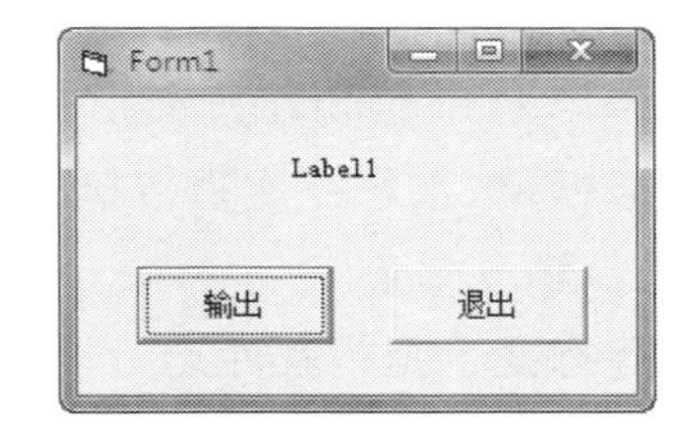

图 6.4　实例 6.7 的界面设计

【实例 6.7】　编程，多次单击窗体后，单击命令按钮 Command1 则显示单击窗体的次数（在标签框控件 Label1中显示结果）。

（1）界面设计（略）。界面设计如图 6.4 所示。

（2）代码设计。窗体代码窗口显示如图 6.5 所示。

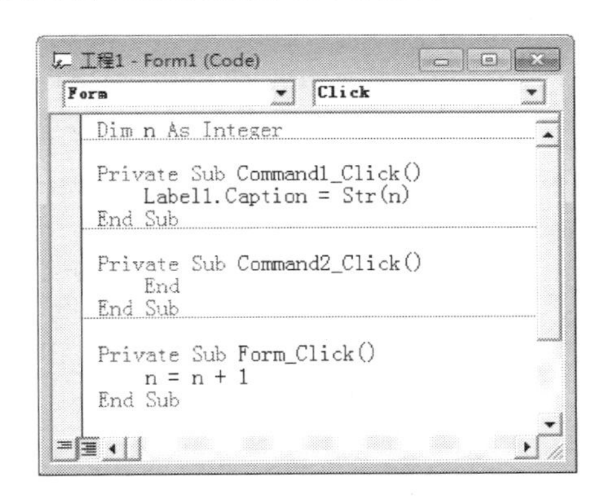

图 6.5　实例 6.7 代码窗口

在图 6.5 所示的代码窗口中，变量 n 声明在通用模块部分，是模块级变量。过程 Form_Click 中没有显式声明 n，因此所引用的变量 n 与通用模块中声明的 n 是同一变量。

读者可以判断，过程 Command1_Click 中的变量 n 是局部量还是模块级变量。

3. 全局量

在模块的通用对象声明部分，用 Public 语句声明的变量（不包括数组）、用 Public Const 语句声明的符号常量是全局量。

全局量可以在整个工程中被引用，其他窗体引用时，在变量名或符号常量名前必须指出窗体名称。全局变量的值在整个工程运行期间始终保留。

例如，在窗体 Form1 中，语句“x＝Form2. k”所引用的变量 k 必定是在窗体 Form2 的代码窗口中通用模块部分用 Public 声明的全局变量，否则不可以跨窗体引用。

6.4.4 变量生存期

从变量的作用空间来说，变量有作用域之分。从变量的作用时间来说，变量有生存期之分。根据变量在程序运行期间的生命周期，把变量分为静态变量（Static）和动态变量（Dynamic）。

1. 动态变量

动态变量是指程序运行进入变量所在的过程时，才分配给该变量内存空间，退出该过程时，变量所占的内存空间自动释放，其值消失。

使用 Dim 语句在过程中声明的局部变量就属于动态变量，在过程执行结束后，变量的值不被保留，在每一次重新执行过程时，变量重新声明。

2. 静态变量

静态变量是指程序运行期间虽然退出变量所在的过程，其值仍被保留的变量，即变量所占的内存空间没有释放。当以后再次进入该过程时，原来变量的值可以继续使用。

使用 Static 语句在过程中声明的局部变量就属于静态变量。静态变量只能在过程中声明，而不能在通用对象声明部分声明。

为使过程中所有的局部变量都为静态变量，可在过程头部加上关键字 Static。例如：

```
Private Static Sub aa()
```

这样，在 Sub 过程 aa 中，无论用 Static、Dim 或 Private 声明的变量，还是隐式声明的变量，都成为静态变量。

函数过程、自定义过程均可以在过程头部加上关键字 Static，不再赘述。

【实例 6.8】 动态变量和静态变量使用示例。

```
Dim a As Integer
Private Sub Command1_Click()
    Static b As Integer
    Dim c As Integer
    a = a + 1
    b = b + 1
    c = c + 1
    Print "a = "; a, "b = "; b, "c = "; c
End Sub
```

当程序运行时，连续单击 Command1 按钮 4 次，窗体上的输出结果如下：

```
a = 1        b = 1        c = 1
a = 2        b = 2        c = 1
a = 3        b = 3        c = 1
a = 4        b = 4        c = 1
```

a 定义为模块级 Integer 类型变量，当程序启动加载窗体时其初值为 0；b 定义为静态变量，每次调用 Command1_Click 事件过程结束时，都保留 b 的当前值，作为下一次该事件过程被调用时 b 的初值；Command1_Click 事件过程中的变量 c 是局部动态量，在每次执行该事件过程时都被重新声明，自动赋初值 0。

习 题 6

1. 判断题

(1) Sub 过程名在过程中必须被赋值。

(2) Function 过程名在过程中必须被赋值。

(3) 形参声明处如省略传递方式，则为按值传递(ByVal)。

(4) 长整型数组 a 作过程形参写作“a() as Long”。

(5) 实参为 5.64，对应形参为整型，传递给形参的值为 5。

(6) 调用过程时对形参的改变就是对相应实参变量的改变，则参数需要采用传地址方式。

(7) 用 Public 声明的数组是全局量。

(8) 静态变量是局部量，当过程再次被执行时，它保留过程上一次执行后的值。

(9) 执行 Sub 过程中的语句 Exit Sub，使控制返回过程调用处。

(10) 在窗体 Form1 的过程中引用窗体 Form2 中的全局量 y，应写作 Form2. y。

2. 选择题

(1) 在过程定义中用(　　)表示参数传递方式为传值。

A. Var　　B. ByVal　　C. ByRef　　D. Value

(2) 在过程中定义的变量，如希望在离开该过程后还能保留变量的值，则应使用(　　)关键字定义该变量。

A. Dim　　B. Public　　C. Private　　D. Static

(3) 假设一工程包含多个窗体，并已编写一个 Sort 子过程，为了方便地调用 Sort 子过程，应将其放在(　　)中。

A. 窗体模块　　B. 标准模块　　C. 类模块　　D. 工程

(4) 若某过程声明为 Sub aa(n as integer)，则调用(　　)，实参与形参是按地址传递。

A. Call aa(5)　　B. Call aa(n+1)

C. Call aa(n)　　D. Call aa(i−1)

(5) 编制一个计算 Single 类型一维数组所有元素和的函数过程，该过程可被其他模块调用，其首句为(　　)。

A. Private Function Sum(a(n) As Single, n As Integer) As Single

B. Public Function Sum(a() As Single, n As Integer) As Single

C. Private Function Sum(a() As Single, n As Integer) As Single

D. Public Function Sum(a() As Single, n As Integer) As Long

3. 程序填空题

【程序说明】单击命令按钮 Command1 后，输入平面上凸十边形各顶点的坐标，然后计算各点之间连线的总长。

程序如下：

```
Option Base 1
Private Function f1(x1 As Single, y1 As Single, x2 As Single, _
```

```
    y2 As Single) As Single
    f1 = Sqr((x2 - x1) * (x2 - x1) + (y2 - y1) * (y2 - y1))
End Function
Private Sub Command1_Click()
    Dim i As Integer, j As Integer, s As Single
    Dim ___(1)___
    For i = 0 To 9
        x(i) = InputBox("x(" & i & ") = ")
        y(i) = InputBox("y(" & i & ") = ")
    Next i
    For i = 0 To 8
        For j = ___(2)___
            s = s + ___(3)___
        Next j
    Next i
    Label1.Caption = s
End Sub
```

4. 程序阅读题

(1) 写出下列程序运行时两次单击窗体后屏幕上的显示结果。

```
Dim x As Byte
Private Static Sub Form_Click()
    Dim y As Byte, z As Byte
    Call Init(y, z)
    Call OP(x, y, z)
    Print x, y, z
End Sub
Private Sub Init(a As Byte, b As Byte)
    a = a + 1: b = b + 2: x = a + b
End Sub
Private Sub OP(ByVal u As Byte, v As Byte, ByRef w As Byte)
    u = u + 1: v = v + u: w = u + v + w
End Sub
```

(2) 写出下列程序运行时,单击命令按钮 Command1 后窗体上的显示结果。

```
Private Function f1(n As Integer) As Integer
    Static i As Integer
    While i< = n
        f1 = f1 + i: i = i + 1
    Wend
End Function
Private Function f2(ByVal n1 As Integer, n2 As Integer) As Integer
    Dim i As Integer
    Do While n2> = n1
        f2 = f2 + n2: n2 = n2 - 1
    Loop
End Function
Private Sub Command1_Click()
    Dim a As Integer, b As Integer
    Print f1(3)
    Print f1(5)
    a = 5: b = 8
```

```
    Print f2(a, b)
    Print f2(b, a)
End Sub
```

(3) 写出下列程序运行时，单击窗体后窗体上的显示结果。

```
Sub prnt(b() As String * 1, n As Integer)
    Dim i As Integer
    For i = 1 To n
        Print b(i);
    Next i
    Print
End Sub
Private Sub Form_Click()
    Dim a(7) As String * 1, i As Integer
    For i = 1 To 7
        a(i) = Chr(Asc("A") + i - 1)
    Next i
    For i = 7 To 4 Step - 1
        Call prnt(a, i)
    Next i
End Sub
```

5. 程序设计题

(1) 编制通用函数过程 fsum，计算 Single 类型一维数组所有元素的和。

(2) 编制通用 Sub 过程，实现一维数组反序存放。

(3) 编写一个函数过程，判断 m 是否为“完数”，“完数”是指因子和等于自己的自然数，如 6=1+2+3，所以 6 就是完数；编写窗体的鼠标单击事件过程，调用上述函数过程，找出1 000之内的所有完数并显示。

第 7 章　常用控件与界面设计方法

前面几章已经介绍了 Visual Basic 的基本知识和编程基础。Visual Basic 是一种面向对象的可视化编程平台，除了前面介绍的几个最基本、最常用的控件之外，它还提供了许多用于创建用户界面的控件，这些控件也是用户界面的基本元素。

本章主要介绍的控件和界面设计元素包括：单选按钮、复选框、框架、列表框、组合框、滚动条、图片框、影像框、直线控件、形状控件、驱动器列表框、目录列表框、文件列表框、通用对话框和菜单等。通过本章的学习，读者对 Visual Basic 程序的界面设计方法和事件驱动程序设计思想会有一个更深刻的认识。

7.1　单选按钮、复选框和框架

7.1.1　单选按钮

工具箱中单选按钮(OptionButton)控件的图标为 ⊙ ，新建的单选按钮的默认名称为 Option1、Option2 等。

单选按钮常用来显示一组互斥的选项，一个容器内的一组单选按钮组成的选项用户只能选择其中的一个。当用户单击其中的某个单选按钮时，即表示该选项被选中，同时取消这组单选按钮中其他选项的选中状态。选中的单选按钮的圆形框内会出现“ ”标记。

图 7.1 所示是一个会员注册界面的用户性别选择的截取部分，这个功能用单选按钮来实现非常方便，因为具有互斥性，所以不会出现男女同时被选中的情况。

图 7.1　单选按钮示例

1. 常用属性

(1) Caption。该属性用来返回或设置单选按钮的标题文本，给出选项提示。

(2) Value。该属性用于返回或设置单选按钮的状态，值为逻辑类型：True 表示选中；False(默认值)表示未选中。

(3) Alignment。该属性用于设置单选按钮的标题文本出现在圆形框的左边还是右边，其值为 0 或 1。值为 0(默认值)时，圆形框在标题文本的左边；值为 1 时，圆形框在标题文本的右边。

(4) Style。该属性用来设置单选按钮的外观，其值为 0 或 1。值为 0(默认值)时为标准样式；值为 1 时外观类似于命令按钮。

2. 常用事件

单选按钮的常用事件是 Click 事件。因为单击了单选按钮控件一定是将它选中，所以单选按钮的 Click 事件过程中不需要用选择结构判断该单选按钮是否被选中。

注意：如果某单选按钮的 Value 属性值为 False（未选中），那么在其他事件过程中将它设为 True 时也将会触发单选按钮的 Click 事件。

【实例 7.1】 设计一个程序，运行界面如图 7.2 所示，界面上有 1 个文本框和两个单选按钮。单击"大写"单选按钮时，文本框中的字母以大写方式显示；单击"小写"单选按钮时，文本框中的字母以小写方式显示。

图 7.2　实例 7.1 的程序运行界面

（1）界面设计。新建一个工程，参照图 7.2 所示的运行界面在窗体上添加 1 个文本框 Text1 和两个单选按钮 Option1 及 Option2。窗体和各对象的属性参照表 7.1 所示进行设置。

表 7.1　实例 7.1 的各控件属性设置

对象	属性	设置	说明
Form1	Caption	大小写转换	窗体标题
	BorderStyle	1-Fixed Single	窗体固定边框
Text1	Alignment	2-Center	文本框内容居中对齐
	Text	读者自行设定	文本框的内容，读者自定义
Option1	Caption	大写	单选按钮标题
Option2	Caption	小写	单选按钮标题

（2）代码设计。因为单击 OptionButton 控件的结果一定是将它选中，所以在它的 Click 事件过程中没有必要考虑 Value 属性值为 False 的情况，只要直接编写它的单击功能代码即可。另外，将字母进行大小写转换，可直接调用系统函数 UCase()和 LCase()实现。切换到代码设计窗口，编写如下程序代码：

```
Private Sub Option1_Click()       '转换成大写
    Text1.Text = UCase(Text1.Text)
End Sub
Private Sub Option2_Click()       '转换成小写
    Text1.Text = LCase(Text1.Text)
End Sub
```

7.1.2 复选框

复选框(CheckBox)控件在工具箱中的图标是 ，新建复选框时，其默认名称为 Check1、Check2 等。

复选框也称检查框，可以处理“多选多”的问题，与单选按钮一起统称为选项按钮。复选框与单选按钮的功能相似，主要区别在于：单选按钮在一组选项中，每次只能选择其中的一项，各选项之间是相互排斥的，而复选框可以在一组选项中同时选中多个选项。

1. 常用属性

(1) Caption。该属性用来返回或设置复选框控件的标题文本，给出选项提示。

(2) Value。该属性用于返回或设置复选框的状态，值为数值类型，有 3 个可选值：

- 0-Unchecked：默认值，表示复选框未选中。
- 1-Checked：表示复选框选中，此时复选框的方框内会显示“√”标记。
- 2-Grayed：复选框的方框内显示灰色的“√”标记，表示该选项被禁止。

在程序运行时，反复单击一个复选框，其方框内的“√”标记会交替出现和消失，即复选框的 Value 属性值在 0 和 1 之间交替变换。

(3) Alignment。该属性用于设置复选框的标题文本出现在方框的左边还是右边，其值为 0 或 1。值为 0(默认值)时，方框在标题文本的左边；值为 1 时，方框在标题文本的右边。

(4) Style。该属性用来设置复选框的外观，其值为 0 或 1。值为 0(默认值)时为标准样式；值为 1 时外观类似于命令按钮。

2. 常用事件

复选框的常用事件是 Click 事件。单击一个复选框后，它的 Value 属性值可能是 0 也可能是 1，因此，在复选框的 Click 事件过程中通常要用选择结构判断复选框的状态再执行不同的程序代码。

注意：程序运行期间，在其他事件过程中更改复选框的 Value 属性值，也会触发复选框的 Click 事件。

【实例 7.2】 设计一个程序，程序运行界面如图 7.3 所示。选中“加粗”复选框时，文本框中的字形加粗；选中“倾斜”复选框时，文本框中的字形倾斜；选中“下划线”复选框时，文本框中的文字带下划线。

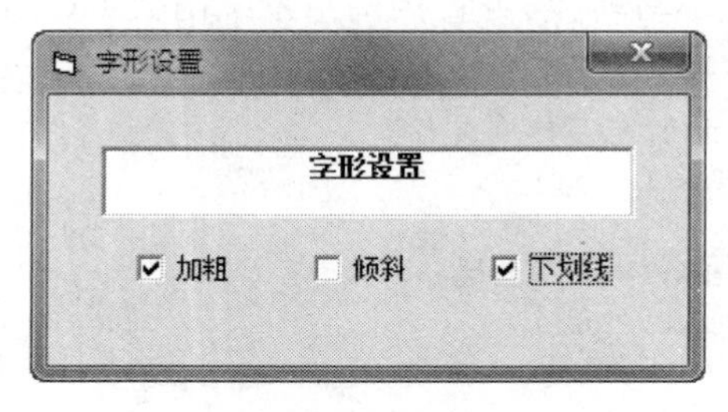

图 7.3 实例 7.2 的程序运行界面

（1）界面设计。新建一个工程，参照图 7.3 所示的运行界面在窗体上添加 1 个文本框 Text1 和 3 个复选框 Check1、Check2、Check3。按照表 7.2 所示设置窗体和各对象的属性。

表 7.2　实例 7.2 的各控件属性设置

对象	属性	设置	说明
Form1	Caption	字形设置	窗体标题
	BorderStyle	1-Fixed Single	窗体固定边框
Text1	Alignment	2-Center	文本框内容居中对齐
	Text	读者自行设定	文本框的内容，读者自定义
Check1	Caption	加粗	复选框标题
Check2	Caption	倾斜	复选框标题
Check3	Caption	下划线	复选框标题

（2）代码设计。因为单击 CheckBox 控件的结果可能是选中它也可能是取消它的选中状态，所以在它的 Click 事件过程中要用选择结构或其他技巧进行控制以根据不同的状态完成不同的功能。切换到代码设计窗口，编写如下程序代码：

```
Private Sub Check1_Click()   '加粗
    If Check1.Value = 0 Then
        Text1.FontBold = False
    Else
        Text1.FontBold = True
    End If
End Sub
Private Sub Check2_Click()   '倾斜
    Select Case Check2.Value
        Case 0
            Text1.FontItalic = False
        Case 1
            Text1.FontItalic = True
    End Select
End Sub
Private Sub Check3_Click()   '下划线
    Text1.FontUnderline = CBool(Check3.Value)
End Sub
```

（3）运行结果。上面的程序代码中，演示了不同的字形效果设置的控制方法，其中“加粗”功能用了 If…Else 语句，“倾斜”功能用了 Select Case 语句，而“下划线”功能借助了复选框的单击操作会使其 Value 属性值在 0 和 1 之间切换的特点再结合 CBool()函数将它们变成逻辑值来实现。程序运行后，选中相关的复选框，文本框内容的字形会作相应改变，而取消复选框的选中状态，对应的字形效果也被取消。

7.1.3　框架

框架(Frame)控件在工具箱中的图标是，在窗体中新建框架时，其默认名称为 Frame1、Frame2 等。

框架是一个容器，可以把其他控件组织在一起，形成一个控件组。这样，当框架移动时，框架内容的所有控件也作相应的移动，框架隐藏时，框架内的整组控件也一起隐藏。例如，窗体上有许多单选按钮，其中一些用于构成设置文字颜色的选项组，而另外一些用于构成设置文字字体的选项组，则此时就应该用框架对它们进行分组，否则整个窗体上的所有单选按钮只能有一个被选中。

利用框架设计程序界面可使窗体上的内容更有条理。向框架内添加控件的方法有以下两种：

（1）先创建框架控件，然后选择工具箱中的控件，再在框架的合适位置进行拖拉绘制。

（2）分别建立框架和其他控件，然后选中其他控件进行“剪切”操作，再选中框架进行“粘贴”操作，最后适当调整控件的位置。

注意：不能使用双击工具箱中的控件图标的自动方式来创建框架中的控件，这种方式创建的控件是置于窗体之上的，而不是框架。

1. 常用属性

（1）Caption。该属性用于设置框架的标题文本。

（2）Enabled。该属性用于设置框架是否可用：取 False 值时，标题呈灰色，框架内的控件不允许操作；取 True 值时，允许对框架内的控件进行操作，默认值。

（3）Visible。该属性用于设置框架是否可见：取 False 值时，框架包括框架内的控件均被隐藏；取 True 时，框架和框架内的控件可见，默认值。

2. 常用属性

框架的事件主要有 Click 事件和 DblClick 事件，但在实际应用中，框架通常用于对其他控件进行分组，很少编写框架事件。

【实例 7.3】 设计一个字体属性设置程序，运行界面如图 7.4 所示。要求单击各单选按钮和复选框时，文本框中的文字格式能作相应的改变。

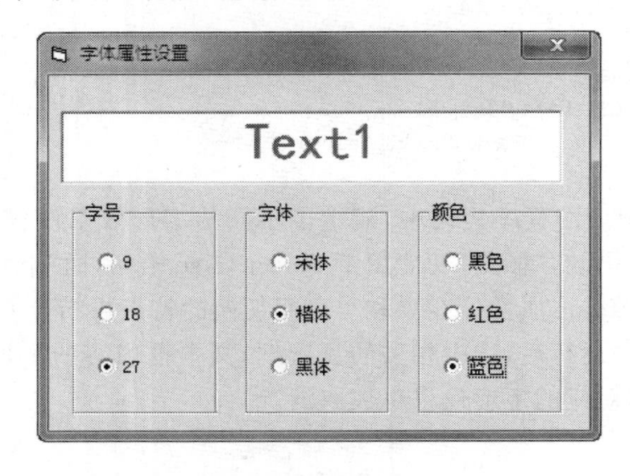

图 7.4　实例 7.3 的程序运行界面

（1）界面设计。新建一个工程，参照图 7.4 所示的布局在窗体上添加 1 个文本框 Text1 和 3 个框架 Frame1、Frame2、Frame3，然后在各框架中分别创建由 3 个单选按钮组成的控件数组 Option1、Option2 和 Option3。按照表 7.3 所示设置窗体和各对象的属性。

表 7.3 实例 7.3 的各控件属性设置

对象	属性	设置	说明
Form1	Caption	字体属性设置	窗体标题
	BorderStyle	1-Fixed Single	窗体固定边框
Text1	Alignment	2-Center	文本框内容居中对齐
	Text	读者自行设定	文本框的内容,读者自定义
Frame1	Caption	字号	框架标题
Frame2	Caption	字体	框架标题
Frame3	Caption	颜色	框架标题
Option1(0)	Caption	9	单选按钮标题
Option1(1)	Caption	18	单选按钮标题
Option1(2)	Caption	27	单选按钮标题
Option2(0)	Caption	宋体	单选按钮标题
Option2(1)	Caption	楷体	单选按钮标题
Option2(2)	Caption	黑体	单选按钮标题
Option3(0)	Caption	黑色	单选按钮标题
Option3(1)	Caption	红色	单选按钮标题
Option3(2)	Caption	蓝色	单选按钮标题

(2)代码设计。切换到代码设计窗口,编写如下程序代码:

```
Private Sub Form_Load()   '初始化
    Option1(0).Value = True
    Option2(0).Value = True
    Option3(0).Value = True
End Sub
Private Sub Option1_Click(Index As Integer)
    Text1.FontSize = CInt(Option1(Index).Caption)
End Sub
Private Sub Option2_Click(Index As Integer)
    Select Case Index
        Case 0: Text1.FontName = "宋体"
        Case 1: Text1.FontName = "楷体"
        Case 2: Text1.FontName = "黑体"
    End Select
End Sub
Private Sub Option3_Click(Index As Integer)
    Select Case Index
        Case 0: Text1.ForeColor = vbBlack
        Case 1: Text1.ForeColor = vbRed
        Case 2: Text1.ForeColor = vbBlue
    End Select
End Sub
```

7.2 列表框与组合框

7.2.1 列表框

列表框(ListBox)控件在工具箱中的图标是▤,新建的列表框的默认名称为 List1、List2 等。图 7.5 所示是一个运行中的程序的列表框截图示例。

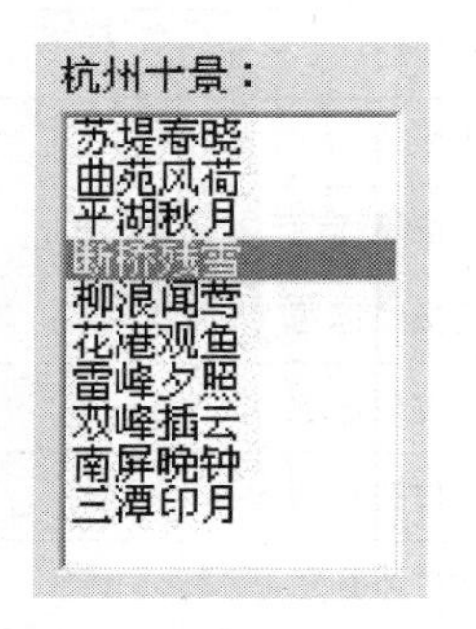

图 7.5 列表框示例

在程序设计中,有时候希望能够把一组项目在一个列表中显示出来,从而进行选择操作,Visual Basic 中的列表框很好地满足了这样的需求。在列表框中,用户可以通过单击某一项或多项来选择自己所需的项目。如果列表框中的项目总数超过可显示的数量,它还会自动加上滚动条。

1. 常用属性

(1) List。该属性是列表框最重要的属性之一,它以字符数组的形式存放列表框的项目内容,列表从 0 开始,即 List(0)存放的是列表项的第一个内容,List(1)存放的是列表项的第二个内容,依此类推。

例如,设图 7.5 所示列表框的名称为 List1,那么语句“List1. List(0)”的值为“苏堤春晓”,“List1. List(1)”的值为“曲院风荷”……在程序代码中也可以对 List 属性进行赋值,如执行语句“List1. List(3)="宝石流霞"”,则列表框的第 4 项“断桥残雪”会变成“宝石流霞”。

在属性窗口中添加列表框的列表项的方法为:选中属性窗口的 List 属性,单击它右侧的下拉按钮,然后输入列表项的内容,输完后按 Ctrl+Enter 组合键换行,接着输下一项,输完最后一项后,按 Enter 键结束。

(2) ListCount。该属性用于返回列表框中列表项的数目,ListCount-1 是最后一项的下标。需要注意的是,ListCount 属性是只读属性,不能用赋值语句修改该属性值。图 7.5 所示列表框的 ListCount 属性值为 10。

(3) ListIndex。该属性用于返回或设置列表框中最后一次单击所选中的项目的下标索引值,如果没有任何列表项被选中,则该属性值为-1。ListIndex 属性不出现在属性窗口中,意即界面设计时不能设置它的值,只能在程序运行时通过语句进行设置或引用。

例如,图 7.5 所示列表框 List1 的 ListIndex 属性值为 3。借助 ListIndex 属性可以方便地获取列表框中选定列表项的内容,如执行语句“s=List1. List(List1. ListIndex)”后,s 的值即为“断桥残雪”。

(4) Text。该属性用于返回列表框中最后一次单击所选中的项目的内容,其为只读属性,只能在程序中进行引用。它的值总是与“列表框名称. List(列表框名称. ListIndex)”的返回值相同,如图 7.5 所示的列表框,List1. Text 的值是“断桥残雪”,List1. List(List1. ListIndex)的值也是“断桥残雪”。

(5) Sorted。该属性值用于指定列表框的列表项是否自动按字母顺序排序,值为 True 时按字母顺序排列,值为 False 时按列表项的加入先后顺序排列。

(6) Selected。该属性是一个逻辑数组,用于返回或设置列表框中各列表项的选择状态。该属性数组的下标也是从 0 开始的，例如，若 List1.Selected(0)的值为 True，则表示第 1 项被选中。

需要注意的是，Selected 属性也不能在属性窗口中进行设置，只能在程序运行时用语句进行设置或引用。

(7) MultiSelect。该属性用于设定是否能在列表框中进行列表项的复选。它的值只能在属性窗口中进行设置，不能在程序代码中修改。它有 3 个可选值：

- 0-None：只能单选，默认值。
- 1-Simple：简单复选。单击列表项或按下空格键可选中此列表项或取消此列表项的选中状态，被选中的列表项都以高亮突出显示。
- 2-Extended：扩展复选。类似于在文件资源管理器中的文件选择操作，要选择连续的多个列表项，可以先单击选中第一个，然后按住 Shift 键再单击最后一个列表项；如果要选择非连续的列表项，则单击选中第一个列表项以后，按住 Ctrl 键再单击其他列表项。

(8) Style。该属性用来设置列表框的外观样式，其默认值为 0，当将它的值设为 1 时，列表框呈现为复选列表框，如图 7.6 所示。

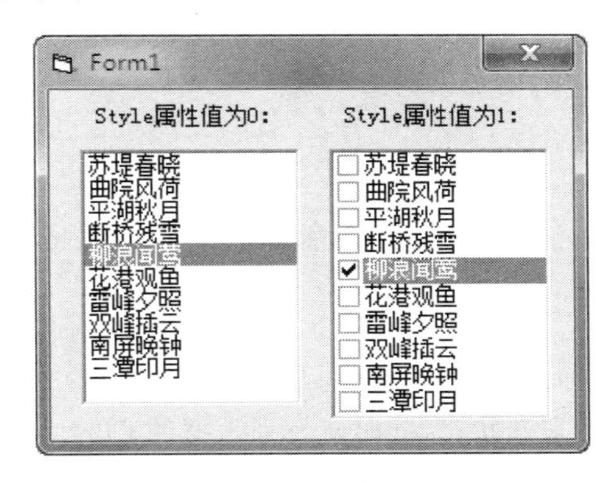

图 7.6　列表框的 Style 样式

注意：当列表框的 Style 属性值为 1 时，列表框的 MultiSelect 属性值只能设为 0。

(9) Columns。该属性用来确定列表框的列数，默认值为 0，表示所有列表项呈单列显示；如果该属性值大于等于 1，则列表框呈多列显示。

2. 常用方法

(1) AddItem。该方法用于向一个列表框添加一个新的列表项，其语法格式为：

<列表框名称>.AddItem <Item> [, <Index>]

说明：

- <Item>：要添加到列表框的列表项，是一个字符表达式。
- <Index>：添加的<Item>在列表框中的位置，如果省略<Index>，则表示将

<Item>添加到列表框的末尾处。<Index>值必须在 0 到列表框的 ListCount 之间，否则会出现运行时错误。

注意：如果列表框的 AddItem 方法省略了<Index>参数，而列表框的 Sorted 属性值为 True，则<Item>将添加到恰当的排序位置；若 Sorted 属性值为 False，则<Item>将添加到列表框的结尾处。

(2) RemoveItem。该方法用来从一个列表框中删除一个列表项，语法格式为：

```
<列表框名称>.RemoveItem  <Index>
```

其中，<Index>表示要删除的列表项的索引值。例如，图 7.5 所示的列表框中，如果执行语句“List1. RemoveItem 0”，则表示将列表框中的第一项(苏堤春晓)删除。而如果执行语句“List1. RemoveItem List1. ListIndex”，则表示将列表框中最近选中的列表项(断桥残雪)删除。

注意：当列表框的某个列表项被删除时，后面的数据项会自动往前移。例如，如果将列表框的第一项内容删除，则原来的第二项会变成第一项，而原来的第三项会变成第二项……依此类推。

(3) Clear。该方法用于清除列表框中的所有列表项，语法格式为：

```
<列表框名称>.Clear
```

3. 常用方法

(1) Click。在程序运行时，单击列表框的某个列表项，可以使该列表项从未选状态转到选中状态或从选中状态转到未选状态，同时触发列表框的 Click 事件。

(2) DblClick。该事件是在程序运行时双击列表框控件的某一列表项时触发的。根据 Windows 应用程序的使用习惯，对列表项的操作通常是采用双击进行的，如打开文件列表框中显示的某个文件等。因此，在实际的应用开发中，要对选中的列表项进行操作时，更多使用的是列表框的 DblClick 事件，较少直接使用 Click 事件。

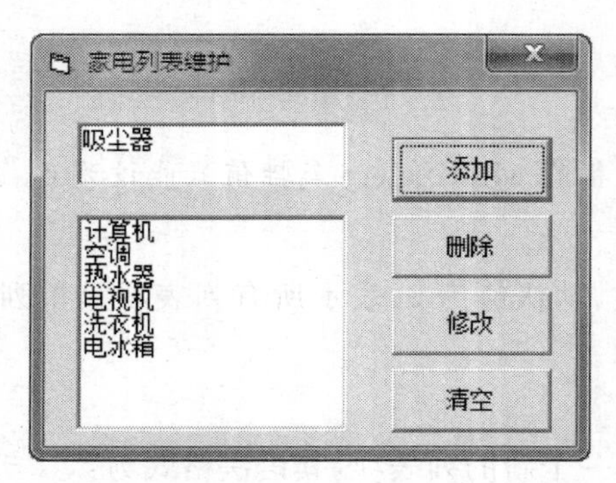

图 7.7　实例 7.4 的程序运行界面

【实例 7.4】 设计一个家电列表维护程序，运行界面如图 7.7 所示。单击“添加”按钮时，将文本框中输入的家电名称加入到列表框中；单击“删除”按钮时，将选中的家电删除；单击“修改”按钮时，将选中的家电名称改为文本框中输入的名称；单击“清空”按钮时，将整个家电列表清除。

(1) 界面设计。新建一个工程，参照图 7.7 所示的布局在窗体上添加 1 个文本框 Text1，1 个列表框 List1 和 4 个命令按钮 Command1、Command2、Command3、Command4。

按照表7.4所示设置窗体和各对象的属性。

表7.4　实例7.4的各控件属性设置

对象	属性	设置	说明
Form1	Caption	家电列表维护	窗体标题
	BorderStyle	1-Fixed Single	窗体固定边框
Text1	Text	空	清空文本框
List1	List	空	清空列表框
Command1	Caption	添加	命令按钮标题
Command2	Caption	删除	命令按钮标题
Command3	Caption	修改	命令按钮标题
Command4	Caption	清空	命令按钮标题

(2) 代码设计。因为家电的名称是不允许空的，所以在“添加”和“修改”一个家电时，要先判断文本框是否为空。另外，在“添加”一个家电时，还要判断所加的电器是否已经在列表项中，若在则应该提示用户。切换到代码设计窗口，编写如下程序代码：

```
Private Sub Command1_Click()
    Dim i As Integer
    If Trim(Text1.Text) = "" Then Exit Sub
    For i = 0 To List1.ListCount - 1
        If Text1.Text = List1.List(i) Then
            MsgBox "该家电已经存在!"
            Exit Sub
        End If
    Next i
    List1.AddItem Text1.Text
    Text1.Text = ""
    Text1.SetFocus
End Sub
Private Sub Command2_Click()
    If List1.ListIndex = -1 Then
        MsgBox "请先选择要删除的家电!"
    Else
        List1.RemoveItem List1.ListIndex
    End If
End Sub
Private Sub Command3_Click()
    If Trim(Text1.Text) = "" Then Exit Sub
    If List1.ListIndex = -1 Then
        MsgBox "请先选择要修改的家电!"
    Else
        List1.List(List1.ListIndex) = Text1.Text
    End If
    Text1.Text = ""
    Text1.SetFocus
End Sub
Private Sub Command4_Click()
```

```
    List1.Clear
End Sub
```

【实例 7.5】 设计一个体育爱好筛选程序，运行界面如图 7.8 所示。两个列表框均支持扩展复选，单击 >>> 按钮时，将左边选中的体育项目移到右边列表框；单击 <<< 按钮时，将右边选中的体育项目移回到左边的列表框。

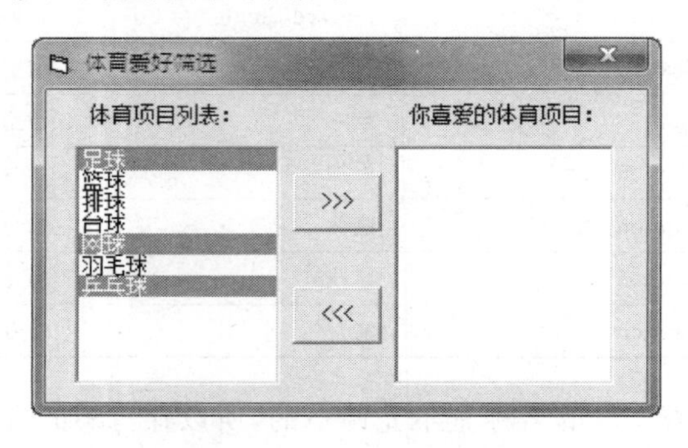

图 7.8 实例 7.5 的程序运行界面

(1) 界面设计。新建一个工程，参照图 7.8 所示的布局在窗体上添加两个标签、两个命令按钮和两个列表框。按照表 7.5 所示设置窗体和各对象的属性。

表 7.5 实例 7.5 的各控件属性设置

对象	属性	设置	说明
Form1	Caption	体育爱好筛选	窗体标题
	BorderStyle	1-Fixed Single	窗体固定边框
Label1	Caption	体育项目列表：	标签的标题内容
Label2	Caption	你喜爱的体育项目：	标签的标题内容
List1	MultiSelect	2-Extended	列表框支持扩展复选
List2	MultiSelect	2-Extended	列表框支持扩展复选
Command1	Caption	>>>	命令按钮标题
Command1	Caption	<<<	命令按钮标题

(2) 代码设计。体育项目列表框中的体育项目可在窗体加载的时候进行初始化。在实际移动的过程中，要用循环结构逐一判断每个列表项是否被选中，若选中则将它添加到另外一个列表框，同时在本列表框中将其删除，因为执行删除操作时后面的列表项会自动前补被删除的列表项的位置，所以具体实现时宜采用从最后一个列表项开始往前判断的方式。切换到代码设计窗口，编写如下程序代码：

```
Private Sub Form_Load()
    List1.Clear
    List2.Clear
    List1.AddItem "足球"
    List1.AddItem "篮球"
    List1.AddItem "排球"
    List1.AddItem "台球"
    List1.AddItem "网球"
```

```
        List1.AddItem "羽毛球"
        List1.AddItem "乒乓球"
    End Sub
    Private Sub Command1_Click()      '“>>>”按钮事件
        Dim i As Integer
        For i = List1.ListCount - 1 To 0 Step - 1
            '判断列表项是否被选中
            If List1.Selected(i) = True Then
                '将选中的列表项添加到右边列表框并作为第 1 项
                List2.AddItem List1.List(i), 0   '语句①
                '删除选中的列表项
                List1.RemoveItem i
            End If
        Next i
    End Sub
    Private Sub Command2_Click()      '“<<<”按钮事件
        Dim i As Integer
        For i = List2.ListCount - 1 To 0 Step - 1
            '判断列表项是否被选中
            If List2.Selected(i) = True Then
                '将选中的列表项添加到左边列表框
                List1.AddItem List2.List(i)   '语句②
                '删除选中的列表项
                List2.RemoveItem i
            End If
        Next i
    End Sub
```

(3) 运行结果。程序运行后，在体育项目列表框中会显示若干体育项目，选择若干体育项目，单击“>>>”按钮，能将选中的体育项目移到喜爱的体育项目列表框中。同样，在右边的列表框中选择若干体育项目，单击“<<<”按钮能将它们移回左边的列表框。注意语句①和语句②，同样是向列表框添加数据项，但语句①的结果是移到右边列表框的项目顺序与原来左边列表框的顺序相同，而语句②的结果则是移到左边列表框的项目与右边列表框中的项目倒序了。

7.2.2　组合框

组合框(ComboBox)又称下拉列表框，功能类似于文本框与列表框的组合，用户既可以在列表项中选择一个数据项，又可以在其文本框中输入一个字符串内容。

组合框在工具箱中的图标是。在窗体上新建组合框时，它的默认名称为 Combo1、Combo2 等。

1. 常用属性

因为组合框结合了列表框和文本框的许多功能，所以它具有许多文本框的属性，如 Locked、SelStart、SelLength、SelText 等，还具备了列表框的绝大部分属性，如 List、ListIndex、ListCount、Sorted 等，同时具有几个自身特有的属性。

(1) Style。该属性用于设计组合框的外观样式，有 3 个可选值，各取值对应的外观样式如图 7.9 所示。

- 0-Dropdown Combo：默认值，此时控件为下拉式组合框，包括一个文本框和一个下拉式列表框，可以从列表框中选择列表项，也可以在文本框中输入字符内容。
- 1-Simple Combo：控件为简单式组合框，包括一个文本框和一个不能下拉的列表框，可以从列表框中选择列表项，也可以在文本框中输入字符内容。
- 2-Dropdown List：控件为下拉式列表框，仅允许从下拉列表框中选择列表项。

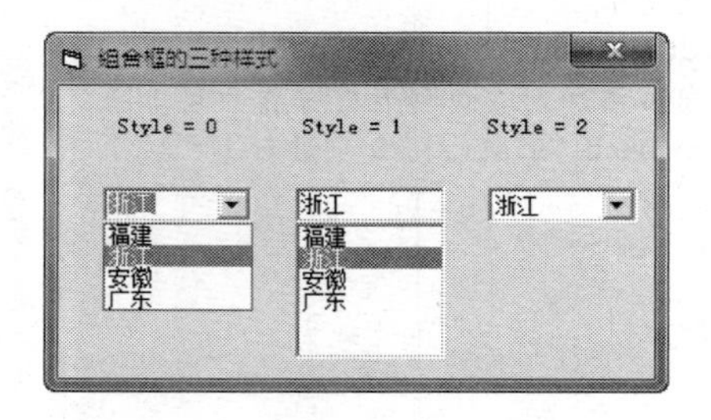

图 7.9　不同 Style 属性值的组合框外观

（2）Text。该属性表示组合框中被选中的列表项内容或在文本框输入的文本。当 Style 属性值为 0 或 1 时，Text 属性值是可编辑的；当 Style 属性值为 2 时，Text 属性为只读属性。

注意：不同于列表框，组合框不具有 Selected、MultiSelect 等属性。

2. 常用方法

和列表框一样，组合框也具有 AddItem、RemoveItem 和 Clear 等方法，其使用方法跟列表框中的使用方法一样。

3. 常用事件

组合框的事件比较多，但有些事件能否触发与它的 Style 属性值有关系，具体如下：

- Style 属性值为 0 时，可识别 DropDown、Click、Change、KeyPress 事件。
- Style 属性值为 1 时，可识别 Click、DblClick、Change、KeyPress 事件。
- Style 属性值为 2 时，可识别 DropDown、Click 事件。

【实例 7.6】　设计一个文字格式设置程序，运行界面如图 7.10 所示。在不同的组合框选择相应的列表项或作相关设置时，对文本框中的文字格式作相应的应用。

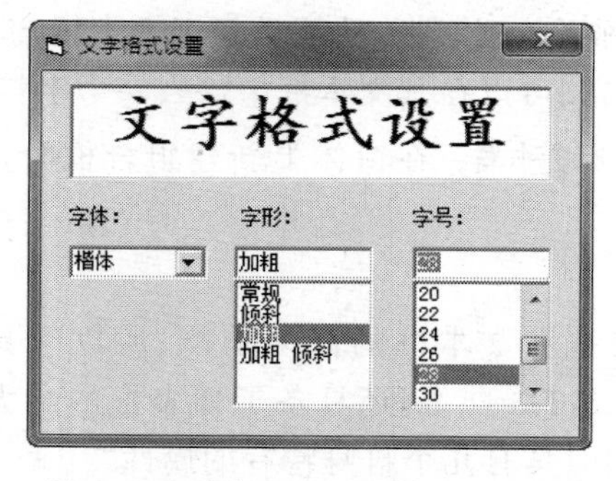

图 7.10　实例 7.6 的程序运行界面

(1) 界面设计。新建一个工程,参照图7.10所示的布局在窗体上添加1个文本框、3个标签和3个组合框。按照表7.6所示设置窗体和各对象的属性。

表7.6　实例7.6的各控件属性设置

对象	属性	设置	说明
Form1	Caption	文字格式设置	窗体标题
	BorderStyle	1-Fixed Single	窗体固定边框
Text1	Text	文字格式设置	文本框内容
	Alignment	2-Center	文本居中对齐
Label1	Caption	字体:	标签的标题内容
Label2	Caption	字形:	标签的标题内容
Label3	Caption	字号:	标签的标题内容
Combo1	Style	0-Dropdown Combo	下拉式组合框
Combo2	Style	1-Simple Combo	简单式组合框
Combo3	Style	1-Simple Combo	简单式组合框

(2) 代码设计。切换到代码设计窗口,编写如下程序代码:

```
Private Sub Form_Load()
    Dim i As Integer
    '定义"字体"列表项
    Combo1.AddItem "宋体"
    Combo1.AddItem "黑体"
    Combo1.AddItem "楷体"
    Combo1.AddItem "隶书"
    Combo1.ListIndex = 0
    '定义字形列表项
    Combo2.AddItem "常规"
    Combo2.AddItem "倾斜"
    Combo2.AddItem "加粗"
    Combo2.AddItem "加粗 倾斜"
    Combo2.ListIndex = 0
    '定义"字号"列表项
    For i = 10 To 36 Step 2
        Combo3.AddItem i
    Next i
    Combo3.ListIndex = 0
End Sub
Private Sub Combo1_Click()  '设置字体
    Text1.FontName = Combo1.Text
End Sub
Private Sub Combo2_Click()
    Select Case Combo2.ListIndex
        Case 0  '常规
            Text1.FontBold = False
            Text1.FontItalic = False
        Case 1  '倾斜
            Text1.FontBold = False
```

```
                Text1.FontItalic = True
            Case 2  '加粗
                Text1.FontBold = True
                Text1.FontItalic = False
            Case 3  '加粗 倾斜
                Text1.FontBold = True
                Text1.FontItalic = True
        End Select
    End Sub
    Private Sub Combo3_Click()  '设置字号
        Text1.FontSize = CInt(Combo3.Text)
    End Sub
```

(3) 运行结果。程序运行后,3 个组合框的列表框均自动添加了若干的列表项,同时都把其中的第 1 项作为选定项。单击各组合框的指定列表项时,文本框中的文字格式会作相应的改变。

7.3 滚 动 条

滚动条分为水平滚动条(HScrollBar)和垂直滚动条(VScrollBar),是一种常用来代替用户输入的控件,可用鼠标移动到滚动条中滑块的位置来改变它的值。水平滚动条和垂直滚动条在工具箱中的图标分别为和,它们除了类型名不同、放置位置不同外,其他的结构和使用方法均相同。

1. 常用属性

(1) Max。该属性用于设置或返回滚动条滑块处于最右或底部位置时对应的值,默认值为 32767。

(2) Min。该属性用于设置或返回滚动条滑块处于最左或顶部位置时对应的值,默认值为 0。

(3) SmallChange。该属性用于设置或返回当用户单击滚动条两端的箭头按钮时,滚动条 Value 属性值的改变量。

(4) LargeChange。该属性用于设置或返回当用户单击滚动条滑块与箭头按钮之间的区域时,滚动条 Value 属性值的改变量。

(5) Value。该属性用于设置或返回滚动条的当前值,由滚动条滑块的当前位置决定,会随滑块的移动而改变,它的取值范围在 Min 属性值和 Max 属性值之间。

2. 常用事件

(1) Change。移动滚动条的滑块、单击滚动条两端的箭头按钮或用鼠标将滑块拖离原来的位置并松开鼠标按键时会触发 Change 事件,运行时在代码中改变滚动条的 Value 属性值也会触发 Change 事件。它通常用来获得滑块移动后的 Value 属性值。

(2) Scroll。程序运行时,在拖动滚动条的滑块过程中会连续触发 Scroll 事件。可用此事件进行操纵必须与滚动条滑块位置的改变同步的控件。

【实例 7.7】 设计一个调色程序,程序运行界面如图 7.11 所示。用滚动条的 Value 属性值作为 QBColor 函数的参数的输入,然后用 QBColor 函数控制标签的背景色。要求在移动滚动条滑块的过程中能动态更新标签的背景色。

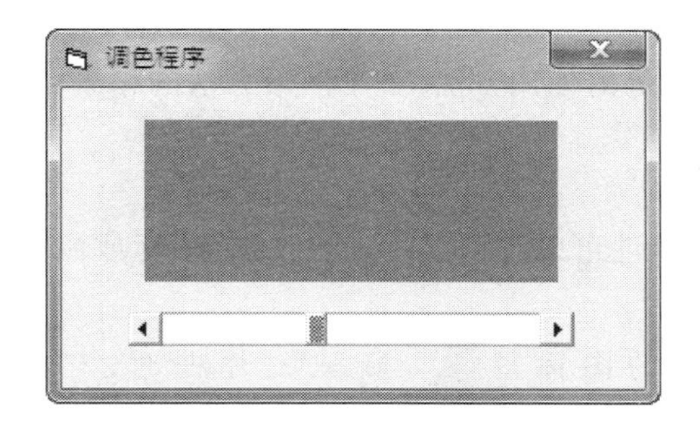

图 7.11 实例 7.7 的程序运行界面

(1) 界面设计。新建一个工程,参照图 7.11 所示的布局在窗体上添加 1 个标签 Label1 和 1 个水平滚动条 HScroll1。按照表 7.7 所示设置窗体和各对象的属性。

表 7.7 实例 7.7 的各控件属性设置

对象	属性	设置	说明
Form1	Caption	调色程序	窗体标题
	BorderStyle	1-Fixed Single	窗体固定边框
Label1	Caption	空	标签不显示任何内容
	BackColor	&H00000000&	初始化为黑色
HScroll1	Min	0	Value 最小值,QBColor 的参数最小值为 0
	Max	15	Value 最大值,QBColor 的参数最大值为 15
	SmallChange	1	单击滚动箭头改变的值
	LargeChange	3	单击滚动箭头和滑块之间区域改变的值
	Value	0	滑块的初始位置在最左边

(2) 代码设计。移动滑块的过程中要动态改变标签的背景色,因此需要用到 Scroll 事件。在单击滚动条两端的箭头按钮和单击滚动箭头与滑块之间的区域时也要改变标签的背景色,所以还需要用到 Change 事件。不过两个事件的过程代码是一样的,因此编写好一个事件过程,另外一个事件过程只要调用一下即可。切换到代码设计窗口,编写如下程序代码:

```
Private Sub HScroll1_Change()
    Label1.BackColor = QBColor(HScroll1.Value)
End Sub
Private Sub HScroll1_Scroll()
    Call HScroll1_Change
End Sub
```

7.4 图形控件

Visual Basic 具有丰富的图形图像处理能力,它提供了一系列基本的图形函数和方法,支持直接在窗体或控件上产生图形、图像并对之加以处理。为了方便用户的使用,Visual

Basic 还提供了一套图形控件，可直接通过它们对图像或形状进行加工和操作。

本节主要介绍 Visual Basic 提供的图片框(PictureBox)、影像框(Image)、形状控件(Shape)和直线控件(Line)等的使用方法，关于图形方法的相关内容将在第 8 章进行介绍。

7.4.1 图片框

图片框(PictureBox)控件可以用来显示来自位图、图标或源文件，以及来自增强的源文件、JPEG 或 GIF 图形文件。

图片框在工具箱中的图标是 ，新建图片框时，它的默认名称为 Picture1、Picture2 等。

图片框除了可以显示图片外，还可以作为其他对象的容器，并且还可以显示 Print 方法输出的文本和图形方法输出的图形。

1. 常用属性

(1) Picture。该属性用于放回或设置图片框中要显示的图片。在图片框中加载图形文件有以下两种方式：

① 设计时选取。在界面设计时，选中图片框属性窗口中的 Picture 属性，在弹出的“加载图片”对话框中选择所要显示的图片文件，相应的图形文件随之被加载到图片框中。

② 运行时装入。程序运行时，可用 LoadPicture()函数将图片装到图片框控件中。具体的语法格式为：

```
＜图片框名称＞.Picture = LoadPicture(＜FileName＞)
```

其中，＜FileNme＞参数是一个字符串表达式，包括驱动器、文件夹和文件名。当＜FileName＞参数为空字符串("")时，即执行语句“Picture1. Picture＝LoadPicture("")”可把图片框中的图片删除。图片框显示的图片也可以通过赋值语句从其他图片框或影像框中复制过来，如执行语句“Picture1. Picture＝Picture2. Picture”，会将图片框 Picture2 的图片复制到图片框 Picture1 中。

(2) AutoSize。该属性用于决定图片框是否能自动调整大小以容纳整个图片。若此属性设置为 True，则自动调整图片框的大小，否则不自动调整大小。

(3) BorderStyle。该属性用于设置图片框的边框样式，当它的值为 1(默认值)时，图片框呈带边框的下凹外观样式，当它的值为 0 时，图片框没有边框。

(4) AutoRedraw。该属性用于决定图片框是否用将图形方法绘制出来的图形作为持久图形输出。当它的值为 True 时，图形和文本输出到屏幕并存储在内存中，必要时会用存储在内存中的图像进行重绘；当它的值为 False(默认值)时，图形或文本只写到屏幕上，图片框的自动重绘功能无效。

2. 常用方法

(1) Print。该方法用于在图片框上显示文本字符，语法格式为：

```
＜图片框名称＞.Print  ＜文本内容列表＞
```

图片框的 Print 方法的使用与窗体的 Print 方法的使用相同，各输出内容之间也可用“;”和“,”分隔，同时也可借助 Tab()和 Spc()函数进行定位输出，具体请参考 2.3 节的内容。

(2) Cls。该方法可以清除窗体上用 Print 方法输出的文本字符，也可以清除图形方法绘制的图形。语法格式为：

<图片框名称>.Cls

3. 常用事件

图片框的主要事件包括：Change、Click、DblClick、MouseDown、MouseMove 和 MouseUp 等，其中 Change、Click 和 DblClick 事件与前面章节介绍到的使用方法相同，后面 3 个事件将在第 8 章中进行介绍。

【实例 7.8】 设计一个简易图片浏览程序，设计界面和运行界面如图 7.12 所示。一个图片框作为容器使用，另一个图片框用来显示图片。单击"加载图片"按钮时，打开程序文件存放路径下的 Bridge.jpg 图片，如果图片的尺寸超过容器的大小，则激活滚动条使得可拖动滑块查看被遮挡的区域。

(1) 界面设计。新建一个工程，参照图 7.12 所示的布局在窗体上添加两个图片框、1 个垂直滚动条、1 个水平滚动条和 3 个命令按钮，将图片框 Picture1 作为图片框 Picture2 的容器。按照表 7.8 所示设置窗体和各对象的属性。

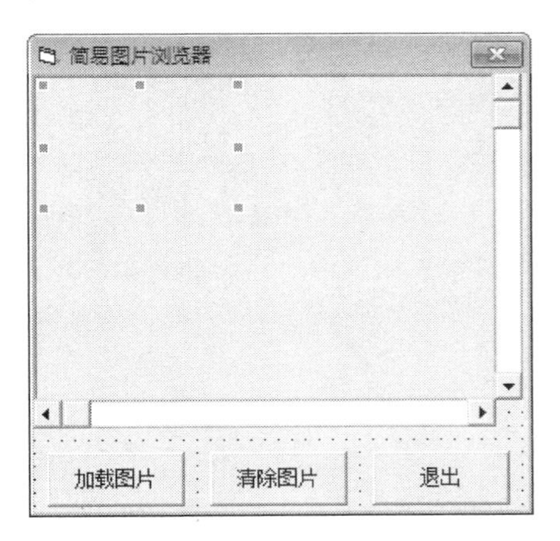

图 7.12　实例 7.8 的程序设计界面和运行界面

表 7.8　实例 7.8 的各控件属性设置

对象	属性	设置	说明
Form1	Caption	简易图片浏览器	窗体标题
	BorderStyle	1-Fixed Single	窗体固定边框
Picture2	AutoSize	True	图片框的大小能自适应图片的尺寸
	BorderStyle	0-None	不具边框样式
	Left	0	在容器 Picture1 的最左边
	Top	0	在容器 Picture1 的最上边
Command1	Caption	加载图片	命令按钮标题文本
Command2	Caption	清除图片	命令按钮标题文本
Command3	Caption	退出	命令按钮标题文本

(2) 代码设计。切换到代码设计窗口，编写如下程序代码：

```
Private Sub Command1_Click()
    '加载图片
    Picture2.Picture = LoadPicture(App.Path & "\Bridge.jpg")
    '图片超过容器窗口的大小,激活滚动条和设置滑块的滚动范围
    If Picture2.Width>Picture1.Width Then
        HScroll1.Max = Picture2.Width - Picture1.Width
        HScroll1.Enabled = True
    Else
        HScroll1.Enabled = False
    End If
    If Picture2.Height>Picture1.Height Then
        VScroll1.Max = Picture2.Height - Picture1.Height
        VScroll1.Enabled = True
    Else
        VScroll1.Enabled = False
    End If
End Sub
Private Sub Command2_Click()
    '清除图片
    Picture2.Picture = LoadPicture("")
End Sub
Private Sub Command3_Click()
    End  '程序结束
End Sub
Private Sub HScroll1_Change()
    '移动图片框的左右位置
    Picture2.Left = - HScroll1.Value
End Sub
Private Sub VScroll1_Change()
    '移动图片框的上下位置
    Picture2.Top = - VScroll1.Value
End Sub
```

7.4.2 影像框

影像框(Image)控件在工具箱中的图标是▣，新建影像框的默认名称为 Image1、Image2 等。

与图片框 PictureBox 控件一样，影像框可以显示来自位图、图标或源文件，以及来自增强的源文件、JPEG 或 GIF 图形文件。但它不能作为其他控件的容器，也不支持图形方法，只支持图片框的一部分属性、方法和事件。不过，影像框使用起来占用的系统资源比 PictureBox 控件少，重画的速度也比较快。

1. 常用属性

(1) Picture。与图片框的 Picture 属性一样，影像框的 Picture 属性既可以在设计时通过属性窗口设置，也可以在程序运行时用 LoadPicture()函数加载。

(2) Stretch。该属性用来确定图片是否进行缩放以适应影像框控件的大小。当 Stretch 属性值为 True 时，表示图形要调整大小以与影像框控件相适应；当 Stretch 属性值

为 False(默认值)时,表示影像框控件要调整大小以与图形相适应。

(3) BorderStyle。该属性用于设置影像框的边框样式,当它的值为 1 时,影像框呈带边框的下凹外观样式;当它的值为 0(默认值)时,影像框没有边框。

2. 常用事件

影像框与图片框可以响应的事件大体相同,如 Click、DblClick、MouseDown、MouseMove 和 MouseUp 等,但是影像框没有 Change、KeyDown、KeyPress 和 KeyUp 等事件。

【实例 7.9】 设计一个小动画,程序设计界面如图 7.13 所示。通过定时器控件在一个影像框中交替显示另外两个影像框的图片,形成一个"跳动的心"的小动画。

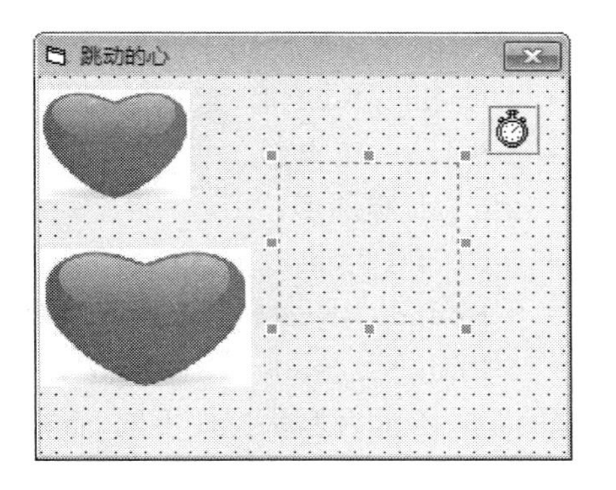

图 7.13 实例 7.9 的设计界面

(1) 界面设计。新建一个工程,参照图7.13 所示的布局在窗体上添加 3 个影像框和 1 个定时器控件。按照表 7.9 所示设置窗体和各对象的属性。

表 7.9 实例 7.9 的各控件属性设置

对象	属性	设置	说明
Form1	Caption	跳动的心	窗体标题
	BorderStyle	1-Fixed Single	窗体固定边框
Image1	Picture	导入图形文件 Heart1. gif	显示 Heart1. gif 图片
	Visible	False	运行时不可见
Image2	Picture	导入图形文件 Heart2. gif	显示 Heart2. gif 图片
	Visible	False	运行时不可见
Timer1	Interval	300	时间间隔为 0.3 秒

(2) 代码设计。切换到代码设计窗口,编写如下程序代码:

```
Private Sub Form_Load()
    Image3.Picture = Image1.Picture
End Sub
Private Sub Timer1_Timer()
If Image3.Picture = Image1.Picture Then
        Image3.Picture = Image2.Picture
    Else
        Image3.Picture = Image1.Picture
    End If
End Sub
```

(3) 运行结果。

程序启动后,预加载了图片的 Image1 和 Image2 不可见,窗体中间的影像框会交替显示两种心形图片,形成一颗心在跳动的小动画。

7.4.3 形状控件

Visual Basic 提供的形状(Shape)控件可以很好地画出矩形、正方形、圆形、椭圆形和圆角矩形等几何图形。

形状控件在工具箱中的图标是，在窗体上新建形状控件时，其默认名称为 Shape1、Shape2 等。形状控件的常用属性如下：

(1) Shape。该属性用于设置 Shape 控件的外观，有 6 个可选值：

- 0-Rectangle：矩形（默认值）。
- 1-Square：正方形。
- 2-Oval：椭圆形。
- 3-Circle：圆形。
- 4-Rounded Rectangle：圆角矩形。
- 5-Rounded Square：圆角正方形。

图 7.14 所示为形状控件不同 Shape 属性值的外观样式。

(2) BorderStyle。该属性用于设置形状控件的边框样式，有 7 个可选值：

- 0-Transparent：透明，不显示边框。
- 1-Solid：实线（默认值），边框处于形状边缘的中心。
- 2-Dash：虚线。
- 3-Dot：点线。
- 4-Dash-Dot：点划线。
- 5-Dash-Dot-Dot：双点划线。
- 6-Inside Solid：内收实线。边框的外边界就是形状的外边缘。

图 7.15 所示为形状控件不同 BorderStyle 属性值的部分边框样式。

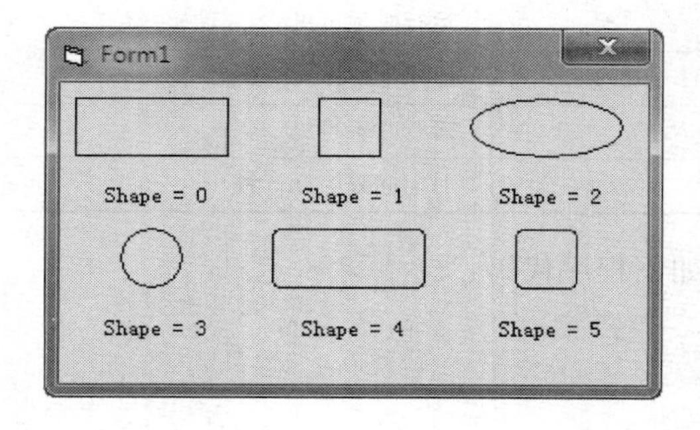

图 7.14　形状控件不同 Shape 值的外观

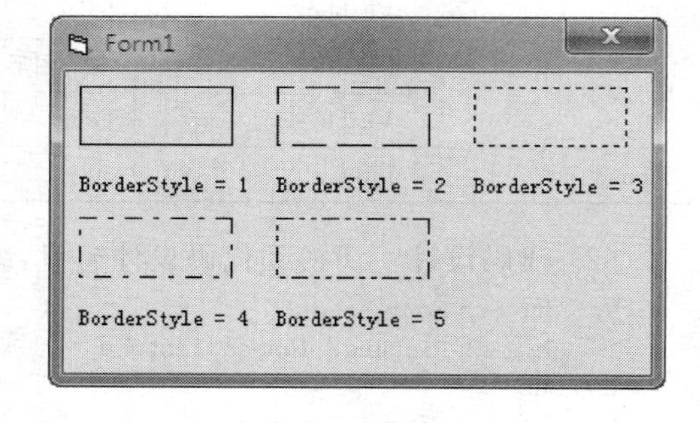

图 7.15　形状控件不同 BorderStyle 值的边框

(3) BorderWidth。该属性用于设置形状控件的边框宽度，单位为像素。当 BorderWidth 属性值大于 1 时，形状控件的边框只能显示成实线。

(4) BorderColor。该属性用于设置形状控件的边框颜色。

(5) FillStyle。该属性用于设置形状控件的填充样式，有 8 个可选值：

- 0-Solid：实心。
- 1-Transparent：透明（默认值）。
- 2-Horizontal Line：水平直线。
- 3-Vertical Line：垂直直线。
- 4-Upward Diagonal：上斜对角线。

- 5-Downward Diagonal：下斜对角线。
- 6-Cross：十字线。
- 7-Diagonal Cross：交叉对角线。

图 7.16 所示为形状控件不同 FillStyle 属性值的填充样式。

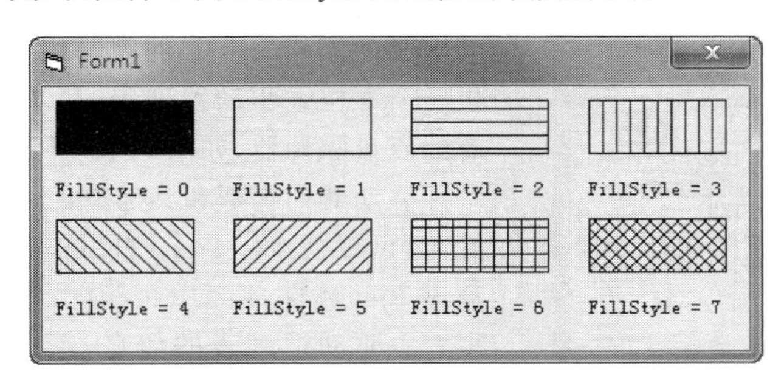

图 7.16　形状控件不同 FillStyle 值的填充效果

(6) FillColor。该属性用于设置形状控件的填充颜色。

7.4.4　直线控件

Visual Basic 提供了一个画线的工具——直线控件(Line)，它在工具箱中的图标为。新建的直线控件的默认名称为 Line1、Line2 等。直线控件的主要属性如下：

(1) BorderStyle。该属性用来指定线条的类型，它的取值范围和设置后的外观效果与形状控件的 BorderStyle 属性一样。

(2) BorderWidth。该属性用于设置线条的粗细，单位为像素。当 BorderWidth 属性值大于 1 时，直线控件只能显示成实线，即 BorderStyle 属性的值只有 1 和 6 有效。

(3) BorderColor。该属性用于设置形状控件的边框颜色。

(4) x1，x2，y1，y2。直线控件没有 Left 属性和 Top 属性，它在窗体或其他容器控件中的位置由 x1，x2，y1，y2 四个属性控制，它们用来指定直线控件起点和终点的 x 坐标和 y 坐标。

注意：形状控件和直线控件都没有预定义的事件，即它们不响应任何事件过程。

7.5　文件系统控件

在应用程序中，打开一个文件或将某些数据保存在一个文件中时，通常要有一个人机交互的对话框。利用这个对话框，可以指定驱动器、目录和文件，从而方便地查看系统的磁盘、目录和文件等信息。为了可以建立这样的人机交互的接口，Viusal Basic 提供了 3 种文件系统控件：驱动器列表框(DriveListBox)、目录列表框(DirListBox)和文件列表框(FileListBox)。

7.5.1 驱动器列表框

驱动器列表框(DriveListBox)控件在工具箱中的图标是，新建驱动器列表框时，默认的名称为 Drive1、Drive2 等。

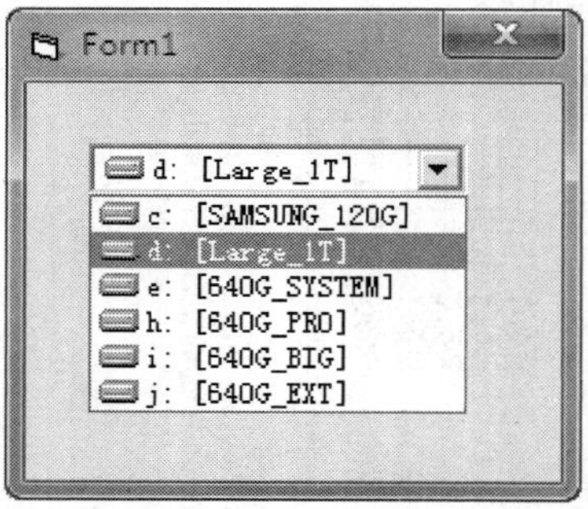

驱动器列表框的外观与组合框比较相似，它提供一个下拉式驱动器列表，显示当前计算机系统所有的磁盘驱动器，如图 7.17 所示。

图 7.17　驱动器列表框示例

驱动器列表框和其他控件一样具有许多标准属性，也可以像 ListBox 控件或 ComboBox 控件一样通过 List 属性、ListIndex 属性和 ListCount 属性获得有关驱动器列表的信息，不过，驱动器列表框的 List 属性在运行时是只读的。

驱动器列表框最重要的属性为 Drive 属性，它用于返回或设置要操作的驱动器。使用的语法格式为：

＜驱动器列表框名称＞.Drive [= ＜驱动器名称＞]

例如，执行语句“Drive1. Drive="D:"”，表示将 D:设为当前驱动器。

注意：驱动器列表框的 Drive 属性只能在程序代码中设置或引用，不能通过属性窗口设置。

驱动器列表框最常用的事件是 Change 事件，该事件在驱动器列表框的 Drive 属性值发生改变时触发。

7.5.2 目录列表框

目录列表框(DirListBox)控件在工具箱中的图标为，新建的目录列表框的默认名称为 Dir1、Dir2 等。

目录列表框主要用来显示当前驱动器的目录。在新建的目录列表框中，顶层目录用打开的文件夹表示，当前目录用高亮显示的打开文件夹表示，当前目录下的子目录用关闭的文件夹表示，如图 7.18 所示。

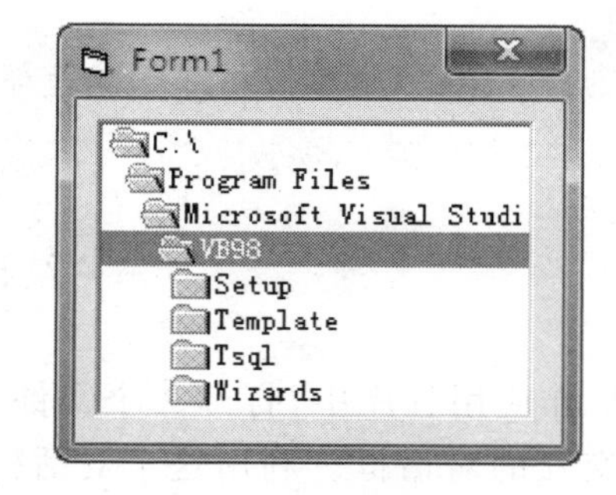

图 7.18　目录列表框示例

1. 常用属性

Path 属性是目录列表框最常用的属性，是一个字符串表达式，它用于返回或设置当前工作目录的完整路径(包括驱动器盘符)，使用的语法格式为：

＜目录列表框名称＞.Path [= ＜目录路径＞]

例如，执行语句“Dir1. Path = "C:\Windows"”，表示将当前工作目录设为 C 盘中的 Windows 文件夹。判断一个路径是否是磁盘根目录，可以用取出 Path 属性值的最后一个字符是否是“\”字符的方法来实现。

注意：目录列表框的 Path 属性只能在程序代码中设置或引用，不能通过属性窗口设置。

为了目录列表框中显示的文件夹列表与驱动器列表框的当前磁盘同步，通常在驱动器列表框的 Change 事件过程中将驱动器列表框的 Drive 属性值赋给目录列表框的 Path 属性，例如：

```
Private Sub Drive1_Change()
    Dir1.Path = Drive1.Drive
End Sub
```

2. 常用事件

(1) Click。该事件在用户单击目录列表框的某文件夹时触发。需要注意的是，单击目录列表框只能选中其中的某个文件夹，并不能打开选择的文件夹，即单击不会改变目录列表框的 Path 属性值。如图 7.19 所示，用户单击选中的文件夹为 Adobe，但并不表示当前的工作目录为 C:\Program Files\Adobe，其实当前的工作目录仍为 C:\Program Files。

图 7.19　目录列表框单击操作示例

(2) Change。该事件在用户双击目录列表框或目录列表框的 Path 属性值发生改变时触发。

7.5.3　文件列表框

文件列表框(FileListBox)控件在工具箱中的图标为 ，新建的文件列表框的默认名称为 File1、File2 等。它主要用于显示当前工作目录下的文件列表。

1. 常用属性

(1) Path。该属性与目录列表框的 Path 属性一样，用来设置或返回当前文件夹列表框内所显示文件的路径。同样，此属性仅可在程序运行时进行读写，不能在属性窗口中进行设置。

为了文件列表框中显示的文件列表与目录列表框的当前工作目录同步，通常在目录列表框的 Change 事件过程中将目录列表框的 Path 属性值赋给文件列表框的 Path 属性，例如：

```
Private Sub Dir1_Change()
    File1.Path = Dir1.Path
End Sub
```

(2) Pattern。该属性用来限定文件列表框中显示的文件类型，默认情况下，Pattern 属性值为"*.*"，表示显示所有类型的文件。在程序代码中，它的设置语句格式为：

```
<文件列表框名称>.Pattern = <文件类型>
```

其中，<文件类型>是一个字符串表达式，允许使用分号(;)来分隔多种文件类型，如<文件类型>为"*.exe;*.bat"表达式，表示文件列表框将显示所有可执行文件和所有 MS-DOS 批处理文件。

（3）FileName。该属性用于表示在文件列表框中选中的文件名称，它不能在属性窗口中设置，只能在程序代码中读写。需要注意的是，在程序代码中返回的文件列表框的 FileName 属性值是不包含路径信息的。例如，若要获得文件列表框 File1 中选定文件的包括路径和文件名的完整文件标识符，并将它存于字符串变量 sFile，则应使用如下代码：

```
sFile = File1.Path & "\" & File1.FileName
```

2. 常用事件

（1）Click。该事件在单击了文件列表框的某个文件时触发，此时若单击的文件与原来选中的文件不同，则文件列表框的 FileName 属性值会改变。因此，通常在此事件过程中读取当前选中的文件。

（2）DblClick。该事件在双击了文件列表框的某文件时触发。在实际应用中，经常在文件列表框中双击一个文件时直接打开该文件，此时使用 DblClick 事件过程来实现是非常方便的。

（3）PathChange。该事件在文件列表框的工作路径发生变化时发生。

（4）PatternChange。该事件在文件列表框的 Pattern 属性值发生变化时发生。

【实例 7.10】 设计一个图片浏览器程序，程序运行界面如图 7.20 所示。通过文件系统控件浏览并列出磁盘文件中的 BMP、JPEG 和 GIF 类型图片，在文件列表框单击选中某图片文件时，先用影像框显示它的缩略图，单击“确定”按钮后，将它显示在图片框以进行全景浏览。

（1）界面设计。新建一个工程，参照图 7.20 所示的布局在窗体上添加两个滚动条和两个图片框，参照实例 7.8 的做法将图片框 Picture1 作为图片框 Picture2 的容器。再在窗体上添加两个框架，将框架 Frame1 作为框架 Frame2 的容器，在框架 Frame1 内添加 3 个标签、1 个驱动器列表框、1 个目录列表框、1 个文件列表框和 1 个命令按钮，在框架 Frame2 内添加 1 个影像框。

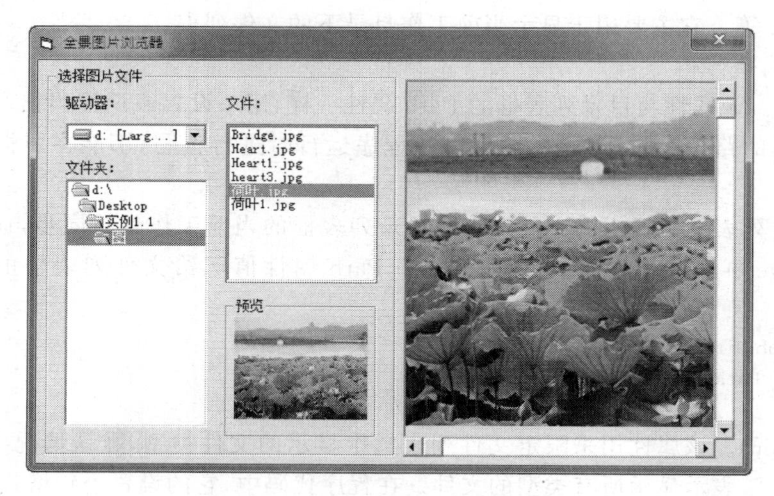

图 7.20　实例 7.10 的程序运行界面

按照表 7.10 所示设置窗体和各对象的属性。

表 7.10　实例 7.10 的各控件属性设置

对象	属性	设置	说明
Form1	Caption	全景图片浏览器	窗体标题
	BorderStyle	1-Fixed Single	窗体固定边框
Frame1	Caption	选择图片文件	框架标题
Frame2	Caption	预览	框架标题
File1	Pattern	*.bmp;*.jpg;*.gif	指定文件列表框显示的文件类型
Label1	Caption	驱动器：	标签文本
Label2	Caption	文件夹：	标签文本
Label3	Caption	文件：	标签文本
Command1	Caption	确定	命令按钮标题
Image1	Stretch	True	图片能自适应影像框控件的大小
Picture2	AutoSize	True	图片框控件能自适应图片的大小
	BorderStyle	0-None	图片框不具边框样式

(2) 代码设计。切换到代码设计窗口，编写如下程序代码：

```
Private Sub Command1_Click()
    '将影像框中的图像直接复制显示在图片框中
    Picture2.Picture = Image1.Picture
    '将图片框放置在容器的左上角
    Picture2.Top = 0: Picture2.Left = 0
    '将滚动条的滑块置于最顶端和最左边
    VScroll1.Value = 0: HScroll1.Value = 0
    '当图片的尺寸超过容器窗口的大小时，激活滚动条并设置滑块的滚动范围
    If Picture2.Height > Picture1.Height Then
        VScroll1.Enabled = True
        VScroll1.Max = Picture2.Height - Picture1.Height
    Else
        VScroll1.Enabled = False
    End If
    If Picture2.Width > Picture1.Width Then
        HScroll1.Enabled = True
        HScroll1.Max = Picture2.Width - Picture1.Width
    Else
        HScroll1.Enabled = False
    End If
End Sub
Private Sub Drive1_Change()
    '目录列表框与驱动器列表框同步
```

```
    Dir1.Path = Drive1.Drive
End Sub
Private Sub Dir1_Change()
    '文件列表框与目录列表框同步
    File1.Path = Dir1.Path
End Sub
Private Sub File1_Click()
    '将文件列表框中选中的图片显示在影像框中
    Image1.Picture = LoadPicture(File1.Path & "\" & File1.FileName)
End Sub
Private Sub HScroll1_Change()
    Picture2.Left = - HScroll1.Value
End Sub
Private Sub HScroll1_Scroll()
    HScroll1_Change
End Sub
Private Sub VScroll1_Change()
    Picture2.Top = - VScroll1.Value
End Sub
Private Sub VScroll1_Scroll()
    VScroll1_Change
End Sub
```

(3) 运行结果。程序启动后,可以通过驱动器列表框选择某个磁盘,目录列表框同步显示该磁盘的文件夹列表,在目录列表框更改工作目录时,文件列表框会显示当前目录下的BMP、JPEG和GIF类型图片列表。单击选定文件列表框中的某个图形文件,该图片以缩略图的方式显示在影像框中,单击“确定”按钮后,按原图尺寸显示在右边图片框中,图片尺寸超过作为容器的图片框的大小时会激活相应的滚动条,拖动滚动条的滑块可以浏览被遮挡区域。

7.6 通用对话框

使用前一节介绍的文件系统控件可以建立很好的人机交互对话框,事实上,Visual Basic还提供了一个通用对话框(CommonDialog)组件,它可以轻松地设计具有Windows风格的通用对话框,如“打开”“另存为”“颜色”和“字体”等对话框。

7.6.1 添加通用对话框控件图标到工具箱

在默认情况下,Visual Basic工具箱中并没有通用对话框控件的图标,使用它之前,必须先将它添加到工具箱中,方法如下:

(1) 在“工程”菜单中选择“部件”子菜单,或右击工具箱选择“部件”菜单,弹出如图7.21所示的“部件”对话框。

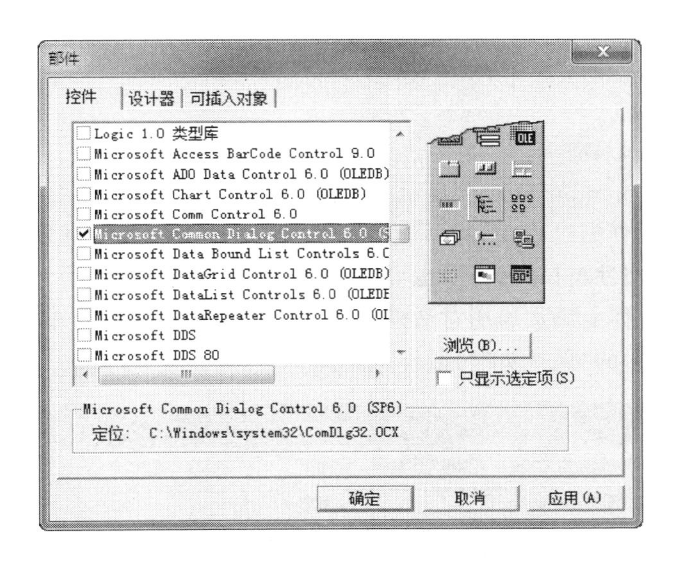

图 7.21　“部件”对话框

（2）在“部件”对话框的“控件”选项卡中，找到 Microsoft Common Dialog Control 6.0 并选中，单击“应用”按钮或“确定”按钮，通用对话框的图标就出现在工具箱中。

把通用对话框的图标添加到工具箱以后，即可像使用标准控件一样把它添加到窗体上，图 7.22 所示为通用对话框添加到窗体上的界面。

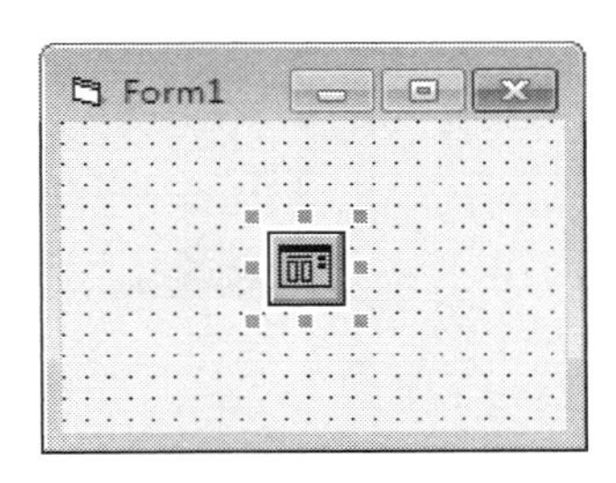

图 7.22　添加通用对话框到窗体

7.6.2　常用属性和方法

通用对话框控件可以提供 6 种形式的对话框，设置 Action 属性或调用 Show 方法可以打开相关类型的对话框，具体取值如表 7.11 所示。

表 7.11　通用对话框的 Action 属性值及其对应的方法

Action 属性	所显示的对话框	方法
1	显示“打开”对话框	ShowOpen
2	显示“另存为”对话框	ShowSave
3	显示“颜色”对话框	ShowColor
4	显示“字体”对话框	ShowFont
5	显示“打印”对话框	ShowPrinter
6	调用 Windows 帮助引擎(运行 WINHLP32.EXE)	ShowHelp

注意：通用对话框的 Action 属性只能在程序代码中设置或引用，不能通过属性窗口设置。

在程序运行时，窗体上的通用对话框图标是不可见的，直到程序中通过对 Action 属性的设置或调用 Show 方法来调出所需要的对话框。例如：

```
CommonDialog1.Action = 1
```

或

```
CommonDialog1.ShowOpen
```

表示将通用对话框 CommonDialog1 显示为“打开”对话框。

在使用通用对话框的过程中，除了基本属性外，每种类型的对话框还有自己的特殊属性，这些属性可以在属性窗口中设置，也可以在通用对话框的“属性页”对话框中进行设置。如图 7.22 所示，在窗体上添加通用对话框后，右键单击它，在快捷菜单中选择“属性”命令，将弹出如图 7.23 所示的“属性页”对话框。

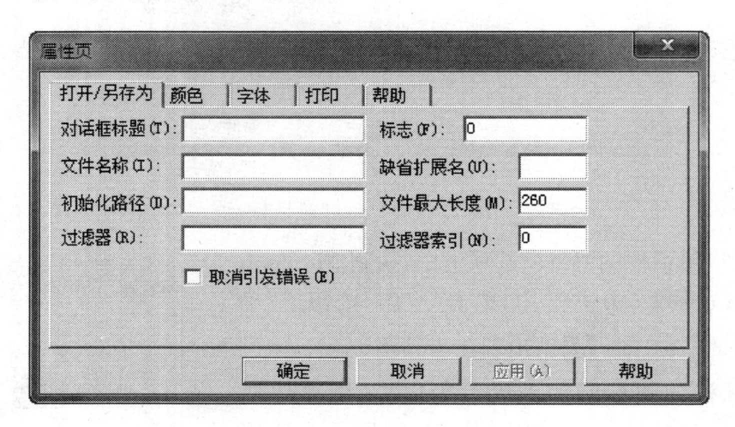

图 7.23　通用对话框的“属性页”对话框

从图 7.23 中可以看出，“属性页”对话框有 5 个选项卡：“打开/另存为”“颜色”“字体”“打印”和“帮助”，这些选项卡中的属性既可以在界面设计时设置，也可以在程序运行时指定，许多属性的值还可返回作其他变量或控件属性使用。

注意：通用对话框仅用作人机交互的接口，是一个输入输出界面，并不能直接实现文件打开、文件保存、颜色设置和文档打印等操作，这些功能均需要通过编程来实现。

下面分别介绍“打开/另存为”对话框、“颜色”对话框和“字体”对话框的使用与设计。

7.6.3 “打开/另存为”对话框

通用对话框控件的“打开”对话框和“另存为”对话框除了外观上的个别差异其本质上是同一种类型的，因此，它们具有相同的属性，在“属性页”对话框中也共享了同一个选项卡，如图 7.23 所示。

“打开/另存为”对话框的主要属性如表 7.12 所示。

表 7.12　“打开/另存为”对话框的主要属性

属性	“打开/另存为”选项卡	说明
DialogTitle	对话框标题	用于设置对话框的标题
FileName	文件名称	用于设置或返回选中的文件名，包括路径
FileTitle	文件标题	用于返回选中的文件名，不包括路径
InitDir	初始化路径	设置对话框打开时的初始路径，默认为当前文件夹
Filter	过滤器	用于指定对话框的“文件类型”列表框中要显示的文件类型，设置格式为：描述符 1|过滤符 1|描述符 2|过滤符 2…… 例如：All Files(*.*)|*.*|文本文件|*.txt
FilterIndex	过滤器索引	当过滤器指定多组文件类型时，用于确定哪个作为默认的过滤器。第一个过滤器的索引值为 1，第二个过滤器的索引值为 2……依此类推。如上面例子中，希望对话框只显示文本文件，则可把 FilterIndex 的值设为 2
DefaultExt	默认扩展名	返回或设置对话框的默认文件扩展名
Flags	标志	用于确定对话框的某些特性，如是否允许同时选择多个文件等，详见 MSDN 中的帮助
MaxFileSize	文件最大长度	设置对话框打开的文件名的最大长度，单位为字节，取值范围为 1～2 048，默认值为 260
CancelError	取消引发错误	用于确定单击对话框的“取消”按钮时是否出错。当该属性设置为 True 时，无论何时单击“取消”按钮，系统都将显示一个报错的消息框

【实例 7.11】 设计一个程序，界面设计如图 7.24 所示。单击“浏览”按钮时，由通用对话框打开一个图形文件并显示在图片框中；单击“保存”按钮时，将图片另存为 BMP 类型的位图文件。

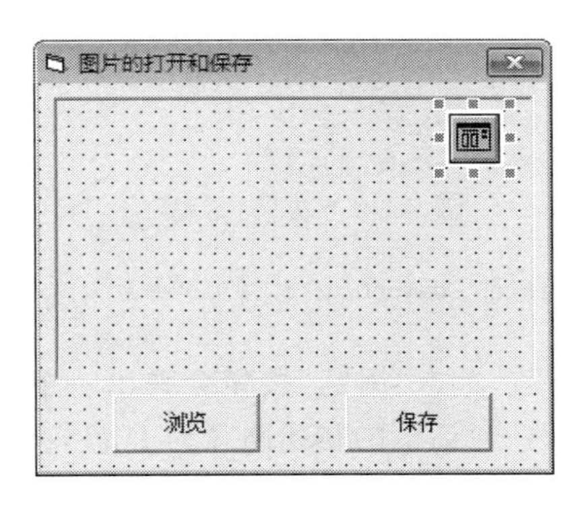

图 7.24　实例 7.11 的程序设计界面

(1) 界面设计。新建一个工程，在窗体上添加 1 个影像框、1 个通用对话框和两个命令按钮。右击通用对话框，选择快捷菜单中的“属性”命令，在“属性页”对话框的“打开/另存为”选项卡中按图 7.25 所示设计各选项。

窗体和其他对象的属性设置如表 7.13 所示。

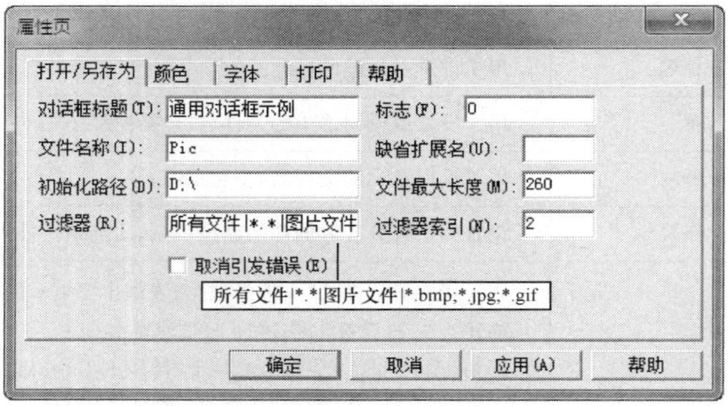

图 7.25　实例 7.11 的通用对话框属性设置

表 7.13　实例 7.11 的各控件属性设置

对象	属性	设置	说明
Form1	Caption	图片的打开和保存	窗体标题
	BorderStyle	1-Fixed Single	窗体固定边框
Command1	Caption	浏览	命令按钮标题
Command2	Caption	保存	命令按钮标题
Image1	Stretch	True	图片能自适应影像框控件的大小
	BorderStyle	1-Fixed Single	影像框带边框样式

(2) 代码设计。切换到代码设计窗口，编写如下程序代码：

```
Private Sub Command1_Click()
    CommonDialog1.Action = 1      '显示"打开"对话框
    Image1.Picture = LoadPicture(CommonDialog1.FileName)
End Sub
Private Sub Command2_Click()
    CommonDialog1.FileName = "NewPic"
    CommonDialog1.Filter = "BMP 位图|*.bmp"
    CommonDialog1.Action = 2      '显示"另存为"对话框
    '保存图片
    SavePicture Image1.Picture, CommonDialog1.FileName
End Sub
```

(3) 运行结果。程序运行后，单击"浏览"按钮会弹出一个标题为"通用对话框示例"的"打开"对话框，如图 7.26 所示。对话框的初始路径为 D 盘，文件名列表框显示 Pic，文件类型列表框显示"图片文件"。选择一张图片并单击对话框的"打开"按钮后，图片显示在影像框中。再单击"保存"按钮，弹出标题仍为"通用对话框示例"的"另存为"对话框，文件名列表框显示 NewPic，文件类型列表框显示"BMP 位图"，单击对话框的"保存"按钮，在 D 盘会生成一个名为 NewPic.bmp 的位图文件。

需要注意的是，对话框的其他属性（如 FileName、Filter、InitDir 等）必须在设置 Action 属性的语句或调用 Show 方法之前设置。图 7.25 所示"属性页"窗口中的选项设置也可以在程序代码中实现，如在 Form_Load 中编写以下代码与在"属性页"窗口中设置的效果

图 7.26　实例 7.11 的“打开”对话框

相同：

```
Private Sub Form_Load()
    CommonDialog1.DialogTitle = "通用对话框示例"
    CommonDialog1.InitDir = "D:\"
    CommonDialog1.FileName = "Pic"
    CommonDialog1.Filter = "所有文件|*.*|图片文件|*.bmp;*.jpg;*.gif"
    CommonDialog1.FilterIndex = 2
End Sub
```

7.6.4　“颜色”对话框

“颜色”对话框用于从调色板中选择颜色。在程序中将通用对话框的 Action 属性值设为 3 或调用 ShowColor 方法，将弹出如图 7.27 所示的颜色对话框。

“颜色”对话框在通用对话框控件的“属性页”窗口中有一个对应的“颜色”选项卡，如图 7.28 所示，有颜色和标志两个属性，这两个属性的值既可以在“属性页”对话框中设置，也可以在程序代码中设置。

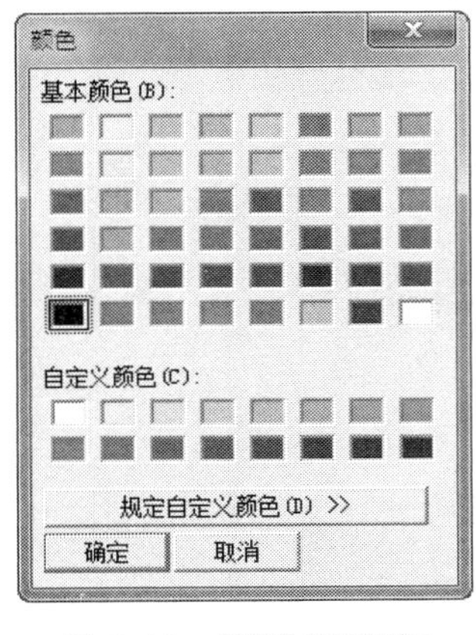

图 7.27　“颜色”对话框

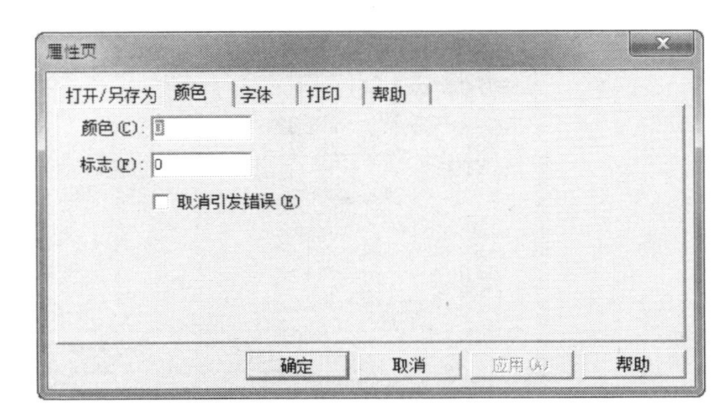

图 7.28　“颜色”对话框的属性设置

- 颜色：对应于 Color 属性，用于设置或返回对话框的颜色。
- 标志：对应于 Flags 属性，该属性是一个长整型值，用于设置颜色对话框的一些特性，具体取值请参考 MSDN 中的帮助。

7.6.5 "字体"对话框

"字体"对话框用来返回或设置字体的名称、字形、大小、效果和颜色等，在程序中将通用对话框的 Action 属性值设为 4 或调用 ShowFont 方法，会弹出如图 7.29 所示的"字体"对话框。

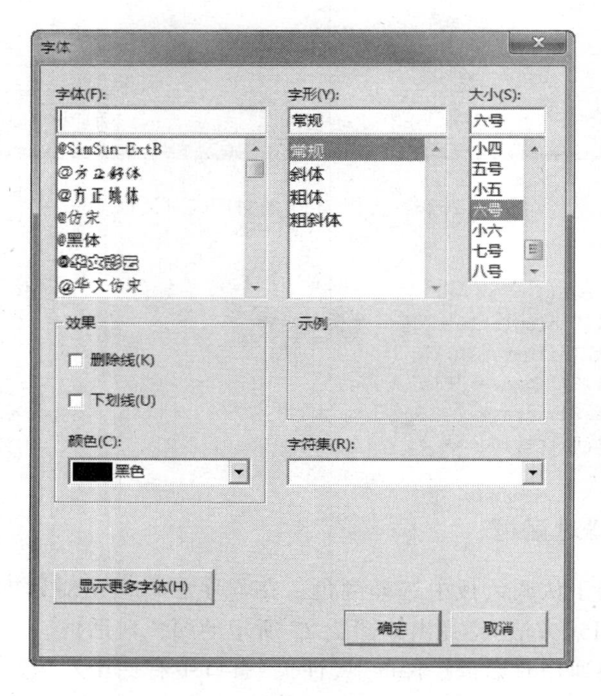

图 7.29 "字体"对话框

在通用对话框控件的"属性页"窗口有一个对应的"字体"选项卡，如图 7.30 所示。

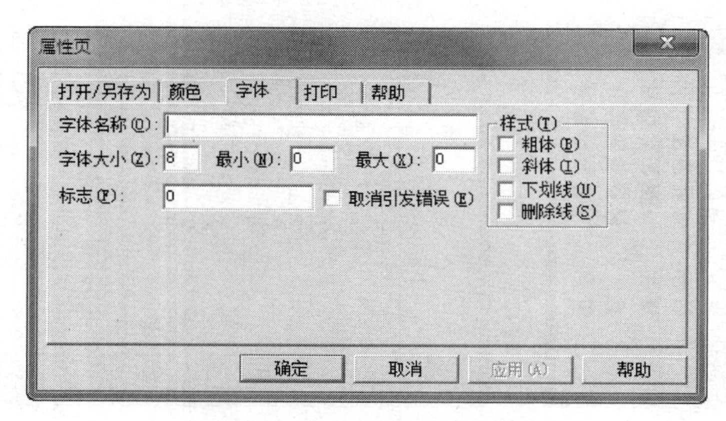

图 7.30 "字体"对话框的属性设置

“字体”对话框的主要属性如表 7.14 所示。

表 7.14 “字体”对话框的主要属性

属性	“字体”选项卡	说明
Flags	标志	用于确定对话框的某些特性，如是否没有选择字体名称等，详见 MSDN 中的帮助，常用的取值如表 7.15 所示
FontName	字体名称	用于返回或设置对话框中的字体名称
FontSize	字体大小	用于返回或设置对话框中的字体大小
FontBold	粗体	用于返回或设置对话框中的字形是否加粗
FontItalic	斜体	用于返回或设置对话框中的字形是否倾斜
FontUnderline	下划线	用于返回或设置对话框中的字形是否有下划线
FontStrikethru	删除线	用于返回或设置对话框中的字形是否有删除线
Max	最大	用于返回或设置“大小”列表框中字号的最大值
Min	最小	用于返回或设置“大小”列表框中字号的最小值

表 7.15 “字体”对话框中 Flags 属性的常用取值

值	说明
1	使用屏幕字体
2	使用打印机字体
3	同时使用屏幕字体和打印机字体
256	对话框中显示颜色、下划线和删除线效果选项

可以使用“Or”或“+”运算符为对话框设置多个标志，例如，要使通用对话框 CommonDialog1 显示成“字体”对话框，并且既显示屏幕字体又显示打印机字体，同时还想使用颜色、下划线和删除线效果，那么可用下面的程序语句实现：

```
CommonDialog1.Flags = 3 Or 256
CommonDialog1.ShowFont
```

语句“CommonDialog1.Flags=3 Or 256”也可写成“CommonDialog1.Flags=259”。

注意：在显示“字体”对话框前，必须先将 Flags 属性设置为包含 1、2 或 3 中的一个标志。否则，会发生字体不存在的错误。

【实例 7.12】 设计一个文本样式设置程序，界面设计如图 7.31 所示。单击“颜色”按钮时，由通用对话框打开颜色对话框，并将选择的颜色应用到文本框中的文本；单击“字体”按钮时，通用对话框以字体对话框显示，然后将设置的字体格式应用到文本框中。

(1) 界面设计。新建一个工程,在窗体上添加 1 个文本框、1 个通用对话框和两个命令按钮。

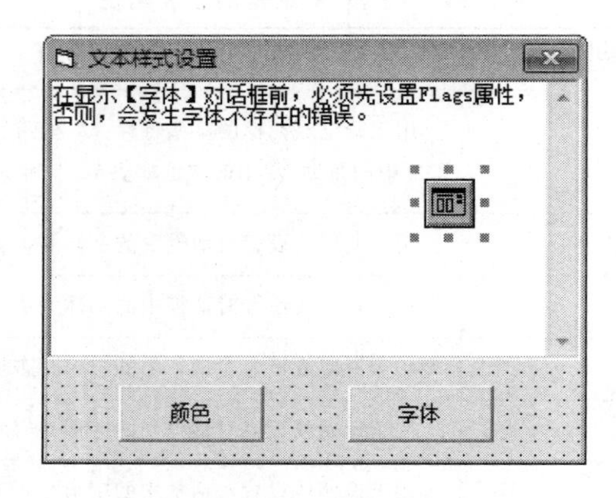

图 7.31　实例 7.12 的程序设计界面

按照表 7.16 所示设置窗体和各对象的属性。

表 7.16　实例 7.12 的各控件属性设置

对象	属性	设置	说明
Form1	Caption	文本样式设置	窗体标题
	BorderStyle	1-Fixed Single	窗体固定边框
Command1	Caption	颜色	命令按钮标题
Command2	Caption	字体	命令按钮标题
Text1	MultiLine	True	文本框支持多行显示
	ScrollBars	2-Vertical	文本框带垂直滚动条
	Text	自定义	读者自行设置文本框的文本内容

(2) 代码设计。切换到代码设计窗口,编写如下程序代码:

```
Private Sub Command1_Click()     '设置颜色
    CommonDialog1.Flags = 1
    CommonDialog1.ShowColor
    Text1.ForeColor = CommonDialog1.Color
End Sub
Private Sub Command2_Click()     '设置字体
    CommonDialog1.Flags = 3
    CommonDialog1.FontName = "宋体"
    CommonDialog1.Action = 4
    Text1.FontName = CommonDialog1.FontName
    Text1.FontSize = CommonDialog1.FontSize
    Text1.FontBold = CommonDialog1.FontBold
    Text1.FontItalic = CommonDialog1.FontItalic
End Sub
```

除了上面介绍的 4 种对话框外,通用对话框控件还提供"打印"和"帮助"对话框,通过 ShowPrinter 和 ShowHelp 方法可以分别打开它们,"打印"对话框可以设置文字打印输出的方法,而"帮助"对话框则会调用 Windows 系统的帮助引擎。这两种对话框的使用方法与标准对话框的使用方法类似，这里不再赘述，读者可以查阅 Visual Basic 的相关资料。

7.7 菜单设计

菜单(Menu)是 Windows 应用程序的重要组成部分，有下拉式菜单和弹出式菜单两种类型。在应用程序窗口加入菜单，不仅可以方便用户使用，还可以避免由误操作而带来的严重后果。

在 Visual Basic 中，菜单依赖于具体的窗体而存在，也是一种控件对象，与其他控件一样具有定义外观与行为的属性，在设计或运行时可以设置 Caption、Enabled、Visible、Checked 等属性。菜单只包含一个事件，即 Click 事件，当用鼠标或键盘选中某个菜单时，将触发此事件。另外，菜单可以构成控件数组。

7.7.1 菜单编辑器

利用 Visual Basic 所提供的"菜单编辑器"可以非常方便地建立菜单。打开"菜单编辑器"的方法有以下 4 种：

- 选择"工具"菜单中的"菜单编辑器"子菜单。
- 单击"标准"工具栏中的"菜单编辑器"按钮。
- 在窗体上右击，选择快捷菜单中的"菜单编辑器"命令。
- 在界面设计窗口中按 Ctrl+E 组合键。

打开后的"菜单编辑器"如图 7.32 所示，主要分为 3 个部分：属性区、编辑区和显示区。

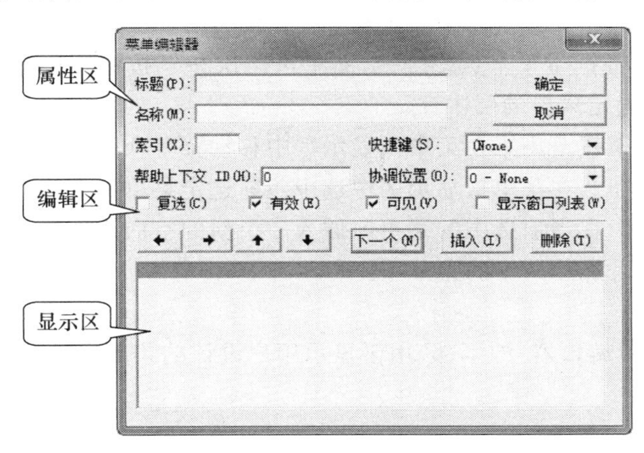

图 7.32 菜单编辑器

1. 菜单项属性区

属性区主要用于设置各菜单项的属性，各选项的作用如下：

(1) 标题。用于设置菜单项显示的文本，对应于 Caption 属性。如果要定义菜单项的访问键，可以像设计命令按钮的访问键的方法一样，在标题中添加一个字母，然后在字母的前面插入一个 & 字符，例如"文件(&F)"。这样，在程序运行时，对于一个一级菜单就可以用"<Alt>+<字母>"来选中它，如上例就可用"Alt+F"组合键选中"文件"菜单；

而对于一个二级及以下的菜单，在上级菜单已经展开的情况下，可直接按＜字母＞来选中它。

如果要在菜单之间插入一个分隔线，即将某菜单项设计成分隔线，则可以在标题文本框中输入一个减号(—)，需要注意的是，分隔线也是一个菜单，因此它也要有一个名称。

(2) 名称。用于设置菜单项的名称，对应于 Name 属性。每个菜单项都必须要有一个名称。

(3) 索引。用于设置菜单控件数组的下标，对应于 Index 属性。

(4) 快捷键。可以在快捷键组合框中选择功能键或组合键来设置菜单项的快捷键。例如，为"打开"菜单设置快捷键 Ctrl＋O，则程序运行时按下组合键 Ctrl＋O 会执行"打开"菜单的功能命令。

(5) 复选。对应于 Checked 属性，当此值为 True 时，在相应菜单项的左边会加上一个"√"标记，表明该菜单项处于活动状态。

(6) 有效。对应于 Enabled 属性，用来设置菜单项的操作状态。当此值为 False 时，对应的菜单项会变灰，不响应 Click 事件过程。

(7) 可见。对应于 Visible 属性，用于设置菜单项是否可见。如果该属性被设置为 False，则相应的菜单项会暂时从菜单列表中去除，直到重新被设置成 True 才显示出来。

(8) 显示窗口列表。用来设置在 MDI 应用程序中，菜单控件是否包含一个打开的 MDI 子窗体列表。

2. 菜单项编辑区

编辑区有 7 个按钮，用来对输入的菜单项进行编辑。

(1) "←"和"→"按钮。分别用来产生和取消内缩符号。单击一次"→"按钮会在菜单项显示区的选中菜单项前产生 4 个点(....)，而单击一次"←"按钮则删除 4 个点。这 4 个点称为内缩符号，用来确定菜单的层次。

(2) "↑"和"↓"按钮。用来在菜单项显示区中移动菜单项的位置。

(3) "下一个"按钮。在菜单项显示区中选中当前选定菜单的下一个菜单项。

(4) "插入"按钮。在当前选中的菜单前插入一个新的空白菜单项。

(5) "删除"按钮。删除选中的菜单项。

3. 菜单项显示区

显示区位于"菜单编辑器"的下部，用于显示用户设计的菜单列表，并通过内缩符号显示菜单的层次关系。

7.7.2 下拉式菜单

下拉式菜单是常用的菜单类型之一，它有一个菜单栏，菜单栏上有一个或多个顶层菜单项，如 Visual Basic 集成开发环境中的"文件""编辑""视图""工程"等。当单击某个顶层菜单项时，会展开一个下拉的菜单列表，在下拉列表中可以包含分隔线和子菜单等项目。单击右边含有三角形标记(▶)的菜单项时又会"下拉"出下一级菜单列表。

Visual Basic 的菜单系统最多可达 6 级，但在实际应用中一般不超过 3 层，因为菜单层次过多，会影响操作的方便性。建立下拉式菜单的步骤如下：

(1) 启动"菜单编辑器"。

(2) 输入菜单标题。

(3) 输入菜单名称。

(4) 选择快捷键、复选、有效、可见等属性。

(5) 运用菜单项移动按钮调整菜单位置。

(6) 重复步骤(2) ～(5) ,直到完成菜单输入。

(7) 单击“确定”按钮。

下拉式菜单建立以后,需要为相应的菜单项编写 Click 事件过程,以便当程序运行时选择菜单实现具体的功能。

【实例 7.13】 设计一个简易文本编辑器,界面设计如图 7.33 所示。“格式”菜单实现“字体”“前景色”和“背景色”功能,各功能均通过 CommonDialog 控件设置实现;“对齐”菜单实现“左对齐”“右对齐”和“居中”功能,要求这 3 个菜单项做成控件数组。

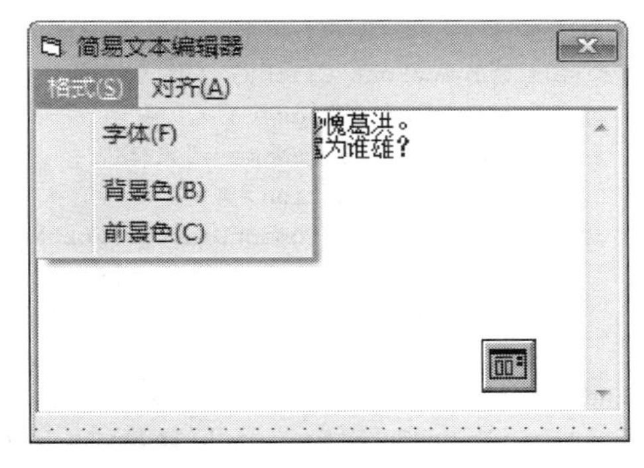

图 7.33　实例 7.13 的程序设计界面

(1) 界面设计。新建一个工程,在窗体上添加 1 个文本框和 1 个通用对话框。按照表 7.17 所示设置窗体和各对象的属性。

表 7.17　实例 7.13 的各控件属性设置

对象	属性	设置	说明
Form1	Caption	简易文本编辑器	窗体标题
	BorderStyle	1-Fixed Single	窗体固定边框
Text1	MultiLine	True	文本框支持多行显示
	ScrollBars	2-Vertical	文本框带垂直滚动条
	Text	自定义	读者自行设置文本框的文本内容

打开“菜单编辑器”,按照表 7.18 所列各菜单项的属性在“菜单编辑器”中进行输入或设置。

表 7.18　实例 7.13 的各菜单项属性

标题	名称	索引	内缩符号
格式(&S)	mnuStyle		无
字体(&F)	mnuFont		....
—	mnuBar		....
背景色(&B)	mnuBColor		....
前景色(&C)	mnuFColor		....
对齐(&A)	mnuAlign		
左对齐(&L)	mnuSubAlign	0	....
右对齐(&R)	mnuSubAlign	1	....
居中(&C)	mnuSubAlign	2	....

(2) 代码设计。切换到代码设计窗口，编写如下程序代码：

```
Private Sub mnuBColor_Click()'背景色
    CommonDialog1.Action = 3
    Text1.BackColor = CommonDialog1.Color
End Sub
Private Sub mnuFColor_Click()'前景色
    CommonDialog1.Action = 3
Text1.ForeColor = CommonDialog1.Color
End Sub
Private Sub mnuFont_Click()'字体
    CommonDialog1.Flags = 3
    CommonDialog1.FontName = "宋体"
    CommonDialog1.Action = 4
    Text1.FontName = CommonDialog1.FontName
    Text1.FontSize = CommonDialog1.FontSize
    Text1.FontBold = CommonDialog1.FontBold
    Text1.FontItalic = CommonDialog1.FontItalic
End Sub
Private Sub mnuSubAlign_Click(Index As Integer)
    '文本框的 Alignment 属性取值:0-左对齐,1-右对齐,2-居中
    Text1.Alignment = Index
End Sub
```

7.7.3 弹出式菜单

弹出式菜单也称为上下文菜单，或称快捷菜单。它一般在用户右键单击鼠标时显示，具体显示的位置与用户右击的位置及命令中的参数设置有关。图 7.34 所示是一个弹出式菜单的示例。

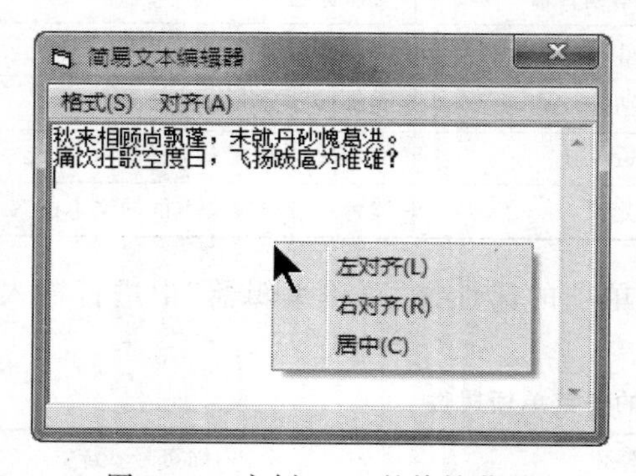

图 7.34 实例 7.13 的快捷菜单

建立弹出式菜单需要以下两个步骤：

(1) 在“菜单编辑器”中建立各菜单项。这个过程的实现与下拉式菜单的建立相同，如果弹出式菜单不需要在菜单栏中可以下拉显示，则把它的顶层菜单的“可见”属性设置为 False 即可。

(2) 在有关控件的某个事件中用 PopupMenu 方法将菜单显示出来。

用于弹出快捷菜单的 PopupMenu 方法的语法格式如下：

```
PopupMenu<MenuName>[,<Flags>][,<x>][,<y>][,<BoldCommand>]
```

说明：

- <MenuName>：要显示的弹出式菜单的顶层菜单名，它必须含有至少一个子菜单。
- <Flags>：一个数值或常数(如表 7.19 所示)，用以指定弹出式菜单的位置和行为。多个常数或常量可以相加，也可以用“Or”运算符连接。
- <x>和<y>：用于指定弹出式菜单显示位置的横坐标(x)和纵坐标(y)。如果省略，则弹出式菜单在鼠标单击的位置显示。

• <BoldCommand>：指定弹出式菜单中想以加粗字形显示的菜单项的名称，只能有一个菜单项可被加粗。

表 7.19　Flags 参数的设置值

类别	参数值	说明
位置参数	0(默认值)	弹出式菜单的左边定位于 x
	4	弹出式菜单的横向中心定位于 x
	8	弹出式菜单的右边定位于 x
行为参数	0(默认值)	仅当使用鼠标左键时，弹出式菜单中的菜单项才响应鼠标的单击 Click 事件
	2	不论使用鼠标左键还是右键，弹出式菜单中的菜单项都响应鼠标的单击 Click 事件

实际编程时，通常把 PopupMenu 放在指定对象的 MouseDown 事件过程中。对于实例 7.13，如果想在文本框中右击时能弹出如图 7.34 所示的快捷菜单，从而方便文本框内文本的对齐方式设置，则可以在文本框的 MouseDown 事件中编写如下代码：

```
Private Sub Text1_MouseDown(Button As Integer, Shift As Integer, _
                             X As Single, Y As Single)
    If Button = 2 Then   '如果是右击
        PopupMenu mnuAlign
    End If
End Sub
```

习　题　7

1. 判断题

(1) 单选按钮与复选框的 Value 属性类型不同，并且只能为 True 或 False。

(2) 程序运行时，在其他事件过程中改变复选框的 Value 值，也会触发它的 Click 事件。

(3) 框架控件和形状控件都不会响应用户的鼠标单击事件。

(4) 移动框架时框架内的控件也跟随移动，因此框架内控件的 Left 和 Top 属性值也随之改变。

(5) 当列表框 Style 属性设置为 1 时，可将 MultiSelect 属性值设置为 0、1、2 中的任意一个值。

(6) 假设列表框 List1 的第 5 项已经被选择，则 List1. Selected(5)属性值为 True。

(7) 将组合框的 Style 属性设置为 0 时，组合框称为“下拉式组合框”，其选项可以从下拉列表框的列表项中选择，也可以由用户输入。

(8) 滚动条 Value 属性值的变化范围由滚动条的 Min 和 Max 属性值确定。

(9) 影像框和图片框都可以用 AutoSize 属性来控制控件大小调整的行为，当 AutoSize

属性为 True 时，两者控件大小根据图片来调整；设置为 False 时，只有一部分图片可见。

(10) 用 Cls 方法能清除窗体或图片框中用 Picture 属性设置的图形。

(11) BorderWidth 属性用于指定直线和形状边界线的线条宽度，但该属性值可设为 0。

(12) 在驱动器列表框 Drive1 的 Change 事件过程中，代码 Dir1. Path＝Drive1. Drive 的作用是：当 Drive1 的驱动器改变时，Dir1 的目录列表随不同驱动器作相应变化。

(13) 程序运行时，驱动器列表框的 List 属性可以用 AddItem 和 RemoveItem 方法来改变。

(14) 目录路径列表框的 Path 属性只能用程序代码设置，不能通过属性窗口设置。

(15) 在文件列表框 File1 中选中某个文件时，File1. FileName 属性值将返回所选文件的包括路径和文件名的完整标识符。

(16) 在设计 Windows 应用程序时，用户可以使用系统本身提供的某些对话框，这些对话框可以直接从系统调入而不必由用户用“自定义”的方式进行设计。

(17) 调用通用对话框控件的 ShowOpen 方法，可以直接打开在该对话框中选定的文件。

(18) 将通用对话框控件的 Action 属性值设为 4 之前，必须先设置它的 Flags 属性。

(19) 如果创建的菜单的标题是一个减号“－”，则该菜单显示为一个分割线，此菜单项也可以识别单击事件。

(20) 如果把一个菜单项的 Enabled 属性值设为 Flase，则该菜单项不可见。

2. 选择题

(1) 单击单选按钮时，其 Value 属性的值为(　　)。

A. 0　　B. 1　　C. True　　D. False

(2) 若要在同一窗体中安排两组单选按钮(OptionButton)，可用(　　)控件予以分隔。

A. 形状　　B. 直线　　C. 框架　　D. 影像框

(3) 下列控件中，没有 Caption 属性的是(　　)。

A. 框架　　B. 列表框　　C. 复选框　　D. 单选按钮

(4) 设置列表框选中的文本用(　)属性。

A. Selected　　B. List　　C. Text　　D. Caption

(5) List1. Clear 中的 Clear 是(　)。

A. 方法　　B. 对象　　C. 属性　　D. 事件

(6) 不能通过(　　)来删除列表框中的选择项。

A. List 属性　　B. Clear 方法　　C. Text 属性　　D. RemoveItem 方法

(7) 若要把“China”设成为 List 列表中的第三项，则可执行语句(　　)。

A. List1. AddItem "China", 3　　B. List1. AddItem "China", 2

C. List1. AddItem 3, "China"　　D. List1. AddItem 2, "China"

(8) 引用组合框(Combo1)的最后一个列表项应使用(　　)。

A. Combo1. List(Combo1. ListCount)

B. Combo1. List(Combo1. ListCount-1)

C. Combo1.List(ListCount)

D. Combo1.List(ListCount-1)

(9) 滚动条的(　　)属性用于指定用户单击滚动条的滚动箭头时 Value 属性值的增减量。

A. LargeChange　　B. SmallChange

C. Value　　D. Change

(10) 单击滚动条两端的任意一个滚动箭头,都将触发该滚动条的(　　)事件。

A. KeyDown　B. Change　C. Scroll　D. DragOver

(11) 当 Stretch 属性值为 False 时,(　　)。

A. 图片大小随影像框的大小进行调整

B. 影像框的大小随图片大小进行调整

C. 图片框的大小随图片大小进行调整

D. 图片大小随图片框的大小进行调整

(12) 下面(　　)对象不能用作其他控件的容器。

A. Form　B. PictureBox　C. Shape　D. Frame

(13) 形状控件所显示的图形不可能是(　　)。

A. 圆形　B. 椭圆形　C. 圆角正方形　D. 等边三角形

(14) 下列(　　)不是直线(Line)控件的属性。

A. X1　B. X2　C. BorderStyle　D. Left

(15) 指定文件列表框所显示的文件类型,应设置该控件的(　　)属性。

A. Pattern　B. Path　C. FileName　D. Name

(16) (　　)可以改变目录列表框的 Path 属性。

A. 单击列表项　　B. 双击列表项

C. 右击列表项　　D. 单击列表项并按回车

(17) 将 CommonDialog 通用对话框以"另存为"对话框打开,可选(　　)方法。

A. ShowOpen　　B. ShowColor

C. ShowFont　　D. ShowSave

(18) 通用对话框可以通过对(　　)属性的设定来过滤文件类型。

A. Action　　B. FilterIndex

C. Font　　D. Filter

(19) 用户可以通过设置菜单项的(　　)属性的值为 False 来使该菜单项不可见。

A. Hide　B. Visible　C. Enabled　D. Checked

(20) 菜单编辑器中,同级菜单的(　　)设置为相同,才可以设置索引值。

A. 标题　B. 名称　C. 访问键　D. 快捷键

3. 程序填空题

(1) **【程序说明】**本程序在单击命令按钮 Command1 时将列表框 List1 与 List2 中的各表项合并到 List3。已知 List1 与 List2 中原有各表项已按 ASCII 码从大到小排列。要求合并后 List3 中各表项也要从大到小排列。

```
Private Sub Command1_Click()
    Dim i As Integer
    List3.Clear
    Do
        If List1.ListCount * List2.ListCount = 0 Then ___(1)___
        If ___(2)___ Then
            List3.AddItem List1.List(0): List1.RemoveItem (0)
        Else
            List3.AddItem List2.List(0): List2.RemoveItem (0)
        End If
    Loop
    For i = 0 To List1.ListCount - 1
        List3.AddItem List1.List(i)
    Next i
    For i = 0 To ___(3)___
        List3.AddItem List2.List(i)
    Next i
    List1.Clear: List2.Clear
End Sub
```

(2)**【程序说明】**程序界面设计和运行效果如图 7.35 所示。窗体上放置有 1 个驱动器列表框 Drive1、1 个目录列表框 Dir1 和 1 个文件列表框 File1。在标题为"文件类型"的框架中放置的是由 3 个单选按钮组成的控件数组 Option1，通过该控件数组来控制文件列表框显示指定类型的文件。

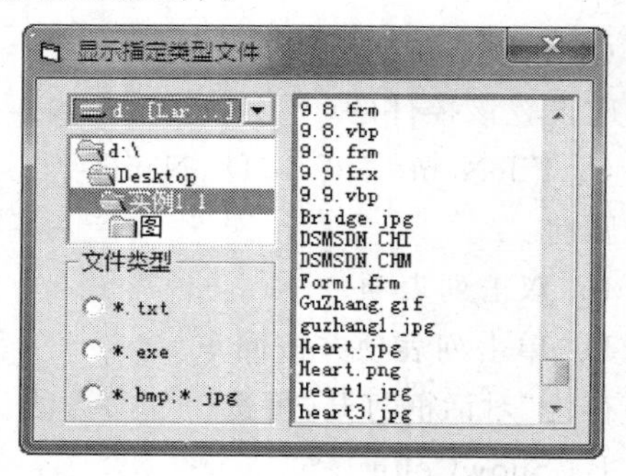

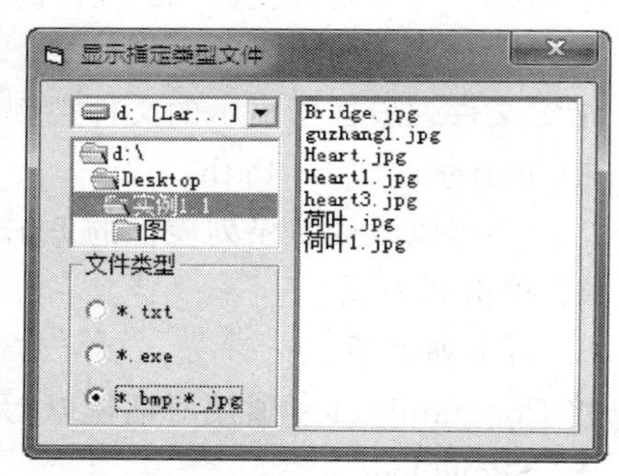

图 7.35　程序界面和运行效果

```
Private Sub Form_Load()
    Drive1.Drive = "C:"
    Option1(0).Value = True
End Sub
Private Sub Drive1_Change()
    D___(1)___
End Sub
Private Sub Dir1_Change()
    ___(2)___
End Sub
Private Sub Option1_Click(Index As Integer)
    File1.Pattern = ___(3)___
End Sub
```

(3)**【程序说明】**程序界面设计如图 7.36 所示。程序启动时，设置影像框控件 Image1 的 Strecth 属性为 True。单击"加载"菜单，将通用对话框指定的图形文件显示在影像框中，并激活“清除”菜单；单击“清除”菜单时，将影像框中的图片清除，同时使自己失效。

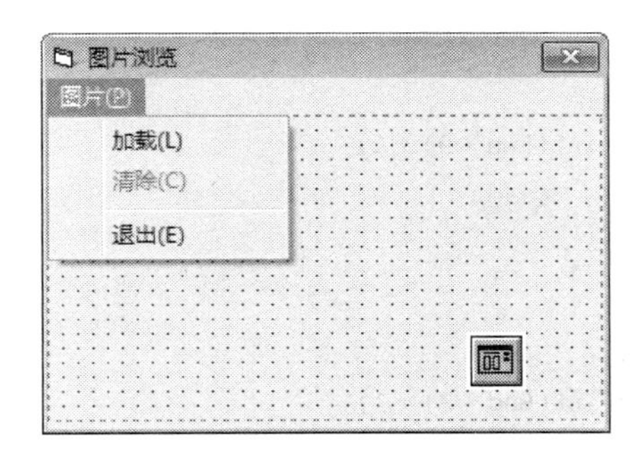

图 7.36 程序设计界面

```
Private Sub Form_Load()'初始化
    ___(1)___
    CommonDialog1.InitDir = "D:"
    CommonDialog1.Filter = "图片文件|*.jpg;*.bmp;*.gif"
End Sub
Private Sub mnuLoad_Click()'加载图片
    ___(2)___
    If CommonDialog1.FileName = "" Then Exit Sub
    Image1.Picture = ___(3)___
    mnuClear.Enabled = True
End Sub
Private Sub mnuClear_Click()    '清除图片
    Image1.Picture = ___(4)___
    ___(5)___
End Sub
Private Sub mnuExit_Click() '程序退出
    End
End Sub
```

(4)【**程序说明**】程序设计界面和运行界面如图 7.37 所示。单击“出题”按钮，随机生成两个运算数，如果对应运算数下面的“一位数”复选框选中，则随机产生的是 1～9 之间的整数，否则产生的是 10～99 之间的整数。单击以控件数组实现的运算符单选按钮，标签 Label1 显示对应的运算符。单击“批改”按钮，根据选择的运算符和文本框 Text3 的输入对结果进行判断并给出对应的正确或错误标记。

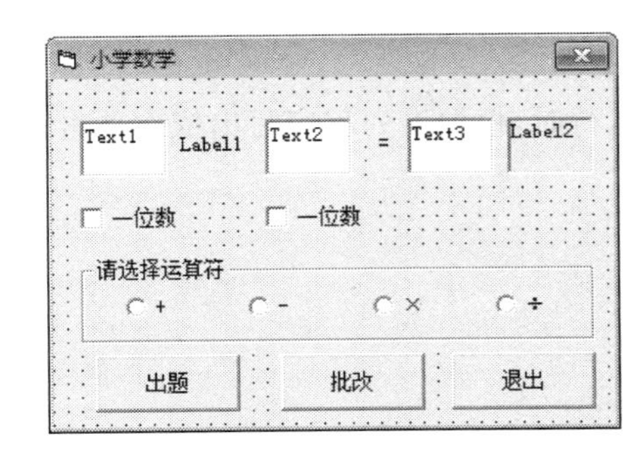

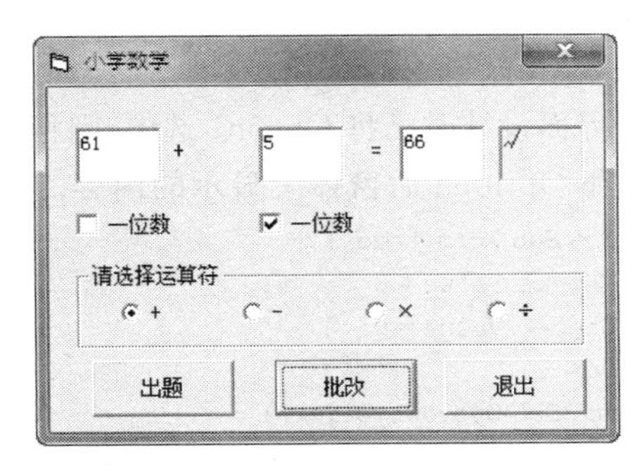

图 7.37 程序界面和运行界面

```
Private Sub Command1_Click()
    Randomize
    '运算数 1
    If Check1.Value = 1 Then
        Text1.Text = CStr(Int(Rnd * 9) + 1)
    Else
        Text1.Text = ___(1)___
    End If
    '运算数 2
    If Check2.Value = 1 Then
        Text2.Text = CStr(Int(Rnd * 9) + 1)
    Else
        Text2.Text = ___(1)___
    End If
End Sub
Private Sub Command2_Click()
    Dim r As Single
    Select Case True
        Case Option1(0).Value
            r = Val(Text1.Text) + Val(Text2.Text)
        Case Option1(1).Value
            r = Val(Text1.Text) - Val(Text2.Text)
        Case Option1(2).Value
            ___(2)___
        Case Option1(3).Value
            r = Val(Text1.Text)/Val(Text2.Text)
    ___(3)___
    If Val(Text3.Text) = r Then
        Label2.Caption = "√"
    Else
        Label2.Caption = "×"
    End If
End Sub
Private Sub Command3_Click()
    End
End Sub
Private Sub Option1_Click(Index As Integer)
    Label1.Caption = ___(4)___
End Sub
```

4. 程序阅读题

(1) 界面设计时已将 Option1 选中,则程序运行时,根据下列程序写出依次单击 Option1、Option2 和 Option3 后窗体上显示的内容。

```
Private Sub Form_Load()
    Check1.Value = 0
    Check2.Value = 0
End Sub
Private Sub Option1_Click()
    Check1.Value = 1: Check2.Value = 0
    If Check1.Value = 1 Then Print "Hi"
    If Check2.Value = 1 Then Print "Hello"
```

```
End Sub
Private Sub Option2_Click()
    Check1.Value = 0: Check2.Value = 1
    If Check1.Value = 1 Then Print "Hi"
    If Check2.Value = 1 Then Print "Hello"
End Sub
Private Sub Option3_Click()
    Check1.Value = 1: Check2.Value = 1
    If Check1.Value = 1 Then Print "Hi"
    If Check2.Value = 1 Then Print "Hello"
End Sub
```

(2) 若列表框控件 List1 的 Sorted 属性为 True,写出下列程序运行时单击 Command1 后列表框中的显示结果。

```
Dim x(6) As Integer
Private Sub Form_Load()
    For i = 1 To 6
        x(i) = 7 - i
    Next i
End Sub
Private Sub Command1_Click()
    Dim i As Integer
    List1.Clear
For i = 2 To 5
        x(i) = (x(i - 1) + x(i) + x(i + 1))/3
    Next i
    For i = 2 To 5
List1.AddItem x(i)
    Next i
End Sub
```

(3) 已知组合框 Combo1 的 Style 属性值为 1。根据下列程序,写出运行时在 Combo1 的文本框中输入“水蜜桃”并按回车后列表框 List1 中显示的内容。

```
Private Sub Form_Load()
    Combo1.AddItem "西瓜": Combo1.AddItem "苹果": Combo1.AddItem "猕猴桃"
    Combo1.AddItem "葡萄": Combo1.AddItem "哈密瓜": Combo1.AddItem "火龙果"
    Combo1.List(0) = "李子": Combo1.List(6) = "橘子"
End Sub
Private Sub Combo1_KeyPress(KeyAscii As Integer)
    Dim i As Integer
    If KeyAscii = 13 Then
        Combo1.AddItem Combo1.Text
        List1.Clear
        For i = 0 To Combo1.ListCount - 1
            If Len(Combo1.List(i))>2 Then
                List1.AddItem Combo1.List(i)
            End If
        Next i
    End If
End Sub
```

(4) 水平滚动条控件 Hscroll1 的属性设置如下:

```
HScroll1.Min = 1
HScroll1.Max = 9
HScroll1.Value = 1
HScroll1.SmallChange = 2
HScroll1.LargeChange = 4
```

下列程序运行时，4 次单击滚动条右端箭头，写出各次单击时文本框 Text1 的显示结果。

```
Dim y As Single
Private Function f1(x2 As Integer) As Single
    Dim i As Integer
    Static x1 As Integer
    f1 = 0
    For i = x1 To x2
        f1 = f1 + i
    Next i
    x1 = i
End Function
Private Sub HScroll1_Change()
    y = y + f1(HScroll1.Value)
    Text1.Text = y
End Sub
```

(5) 已知水平滚动条的 Min 属性值为 1，Max 属性值为 5，SmallChange 属性值为 2，LargeChange 属性值为 1，Value 属性值初始为 2，写出程序运行时两次单击滚动条右端箭头后文本框中的内容。

```
Private Sub HScroll1_Change()
    Dim i As Integer, x As Integer
    Dim y As Single
    x = HScroll1.Value
    For i = 1 To x
        y = y + i
    Next i
    Text1.Text = y
End Sub
```

5. 程序设计题

(1) 设计一个"石头剪子布"小游戏，运行界面如图 7.38 所示。在"玩家"和"电脑"两个框架内分别创建单选按钮式控件数组 Option1 和 Option2，分别用来表示游戏中的"石头""剪子"和"布"。玩家选定所出选项后，单击"PK"按钮 Command1，计算机随机选择一个选项，然后用消息框给出"平手""玩家胜"或"电脑胜"的胜负评判，关闭消息框后，清除计算机的选项。

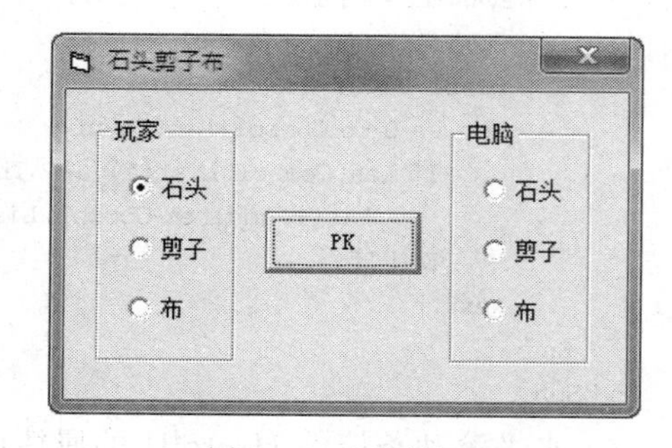

图 7.38 运行界面

(2) 程序设计界面和运行界面如图 7.39 所示。窗体左边自上至下分别是 Visible 属性值为 False 的 Image1 和 Image2，其中 Image1

预装载了图片 GuZhang1. jpg，Image2 预装载了图片 GuZhang2. jpg。试编写程序，利用定时器 Timer1 控制 Image3 交替显示 Image1 和 Image2 中的图片，以实现一个“鼓掌”动画。

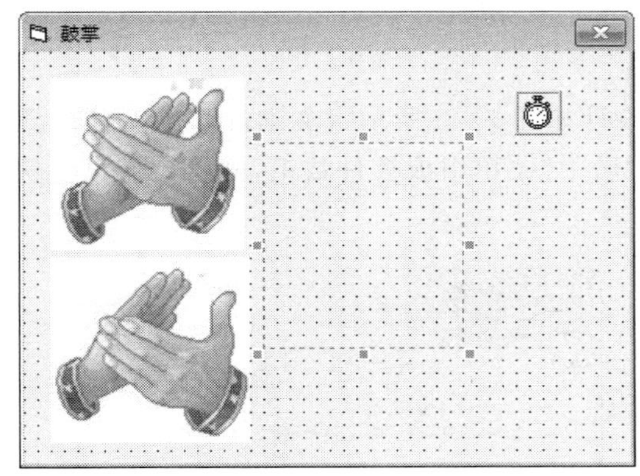

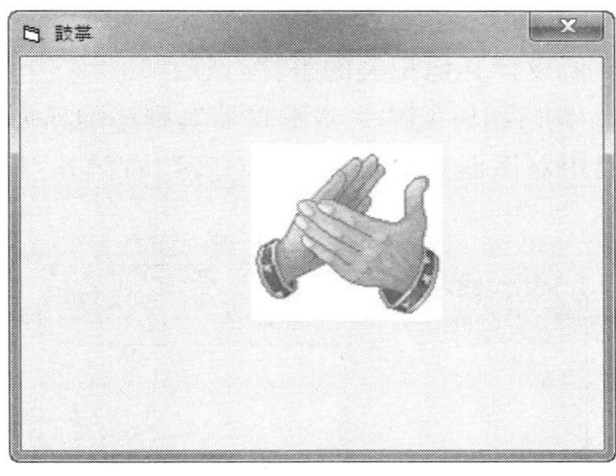

图 7.39　程序界面

(3) 设计一个程序，程序运行界面如图 7.40 所示。单击“添加”按钮时，将文本框 Text1 中的单词添加到列表框中，添加之前先判断列表框中是否已经存在此单词，若存在则用消息框提示“此单词已经存在！”，否则将它添加到列表框的末尾。单击“统计”按钮时，查找列表框中以文本框 Text2 所输字符打头的单词个数，并用消息框显示找到的单词个数。

(4) 设计一个“气球飘起来”的程序，设计界面如图 7.41 所示。一束由 3 个形状控件和 3 条直线控件组成的气球在定时器的控制下从窗体的下方按每个时间间隔 100 缇往上飘，当整个气球移出窗体边界时能重新从窗体的下方边界飘上来。垂直滚动条用于设置定时器的时间间隔以控制气球移动的速度。要求形状控件和直线控件用控件数组实现，部分程序已经设计如下：

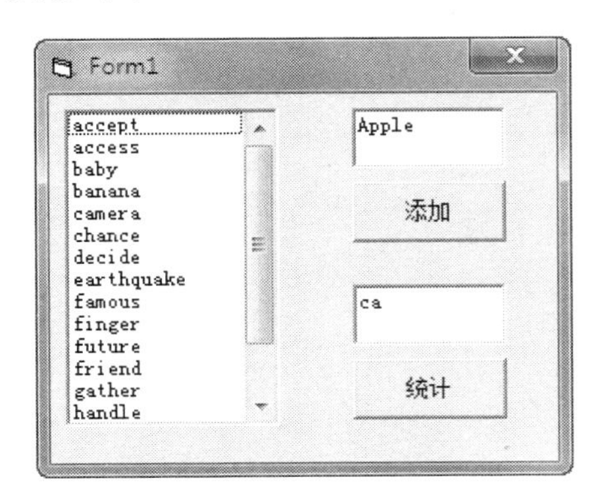

图 7.40　运行界面

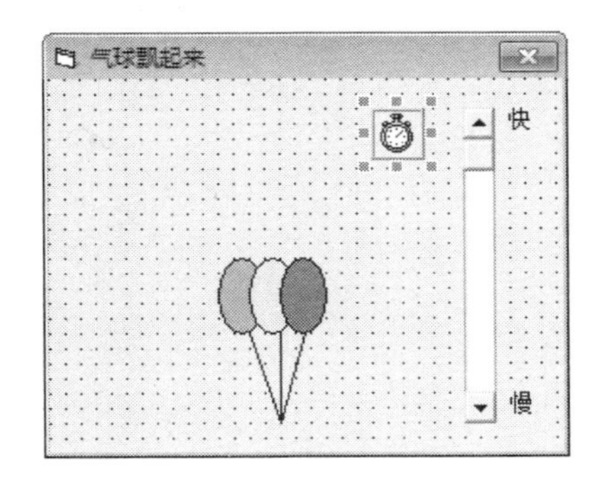

图 7.41　设计界面

```
Dim L(2) As Integer
Private Sub Form_Load()
    Dim i As Integer
    VScroll1.Min = 100: VScroll1.Max = 500
    VScroll1.SmallChange = 10: VScroll1.LargeChange = 100
    Timer1.Interval = 100
    '记录各气球下方直线的长度
```

```
    For i = 0 To 2
        L(i) = Line1(i).Y2 - Line1(i).Y1
    Next i
End Sub
```

请设计其他相关的事件过程。

(5) 设计一个"文本编辑器",程序的界面设计如图 7.42 所示。文本内容的字体设置通过通用对话框控件实现;"左对齐""右对齐"和"居中"菜单组成控件数组,并将它们设为快捷菜单。

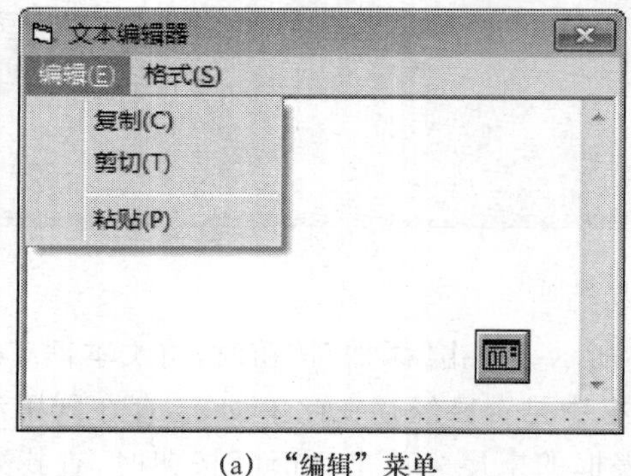

(a) "编辑"菜单

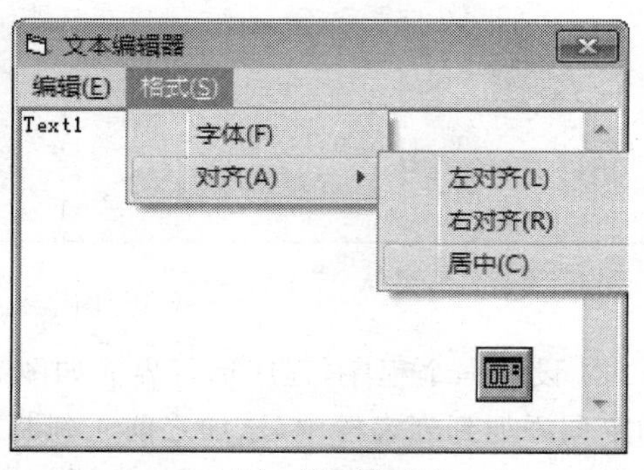

(b) "格式"菜单

图 7.42 设计界面

第 8 章　图 形 技 术

图形技术作为当今应用程序开发中的重要组成部分，使应用程序变得更加直接、生动。Visual Basic 提供丰富的图形处理功能，不仅可以通过图形控件进行图形操作，还可以通过图形方法在窗体上或图片框中绘制各种图形。本章主要介绍图形方法的使用。

8.1　Visual Basic 的坐标系

坐标系是绘图的基础。在分析坐标系时需要理解容器这一概念：能够将其他对象置于其中的对象被称为容器。

例如，在窗体上添加一个框架（Frame）控件，则窗体就是框架的容器；如果在框架控件上再画出如单选按钮等控件，那么框架又成为这些控件的容器。

每个容器都有一个坐标系，以便实现对对象的定位。容器可以采用默认坐标系，也可以通过属性和方法的设置自定义坐标系。

8.1.1　默认坐标系

每个容器都有一个坐标系统，而且还是二维的。坐标系用来定位图形在屏幕上、窗体中或其他容器中的位置。构成一个坐标系统需要 3 个要素：坐标原点、坐标度量单位、坐标轴的方向。

容器的默认坐标系是：容器的左上角为坐标原点（0，0），横向向右为 X 轴的正方向，纵向向下为 Y 轴的正方向，坐标单位是 Twip（缇），相当于 1 磅的 1/20。1 英寸为 72 磅，也就是 1 440 缇。窗体对象和图片框对象的默认坐标系如图 8.1 所示。当新建一个窗体时，新窗体采用默认坐标系，坐标原点设在容器的左上角，横向向右为 X 轴正方向，纵向向下为 Y 轴正方向。

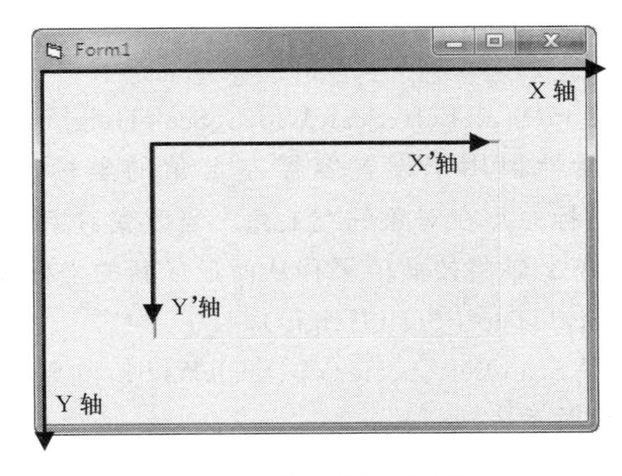

图 8.1　默认坐标系示例

8.1.2 自定义坐标系

使用默认的坐标系有时很不方便，用户可以根据具体的需要重新定义容器的坐标系，坐标轴的方向、原点和坐标系的度量单位都是可以改变的。本节介绍自定义坐标轴的方向、原点，自定义坐标系度量单位将在 8.1.4 节介绍。

1. 采用 Scale 方法自定义坐标系

利用 Scale 方法可以改变容器左上角的坐标和右下角的坐标，其格式为：

```
<容器名>.Scale (x1,y1) - (x2,y2)
```

该语句的功能是：改变容器(默认容器名指窗体)左上角坐标为(x1,y1)，右下角坐标为(x2,y2)，根据左上角和右下角坐标值的大小自动设置坐标轴的正向，并将容器在 X 轴方向分为 x2－x1 等份，Y 轴方向分为 y2－y1 等份。

例如，执行语句"Form1. Scale (－200, 100)－(200,－100)"，将改变窗体左上角坐标为(－200,100)，右下角坐标为(200,－100)，如图 8.2 所示。

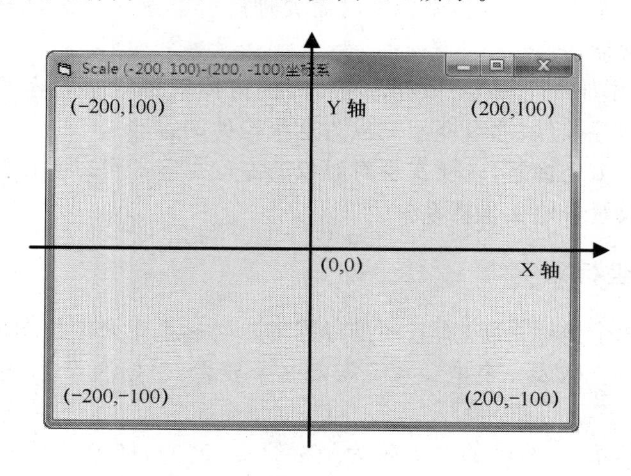

图 8.2 自定义坐标系示例

注意： 无参数的引用方法如"容器名. Scale"可以使对该容器有关坐标的属性恢复为默认值。

2. 采用容器的 ScaleTop、ScaleLeft、ScaleWidth、ScaleHeight 属性自定义坐标系

ScaleTop、ScaleLeft 属性值用于设置容器左上角的坐标，所有容器的 ScaleTop、ScaleLeft 默认值都为 0，坐标原点在对象的左上角。当改变对象的 ScaleTop 或 ScaleLeft 属性值后，坐标系的 X 轴或 Y 轴将按此值平移从而形成新的坐标原点。右下角坐标值为(ScaleLeft＋ScaleWidth，ScaleTop＋ScaleHeight)。

运用 Scale 方法与设置 ScaleLeft、ScaleTop、ScaleWidth 和 ScaleHeight 属性可以达到同样的效果，有如下的对应关系：

```
object.Scale (x1, y1) - (x2, y2)
```

等效于：

```
object.ScaleLeft = x1
object.ScaleTop = y1
object.ScaleWidth = x2 - x1
object.ScaleHeight = y2 - y1
```

例如，要实现如图 8.2 所示的坐标系，采用设置 ScaleLeft、ScaleTop、ScaleWidth 和 ScaleHeight 属性的方法如下：

```
ScaleLeft = - 200          '为窗体的左部设置刻度
ScaleTop = 100             '为窗体的顶部设置刻度
ScaleWidth = 400           '设置水平刻度范围(-200～200)
ScaleHeight = - 200        '设置垂直刻度范围(100～-100)
```

8.1.3 当前点的坐标

在 Visual Basic 中，使用 Print 方法在窗体或图片框显示文本时，文本总是出现在当前坐标处，有些绘图方法可以不指定起始点(如画直线)，则以当前点为起始点。在显示完文本或画完图形后，终点就变成了当前点。要设置当前点的坐标，可以使用 CurrentX 和 CurrentY 属性。这两个属性在设计时不可用。

例如：

```
Private Sub Form_Click()
    Scale (0, 100) - (100, 0)
    Fori = 20 To 80 Step 20
        CurrentX = i
        CurrentY = i
        Print i
    Next
End Sub
```

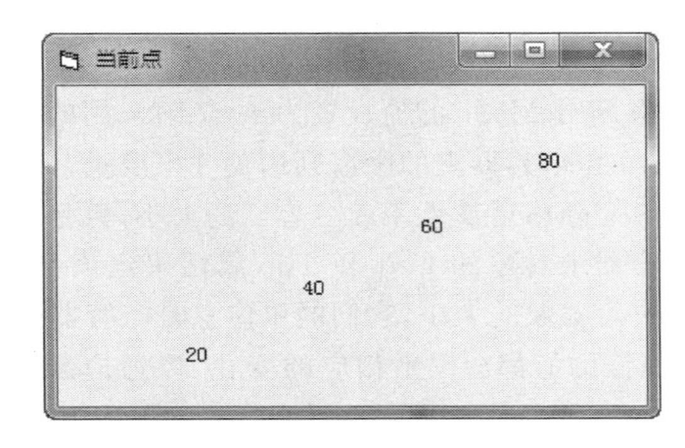

图 8.3 指定当前点的坐标

运行该程序，在窗体上的显示效果如图 8.3 所示。

8.1.4 转换坐标度量单位

要改变坐标的度量单位，既可以改变整个容器坐标系的度量单位，也可以在不需要改变容器坐标系的情况下，应用另一种度量单位表示控件的尺寸。本节分别介绍这两种情况。

1. 使用 ScaleMode 属性

容器的 ScaleMode 属性用于改变坐标系的度量单位。默认坐标系使用缇作为度量单位，缇的精度比较高，有时可能不需要如此高的精度。为了使用的方便，Visual Basic 提供了 8 种坐标的度量单位，由容器对象的 ScaleMode 属性指定。ScaleMode 属性的值与对应的度量单位如表 8.1 所示。

表 8.1 ScaleMode 的设置

属性设置	内部常数	单位	说明
0	vbUser	User(用户定义)	自定义刻度
1	vbTwips	Twip(缇)	默认值,1 英寸=1 440 缇
2	vbPoints	Point(磅)	1 英寸=72 磅
3	vbPixels	Pixel(像素)	与显示器分辨率有关
4	vbCharacters	Character(字符)	默认为高 12 磅宽 20 磅的单位
5	vbInches	Inch(英寸)	1 英寸=1 440 缇
6	vbMillimeters	Millimeter(毫米)	1 英寸=25.4 mm
7	vbCentimeters	Centimeter(厘米)	1 英寸=2.54 cm

将 ScaleMode 值设置为 0 则采用自定义刻度。用 Scale 方法设置坐标系后,ScaleMode 值自动变为 0。反之,ScaleLeft、ScaleTop、ScaleHeight、ScaleWidth 属性被改变,ScaleMode 值自动变为 0,单位长度根据变化后的上述属性重新确定。

将 ScaleMode 的值设置为 1～7 时采用的是标准刻度。例如将容器的 ScaleMode 设置为 vbInches,容器上的距离则用英寸来度量,即相距 1 个单位的两个点之间距离为 1 英寸。改变 ScaleMode 属性不改变容器的大小,只是改变对应容器上各个点的网格状分布密度。

容器中对象的 Left 和 Top 属性决定该对象左上角在容器内的坐标,Width 和 Height 属性决定对象的大小,它们的单位总是与容器的单位相同。如果改变容器的度量单位,则这 4 个属性的值都会发生相应的变化,以适应新的坐标系,而对象的实际大小与位置并不会改变。

注意:用 ScaleMode 属性只能改变度量单位,不能改变坐标原点和坐标轴的方向。

2. 转换控件尺寸的度量单位

有时需要在不改变容器坐标系的情况下,应用另一种度量单位表示控件的尺寸。例如窗体坐标系的度量单位为像素,要在其上放置一个 3.5 cm×2 cm 的控件(如图片框)。首先要计算 3.5 cm 和 2 cm 是多少像素,然后将计算所得的值赋给控件的 Width 和 Height 属性。可以用转换度量单位的方法 ScaleX 和 ScaleY 进行任意转换。其语法格式如下:

```
[<容器名>.]ScaleX(Value[,fromScale[,toScale]])
[<容器名>.]ScaleY(Value[,fromScale[,toScale]])
```

其中 Value 是容器中控件的宽和高,fromScale 是控件所用的度量单位,toScale 是容器坐标系所用的度量单位。在本例中,图片框的宽和高的取值是:

```
Picture1.Width = Form1.ScaleX(3.5, vbCentimeters, vbPixels)
Picture1.Height = Form1.ScaleY(2, vbCentimeters, vbPixels)
```

8.2 图形方法

使用图形方法是程序运行时产生图形的最基本方法之一。

使用图形方法建立的图形在程序运行时产生，所以在使用上不如图形控件直观。但是，图形控件所提供的绘图样式有限，只能实现一些简单的图形。要实现更高级的功能，还是得使用图形方法。支持图形方法的对象有窗体 Form、PictureBox 控件、Printer 对象等。

8.2.1 定义颜色

在 Visual Basic 中，颜色是以十六进制数表示的，是一个 4 字节的长整型数，其中最低的 3 个字节分别对应于构成颜色的三原色红、绿、蓝，每字节的取值范围为 00H～FFH(即十进制 0～255)，最高字节值是 00H 或 80H。颜色值可表示成如下形式：

&H00BBGGRR& 或 &H80BBGGRR&

其中 &H 代表十六进制，BB 代表蓝色分量，GG 代表绿色分量，RR 代表红色分量，最后的 & 是长整型数符号。例如红色的颜色值为 &H800000FF&、&H0000FF& 或 &HFF&。这些颜色值可直接赋给颜色参数或属性，如 Form1.BackColor=&HFF&。

以十六进制数来设置颜色既不方便也不直观，界面设计时可以通过在对象的属性窗口中选择需要设置的颜色属性，用打开的“调色板”对话框进行颜色设置；程序运行时，可以使用 Visual Basic 提供的颜色常量和颜色函数，使用它们可以快速方便地设置出自己需要的颜色。

1. *颜色函数*

Visual Basic 提供了两个专门处理颜色的函数：RGB 和 QBColor。

(1) RGB 函数。RGB 函数是颜色函数中最常用的一个，其使用格式为：

```
RGB(Red,Green,Blue)
```

其中，Red、Green、Blue 分别表示红色的亮度值、绿色的亮度值和蓝色的亮度值，取值范围都是 0～255，0 表示亮度最低，255 表示亮度最高。如将窗体 Form1 的背景色设置为红色，命令如下：

```
Form1.BackColor = RGB(255,0,0)
```

RGB 函数采用红、绿、蓝三色原理，返回一个 Long 整数，用来表示一个颜色值。表 8.2 列出了一些常见的颜色以及这些颜色的三色值。

表 8.2 常见颜色的 RGB 值

颜 色	红色值	绿色值	蓝色值
白色	255	255	255
黄色	255	255	0
洋红色	255	0	255
红色	255	0	0
青色	0	255	255
绿色	0	255	0
蓝色	0	0	255
黑色	0	0	0

(2) QBColor 函数。使用 QBColor 函数能够选择 16 种 Microsoft Quick Basic 颜色中的一种，其函数返回值是 RGB 颜色值。QBColor 函数的使用格式为：

```
QBColor(Color)
```

其中,Color 参数是一个介于 0 到 15 的整数,如表 8.3 所示。

例如,将窗体 Form1 的背景色设置为红色,也可以写作:

```
Form1.BackColor = QBColor(4)
```

表 8.3　Color 参数的设置值及对应的颜色

参数值	颜　色	参数值	颜　色
0	黑色	8	灰色
1	蓝色	9	亮蓝色
2	绿色	10	亮绿色
3	青色	11	亮青色
4	红色	12	亮红色
5	洋红色	13	亮洋红色
6	黄色	14	亮黄色
7	白色	15	亮白色

2. 颜色常量

Visual Basic 6.0 将常用的颜色用指定的名字表示,无须声明,可以直接引用,称这些名字为颜色常量,从这些名字可以看出其所代表的颜色。读者可以在"视图"菜单的"对象浏览器"中选择 ColorConstants,查看所有这些常量,在程序中不需要声明即可直接使用。例如:

```
Form1.BackColor = vbRed'将窗体背景设置为红色
Form1.BackColor = vbGreen'将窗体背景设置为绿色
```

8.2.2　与绘图有关的容器属性

绘图的效果常常与容器的一些属性有关,这些属性可以改变图形的线型、线宽、颜色和填充样式等,灵活地设置这些属性可以得到更好的效果。

1. 线型(DrawStyle)属性和线宽(DrawWidth)属性

DrawStyle 属性用于设置由图形方法输出的线型,它给出在窗体、图片框、打印机中所画线的样式,其取值与相应线型如表 8.4 和图 8.4 所示。

表 8.4　DrawStyle 属性设置

设置值	常量	线型
0	vbSolid	实线(默认)
1	vbDash	长划线
2	vbDot	点线
3	vbDashDot	点划线
4	vbDashDotDot	点点划线
5	vbInvisible	透明线
6	vbInsideSolid	内收实线

DrawWidth 属性用于设置由图形方法输出的线宽，它给出在窗体、图片框、打印机中所画线的宽度或点的大小。线宽以像素为单位，取值范围是 1～32 767，默认值为 1。

如果 DrawWidth 属性的值大于 1，画出的图形是实线；如果 DrawWidth 属性的值等于 1，可以画出如图 8.4 所示的各种线型，即图上的诸线型仅当 DrawWidth 属性值为 1 时才能产生。

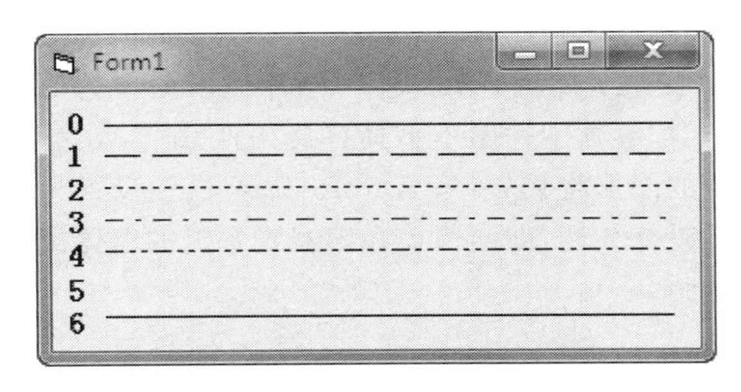

图 8.4 DrawStyle 定义的各种线型

2. 填充颜色(FillColor)属性和填充样式(FillStyle)属性

设置 FillColor 属性可以改变被填充图形的颜色，可以采用 8.2.1 节提到的任意一种方法为 FillColor 属性赋值。

FillStyle 属性可以设置 Shape 控件所画图形的填充样式，也可以设置由 Circle 和 Line 图形方法(后面会讲到这两个方法)生成的封闭图形的填充样式。表 8.5 所示为 FillStyle 属性可选择的填充样式的设置值，图 8.5 所示为相应的填充样式示例。

表 8.5 FillStyle 属性的设置值

设置值	常量	填充样式
0	VbFSSolid	实心
1	VbFSTransparent	透明(默认值)
2	VbHorizontalLine	水平直线
3	VbVerticalLine	垂直直线
4	VbUpwardDiagonal	上斜对角线
5	VbDownwardDiagonal	下斜对角线
6	VbCross	十字线
7	VbDiagonalCross	交叉对角线

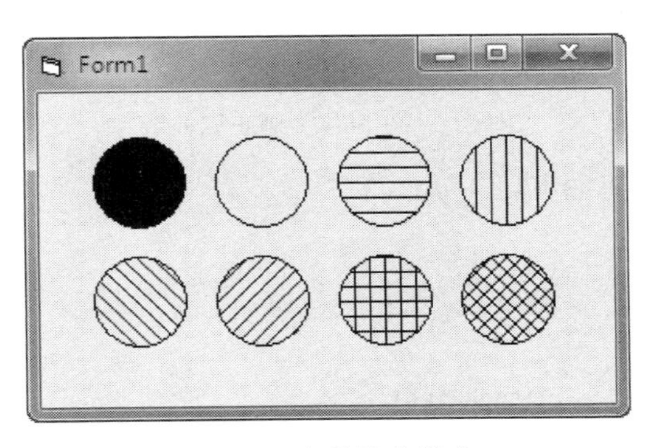

图 8.5 各种填充样式

3. 自动重画(AutoRedraw)属性

应用程序在运行时其窗体经常被移动、改变大小或被其他窗体覆盖,要想保持窗体中的内容不丢失,就要在窗体移动、改变大小或覆盖它的窗体移开后,重新绘制显示窗体中的内容。一般来说,Windows 管理和控制窗口及控件的重新显示,而窗体和图片框内图形的重新显示必须由用户的应用程序来控制。

AutoRedraw 属性就提供了重新显示窗体和图片框内图形的功能。当 AutoRedraw 属性设置为 False(默认值)时,容器中的图形不具有持久性,即当覆盖容器的窗体或控件被移动或大小改变后,容器上的图形将丢失;当 AutoRedraw 属性设置为 True 时,表示容器的自动重画功能有效,图形具有持久性,即当覆盖在容器对象上的窗体或控件被移动或大小改变了,对象内的图形将被重画。

8.2.3 PSet 方法

PSet 方法用于在容器的指定位置用一特定的颜色画点,其使用格式如下:

[<容器名>.]PSet [Step](x,y)[,color]

该方法在容器上(x,y)处以值为 color 的颜色画点(x、y 是 Single 类型表达式),默认容器则指当前窗体,缺省 color 则为容器前景色(ForeColor)。

Step 为可选项,带此参数时,(x,y)是相对于当前坐标点的坐标。当前坐标可以是最后的画图位置,也可以由"<容器名>. CurrentX"和"<容器名>. CurrentY"设定。执行 PSet 方法后,(x,y)成为当前坐标。

PSet 方法绘制的点的大小受其容器对象的 DrawWidth 属性的影响。

【实例 8.1】 单击窗体时,用 PSet 方法在窗体上绘制一条[0°,360°]的正弦曲线。

为了便于确定曲线中每一点的坐标,使用 Scale 方法定义窗体的水平坐标从左到右为 0～360,垂直坐标从下到上为－1～1,即 Scale(0,1)～(360,－1)。运行时单击窗体,结果如图 8.6 所示。

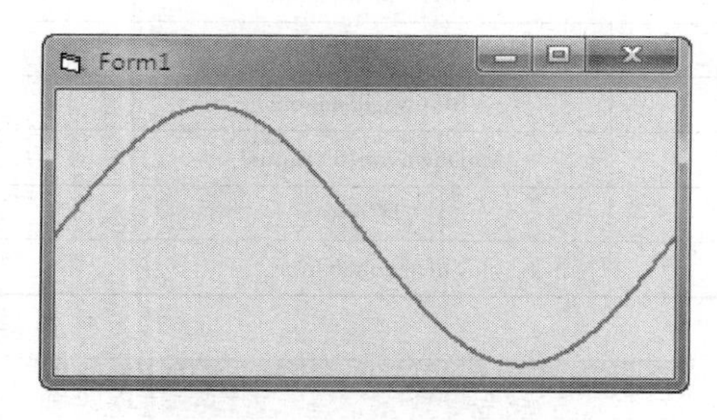

图 8.6 在窗体上画正弦曲线

窗体的 Click 事件代码如下:

```
Private Sub Form_Click()
    Scale (0, 1) - (360, - 1)
    DrawWidth = 2
    For x = 0 To 360
        y = 0.9 * Sin(x * 3.1415926/180)
        PSet (x, y), vbRed   '在坐标(x,y)处画红色点
```

```
    Next x
End Sub
```

8.2.4 Point 方法

Point 方法主要用于获得窗体或图片框控件中指定点的颜色值,其使用格式为:

[<容器名>.]Point(x,y)

其中[<容器名>.]的默认值是当前窗体控件,(x,y)是要获取颜色的点的坐标,其单位由 ScaleMode 属性的值决定。若(x,y)坐标所对应的点在容器之外,则返回−1。

下面的代码是使用 Point 方法获取图片框控件上一个点的颜色值,并出现一个对话框显示所单击点处的颜色值。

```
Private Sub Picture1_MouseDown(Button As Integer, Shift As Integer, X As Single, Y As Single)
Pcolor = Picture1.Point(X, Y)
MsgBox Hex(Pcolor), vbOKOnly, "获取颜色"
End Sub
```

【实例 8.2】 将 Picture1 中的图像复制到 Picture2,要求保持色彩、纵横比例不变。

(1) 界面设计,效果如图 8.7 所示。

图 8.7 实例 8.2 的程序设计界面

(2) 程序代码如下:

```
Private Sub Form_Load()
    Command1.Enabled = True'使"复制"按钮有效
    Command2.Enabled = False'"结束"按钮不能响应
End Sub
Private Sub Command1_Click()
    Dim x As Single, y As Single, bc As Long
    For i% = 1 To Picture1.ScaleWidth
        For j% = 1 To Picture1.ScaleHeight
            '读点(i%,j%)的颜色,赋值到 bc
            bc = Picture1.Point(i%, j%)
            '将图片框 1 上的点(i%,j%)对应在图片框 2 上的坐标(x,y)按比例算出
            x = Picture2.ScaleWidth/Picture1.ScaleWidth * i%
            y = Picture2.ScaleHeight/Picture1.ScaleHeight * j%
            Picture2.PSet (x, y), bc  '在图片框 2 上用颜色 bc 画点(x,y).
    Next j%, i%
    '使"复制"按钮不能响应,"结束"按钮有效
    Command1.Enabled = False: Command2.Enabled = True
```

```
End Sub
Private Sub Command2_Click()
    End
End Sub
```

8.2.5 Line 方法

Line 方法用于绘制直线和矩形。根据参数的不同，该方法既可以画出直线，也可以画出空心矩形或实心矩形。其一般格式为：

```
[<容器名>.]Line [Step] [(x1,y1)] - [Step](x2,y2)[,[Color][,B[F]]]
```

缺省容器名指当前窗体。(x1,y1)是起点坐标，如果省略，则以当前输出位置为起点。(x2,y2)是终点坐标。Step 为可选项，当在(x1,y1)前出现时，表示(x1,y1)为相对于当前点的位置；当在(x2,y2)前出现时，表示(x2,y2)为相对于图形起点的位置。Color 是直线或矩形的颜色，如果省略，则为容器的 ForeColor 属性。

如果选择了 B，则以(x1,y1)、(x2,y2)为对角坐标画出矩形。如果使用了 B 参数后再选择 F 参数，则规定矩形以矩形边框的颜色填充。不能只选择 F 参数而不选择 B 参数。

执行 Line 方法后，当前坐标(CurrentX 和 CurrentY 属性)被设置在终点坐标(x2,y2)处。

【实例 8.3】 下列语句在窗体上所绘的折线如图 8.8 所示。

```
Line (50,100) - (100,100),RGB(120,120,200)
Line - (150,150),RGB(120,120,200)
Line - Step( - 50,50),RGB(120,120,200)
Line - (50,200),RGB(120,120,200)
Line - (0,150),RGB(120,120,200)
Line - (50,100),RGB(120,120,200)
```

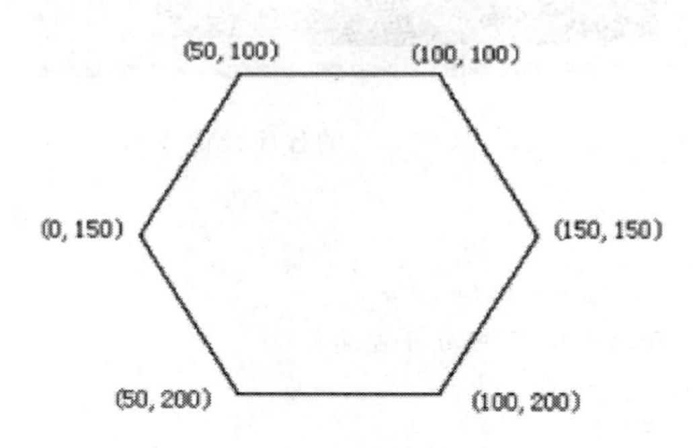

图 8.8 多点折线

【实例 8.4】 执行下列语句后，在窗体上的输出结果如图 8.9 所示。

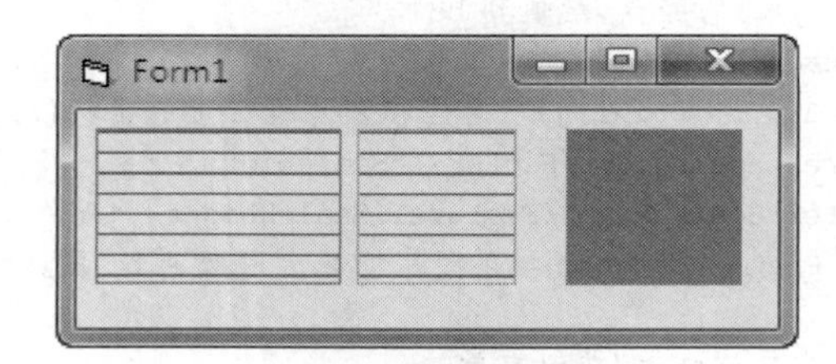

图 8.9 矩形与填充矩形

```
Form1.FillStyle = 2
Form1.FillColor = vbBlue
Form1.ForeColor = vbGreen
Line (100, 100) - (1500, 1000), vbRed, B         '红色外框,蓝色水平填充线
Line (1600, 100) - (2500, 1000),, B              '绿色外框,蓝色水平填充线
Line (2800, 100) - (3800, 1000), vbRed, BF '红色实心矩形
```

8.2.6 Circle 方法

Circle 方法用于绘制圆形、椭圆形、扇形和弧形。

1. 画圆

格式:[<容器名>.]Circle [Step](x,y),radius[,Color]

以(x,y) 为圆心(如果有 Step 关键字则以(CurrentX+x,CurrentY+y)为圆心)、以 radius 为半径画颜色值为 Color 的圆。

【实例 8.5】 画一个当前窗体中所能容纳的最大的蓝色实心圆,如图 8.10 所示。

```
Private Sub Form_Click()
    Dim r As Single
   '缺省容器名称都是指窗体的属性、方法
   r = ScaleWidth
   If ScaleWidth>ScaleHeight Then r = ScaleHeight
   FillStyle = 0                      '封闭图形均将内部填充为实心
   FillColor = RGB(0,0,255)           '填充色为蓝色
   Circle (ScaleWidth/2, ScaleHeight/2), r/2,RGB(0,0,255)
End Sub
```

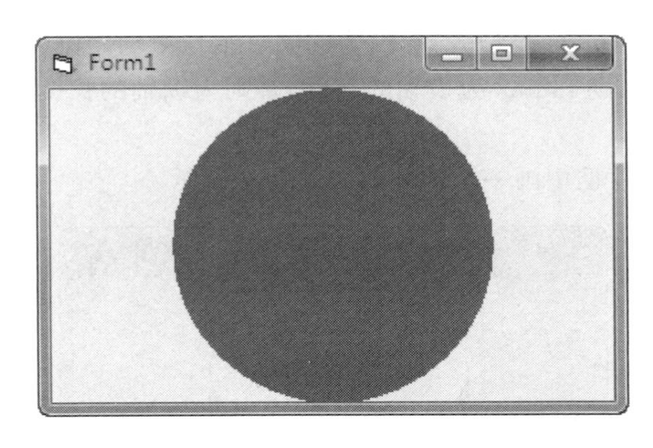

图 8.10 蓝色实心圆

2. 画圆弧

格式:[<容器名>.]Circle [Step](x,y),radius,[Color],start,end

画圆弧方法是在画圆方法的后面添加了 start 和 end 两个参数(它们为 single 类型表达式),该方法以 start 弧度为起点按逆时针方向到 end 弧度为止画一段圆弧(平行于 x 轴的正向为 0 弧度)。

若 Start 为负值,该方法还画出一条从圆心到圆弧相应端点的连线,参数 end 也同样。

【实例 8.6】 下列程序在窗体上画出一个红、绿、蓝各占 1/3 的圆饼图,如图 8.11 所示。

```
Private Sub Form_Click()
```

```
    Dim pi As Double, x As Double, y As Double
    pi = 3.1415926535
    FillStyle = 0: FillColor = RGB(255, 0, 0)
    x = ScaleWidth\2: y = ScaleHeight\2
    Circle (x, y), 800, RGB(255, 255, 255), - 2 * pi, - pi * 2/3
    FillColor = RGB(0, 255, 0)
    Circle (x, y), 800, RGB(255, 255, 255), - pi * 2/3, - pi * 4/3
    FillColor = RGB(0, 0, 255)
    Circle (x, y), 800, RGB(255, 255, 255), - pi * 4/3, - pi * 6/3
End Sub
```

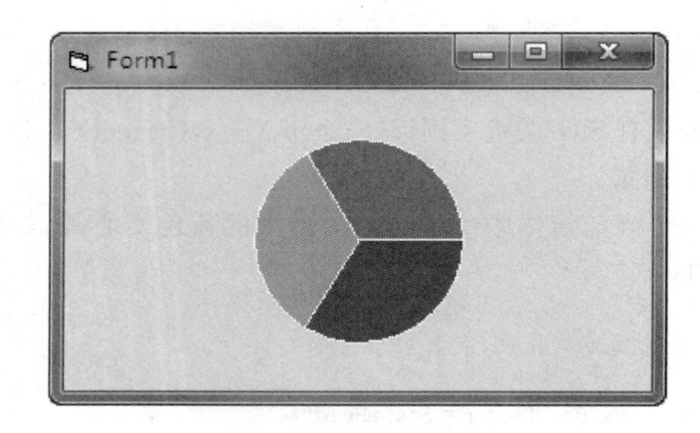

图 8.11　圆饼图

3. 画椭圆

格式：[<容器名>.]Circle [Step](x,y),radius,[Color],start,end[,aspect]

aspect 是取正值的 single 类型表达式，为椭圆纵轴与横轴之比。

若 aspect 值小于 1，则 radius 为横轴的长度，否则为纵轴的长度。在缺省某参数前的参数时，不可以缺省“,”号。

【实例 8.7】 在图片框中画一个圆桶，如图 8.12 所示。

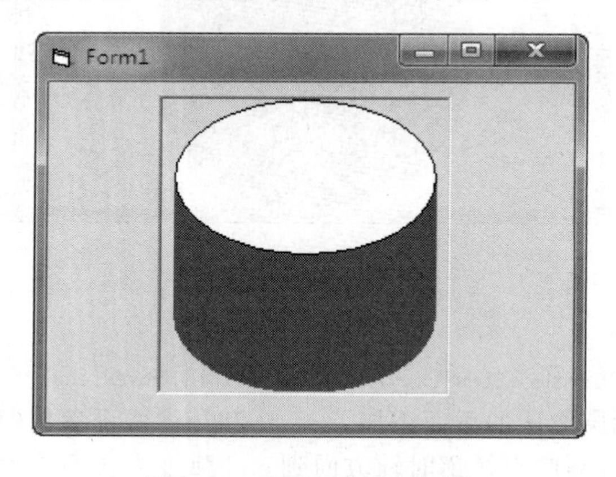

图 8.12　在图片框中画圆桶

(1) 界面设计。在窗体的合适位置添加一个图片框。

(2) 过程设计。利用循环自下而上画一系列椭圆，最上面的椭圆画成实心。编写窗体的单击事件过程如下：

```
Private Sub Form_Click()
```

```
    Dim i As Integer, x As Integer, r As Integer
    Dim y As Integer, z As Integer
    x = Picture1.ScaleLeft + Picture1.ScaleWidth\2
    '设置圆心的 X 坐标值,水平方向居中
    r = x - 100
    '设置半径
    y = Picture1.ScaleTop + r * 3\5
    z = Picture1.ScaleTop + Picture1.ScaleHeight - r * 3\5
    'y、z 的值决定了圆桶的高度
    For i = z To y Step - 1
        Picture1.Circle (x, i), r, vbBlue, , , 3/5  '画蓝色椭圆
    Next i
    Picture1.FillStyle = 0
    Picture1.FillColor = RGB(255, 255, 255)
    Picture1.Circle (x, i), r, , , , 3/5         '顶上画一白色椭圆
End Sub
```

8.2.7 图形的保存

在图形画好之后，如果需要将窗体或图片框上的绘图结果形成一个图形文件保存起来，以便以后浏览或修改，这一功能可以用 SavePicture 语句来完成。

使用 SavePicture 语句可以将窗体、图片框或影像框中的图形保存到磁盘文件中，这些图像可以是使用画图方法(PSet、Line、Circle)产生出来的，也可以是通过设置窗体或图片框的图片属性或者通过 PaintPicture 方法或 LoadPicture 函数载入的图像。保存的一般格式为：

SavePicture ＜容器名＞.Picture, ＜文件名＞

或者

SavePicture ＜容器名＞.Image, ＜文件名＞

其中 Picture 和 Image 参数是指对象的图形属性，＜文件名＞是保存图形的文件名称。例如将图片框 Picture1 中的图形保存到一个名为 pic1.bmp 的文件中，可用如下语句：

```
SavePicture Picture1.Picture,"Pic1.bmp"
```

Picture 和 Image 属性都可以保存图形，但两者有所区别。如果是 Picture 属性，而且图形是位图、图标、元文件或增强元文件，则以原始文件同样的格式保存。如果是 GIF 或 JPEG 文件，则保存为位图文件。Image 属性中的图形总是以位图的格式保存而不管其原始格式。更重要的区别在于，用 Picture 属性不能保存在程序运行时在位图上绘制的任何图形，而用 Image 属性不仅可以保存用 LoadPicture 方法装载的图形，同时也包括运行时绘制的图形。

注意：在使用 SavePicture 语句之前，必须先将窗体或图片框的 AutoRedraw 属性设为 True，否则保留的将是一张空图。

8.3 鼠 标 事 件

在 Windows 应用程序中，与鼠标操作相关的事件较多，除了常用的单击事件 Click、双

击事件 DblClick 外，有些程序还需要对鼠标指针的位置和状态变化作出响应，因此需要使用鼠标事件 MouseDown、MouseUp 和 MouseMove。

8.3.1 鼠标事件

鼠标事件是由鼠标动作而引起的。3 个基本的鼠标事件是：

- MouseDown 事件：按下鼠标按钮时触发。
- MouseUp 事件：释放鼠标时触发。
- MouseMove 事件：移动鼠标光标时触发。

鼠标事件过程的一般格式是：

```
Private Sub ＜对象名称＞_＜事件名称＞(Button As Integer, Shift As Integer, X As Single, Y As Single)
```

＜对象名称＞可以是窗体及能接受鼠标事件的大多数控件。当鼠标指针位于窗体上时，窗体将识别鼠标事件；当鼠标指针在控件上时，控件将识别鼠标事件。

＜事件名称＞为 MouseDown、MouseUp 或 MouseMove.

参数 Button 是一个整数，由 3 位二进制数组成，从低位到高位分别表示鼠标的左、中、右 3 个按钮的状态。如果某个按钮按下，其对应的二进制位就被置为 1，否则为 0。

Shift 参数用来监测键盘上 Shift、Ctrl 和 Alt 键的状态。

X、Y 参数表示鼠标指针的坐标位置，其具体数值与当前对象的坐标系有关。

8.3.2 MouseDown 和 MouseUp 事件

MouseDown 和 MouseUp 事件是当鼠标按下或释放时触发，通常用来在运行时调整控件在窗体上的位置或实现某些图形效果。

【实例 8.8】 在窗体中画线。按下鼠标，移动，然后释放鼠标。按下鼠标的位置作为线的起点，释放鼠标的位置作为线的终点。

代码设计如下：

```
Dim X1, Y1
Private Sub Form_MouseDown(Button As Integer, Shift As Integer, X As Single, Y As Single)
    X1 = X: Y1 = Y
End Sub
Private Sub Form_MouseUp(Button As Integer, Shift As Integer, X As Single, Y As Single)
    Line (X1, Y1) - (X, Y)
End Sub
```

8.3.3 MouseMove 事件

当鼠标指针在屏幕上移动时就会发生 MouseMove 事件，窗体和控件均能识别该事件。当移动鼠标时，MouseMove 事件不断发生。

【实例 8.9】 在窗体上有一个按钮控件，当鼠标移动时，按钮跟着鼠标移动，如图 8.13 所示。

(1) 界面设计。在窗体上放置一个命令按钮 Command1，Caption 为“我跟着鼠标走”。

(2) 过程设计。响应鼠标的 MouseMove 事件，不断把按钮移动到鼠标的当前位置。具体代码如下：

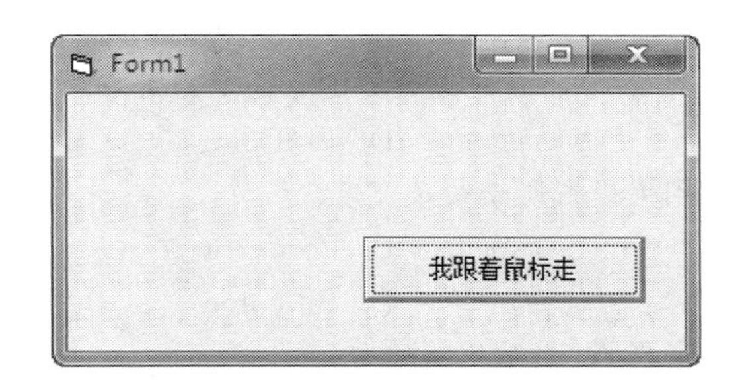

图 8.13　实例 8.9 的运行效果

```
Private Sub Form_MouseMove(Button As Integer, Shift As Integer, X As Single, Y As Single)
    Command1.Move X, Y
End Sub
```

注意: 由于鼠标在窗体上移动时会在短时间内连续触发大量的 MouseMove 事件，因此 MouseMove 事件不应去做过于复杂或需要大量时间的工作。

习　题　8

1. 判断题

(1) 可以通过改变容器的 ScaleMode 属性改变坐标系原点的位置。

(2) 对于 Visual Basic 中的对象，默认把坐标(0,0)放置在对象的左下角，单位为像素。

(3) 在图片框中添加的控件，其 Top 和 Left 属性值是相对图片框而言的，与窗体无关。

(4) 默认情况下，用图形方法在容器上绘制的图形，在容器中被其他窗体覆盖后又重新显示时，之前绘制的图形都会消失。

(5) 可以通过设置容器的 DrawStyle 属性来设置绘制的封闭图形的填充样式。

(6) 使用 SavePicture 语句保存 Picture 控件上的图像时，既可以保存 Picture 控件通过 LoadPicture 语句加载的图像，又可以保存通过图形方法在 Picture 控件上绘制的图像。

(7) 鼠标的 MouseMove 事件必须要在鼠标按钮按下并移动时才会触发。

2. 选择题

(1) 对画出的图形进行填充，应使用(　　)属性。

A. BackStyle　　B. FillColor

C. FillStyle　　D. BorderStyle

(2) 下面(　　)可以改变坐标的度量单位。

A. DrawStyle 属性　　B. Scale 方法

C. ScaleMode 属性　　D. DrawWidth 属性

(3) Visual Basic 用(　　)来绘制直线。

A. Line 方法　　B. Pset 方法

C. Point 属性　　D. Circle 方法

(4) Visual Basic 可以用(　　)属性来设置边框类型。

A. DrawStyle　　B. BorderWidth

C. DrawWidth　　D. FillColor

(5) (　　)属性可以用来设置所绘线条宽度。

A. DrawStyle　　B. BorderStyle

C. DrawWidth　　D. Fillcolor

(6) 下列(　　)是用来画圆、圆弧及椭圆的。

A. Circle 方法　　B. Pset 方法

C. Line 属性　　D. Point 属性

(7) 描述以(1000,1000)为圆心,以 400 为半径画 1/4 圆弧的语句,以下正确的是(　　)。

A. Circle(1000,1000),400,0,3.1415926/2

B. Circle(1000,1000),,400,0,3.1415926/2

C. Circle(1000,1000),400,,0,3.1415926/2

D. Circle(1000,1000),400,,0,90

(8) 语句"Circle(1000,1000),800,,－3.1415926/3,－3.1415926/2"绘制的是(　　)。

A. 弧　　B. 椭圆

C. 扇形　　D. 同心圆

(9) 语句"Circle(1000,1000),800,,,,2"绘制的是(　　)。

A. 弧　　B. 椭圆

C. 扇形　　D. 同心圆

(10) 上题 Circle 语句中最后的 2 表示的是(　　)。

A. 椭圆的纵轴和横轴长度比　　B. 椭圆的横轴和纵轴长度比

C. 同心圆的半径比　　D. 圆弧两半径间的夹角

(11) RGB 函数中的 3 个数字分别表示(　　)。

A. 红、绿、白　　B. 红、绿、蓝

C. 色调、饱和度、亮度　　D. 当前色、背景色、前景色

(12) BorderStyle 属性用来表示线条的(　　)。

A. 长度　　B. 宽度

C. 线形　　D. 颜色

3. 程序填空题

以窗体中心作为圆心,画出一系列虚线圆,圆的半径大小随机、颜色随机,这些圆看起来好像一个编织成的圆形地毯。

```
Private Sub form Click()
    Fori% = 1 To 1000
      Call Circledemo
    Nexti%
End Sub
Sub Circledemo()
    Dim Radius
    R = 255 * Rnd: G = 255 * Rnd : B = 255 * Rnd
```

```
    XPos = ScaleWidth * Rnd : YPos = ScaleHeight * Rnd
    Radius = ((YPos * 0.9) + 1) * Rnd/10
    Circle ___(1)___, ___(2)___, ___(3)___
End Sub
```

4. 程序阅读题

```
Private Sub Form_Click()
    CurrentX = 1500
    CurrentY = 500
    Line - (3000, 2000)
    Line - (1500, 2000)
    Line - (1500, 500)
End Sub
```

写出程序运行时,单击窗体后在窗体上出现的结果。

5. 程序设计题

(1) 编程,在图片框中画一个圆形(图片框中以像素为刻度单位,圆形的中心点坐标和半径用 Inputbox 函数输入)。

(2) 编程,在窗体上画一个矩形,矩形的中心点为窗体的中心点,矩形的长度和宽度分别为窗体的长度和宽度的一半(轮廓线为红色,线粗 3 mm,蓝色填充)。

(3) 编程,实现用鼠标在窗体上画直线的功能,以鼠标按下时的坐标作为直线的起点,鼠标松开时的坐标作为直线的终点。

第9章　文　　件

前面章节中编写的应用程序，其数据都是通过文本框或InputBox对话框输入后以变量或数组的形式存储，即数据保存在内存中。程序的运行结果是打印到窗体或其他可用于显示的控件上，如果要再次查看结果，就必须重新运行程序。当退出应用程序时，数据将不能被保存下来。因此，为了保存这些数据以便修改和供其他程序使用，就必须将数据以文件的形式存储在外部介质中。

本章主要介绍文件的基本概念、如何访问顺序文件，以及常见的文件操作语句和函数。

9.1　文件的基本概念

文件是存储在外部介质上的以文件名为标识的数据的集合，它可以是一篇文章、一个程序、一组数据等。存储在磁盘上的文件称为磁盘文件，与计算机相连的设备称为设备文件，这些文件都不在计算机内，故称为外部文件。用户要访问存储在外部介质上的数据信息，必须先按文件名找到指定文件，然后再从文件中读取数据信息。反之，用户要向外部介质上存储数据信息，必须建立一个文件（以文件名为标识），然后再向该文件输出需要存储的数据信息。

计算机系统中的不同文件以不同的文件标识符区分，文件标识符即文件全名，由存储路径、主名、扩展名3部分组成。在Visual Basic中，文件命名规则与Windows相同，其长度最多不超过255个字符。

9.1.1　文件结构

为了有效地存取数据，数据必须以某种特定的方式存放，这种特定的方式称为文件结构。Visual Basic的文件由记录组成，记录由字段组成，字段又由字符组成。

(1) 字符：是构成文件的基本单位。字符可以是数字、字母、特殊符号或单一字节。这里所说的“字符”一般为西文字符，一个西文字符用一个字节存放。如果为汉字字符则占用两个字节。

(2) 字段：也称域。它由若干个字符组成，用来标识一项独立的数据。例如，姓名“王一”就是一个字段，它由两个汉字组成，也就是占4个字节。

(3) 记录：由一组相关的字段组成。在Visual Basic中，以记录为单位处理数据。例如，在“学生信息”文件中，每个人的学号、姓名、专业、家庭地址、邮政编码构成了一个记录，如表9.1所示。

表9.1　记录

学号	姓名	专业	家庭住址	邮政编码
Xc09530101	董江波	09市场营销	浙江省义乌市北苑镇北苑村	322000

(4) 文件:文件由记录构成,一个文件含有一个以上的记录。例如,在“学生信息”文件中有100个学生的信息,每个学生的信息是一个记录,100个记录就构成了一个学生信息文件。

9.1.2 文件的分类

计算机中的文件有各种形式,并且有不同的分类方法,如按文件性质、按文件的属性、按文件的存取方式等。

1. 按文件的性质分类

如果按文件性质进行分类,可以分为程序文件和数据文件。

程序文件是可以由计算机执行的程序,包括可执行文件和源程序文件。在Visual Basic中,扩展名为.exe、.frm、.vbp、.bas、.cls等的文件都是程序文件。数据文件用来存放基本数据,例如学生基本情况信息、学生成绩等,这类数据必须通过程序来存取和管理。

2. 按文件的属性分类

如果按文件的属性分类,可以分为隐藏文件、只读文件和存档文件。

- 隐藏文件:文件不可见。
- 只读文件:文件只可以读不能修改。
- 存档文件:文件既可以读又可以修改。

3. 按文件的存取方式分类

如果按文件的存取方式分类,可以分为顺序文件和随机文件。

(1) 顺序文件。

顺序文件中的数据是按顺序存放的,每行即为一个数据记录,每条记录的长度要随信息需要而设置,所以每条记录的长度大多是不同的。当要查找某个数据时,要从文件头开始,一个记录一个记录地顺序读取,直至找到要查找的记录为止。

顺序文件的结构比较简单,只要把数据记录一个接一个地写入文件中即可,其主要优点是占用空间少、容易使用。

(2) 随机文件。

随机文件中的每个记录的长度是固定的,记录中每个字段的长度也是固定的。与顺序文件不同,在访问随机文件中的数据时,不必考虑记录的排列顺序或位置,可以根据需要访问文件中的任意一个记录。

随机文件的优点是数据的存取较为灵活、方便,速度较快,且容易修改。其缺点是占用空间较大,数据组织较复杂。

4. 按文件的编码方式分类

按文件的编码方式分类,可以分为ASCII文件和二进制文件。

(1) ASCII文件。

ASCII文件又称为纯文本文件,文件中的数据以ASCII码进行编码存储。这种文件可以用字处理软件进行创建和编辑。

(2) 二进制文件。

二进制文件是以二进制方式(0和1)存储数据的文件,整个文件当作一个长的字节序列来处理,允许程序按所需的任何方式组织和访问数据。二进制文件不能用普通的字处理软件编辑，占用空间较小。

下面将详细介绍顺序文件的操作方法，如打开、读/存、关闭。

9.2 顺序文件

在 Visual Basic 中，数据文件的操作按下述步骤进行：

(1) 打开(或建立)文件。一个文件必须先打开或建立后才能使用。如果一个文件已经存在，则打开该文件；如果不存在，则建立该文件。

(2) 读写操作。在文件处理中，把内存中的数据传输到相关联的外部设备并作为文件存放的操作叫作写数据，而把数据文件中的数据传输到内存程序中的操作叫作读数据。

(3) 关闭文件。将数据写入磁盘，并释放相关的资源。

9.2.1 打开/关闭顺序文件

1. 打开顺序文件

如前所述，在对文件进行操作之前，必须先打开或建立文件。Visual Basic 用 Open 语句打开或建立一个文件，其格式为：

```
Open<文件名> For <模式>  As [#]<文件号>
```

Open 语句的功能是：为文件的输入输出分配缓冲区，并确定缓冲区所使用的存取方式，同时给该文件一个文件号。

说明：

(1) <文件名>：必须用引号引起来表示文件名字符串。如果需要建立或打开的文件不在当前工程目录中，必须使用文件全称(即含有完整的路径名)。

(2) <模式>：指定打开文件的模式是数据的输入模式还是输出模式，如表 9.2 所示。

表 9.2 顺序文件的模式

模式	功能
Input	打开文件用于进行读操作，此模式打开的文件必须存在，否则程序将出错
Output	打开文件用于进行写操作。若指定打开的文件不存在，则新建立该文件；若指定打开的文件已存在，则原有的同名文件将会被覆盖，其中的数据将全部丢失
Append	打开文件也是用于进行写操作，与 Output 模式不同的是，指定打开的文件若已存在，在打开后原有内容不被删除，新记录追加在文件的尾部

(3) <文件号>：是一个介于 1～511 之间的整数。当打开一个文件并为它指定一个文件号后，该文件号就代表该文件，直到文件被关闭后，此文件号可以再被其他文件使用。

例如，如果要打开 C 盘 ABC 目录下一个名为 A.txt 的文件，供写入数据，指定文件号为#1，则语句为：

```
Open"C:\ABC\A.txt" For Output As #1
```

如果要读取当前工程路径下的一个名为 A.txt 文件中的数据，指定文件号为#2，则语句为：

```
Open App.Path & "\A.txt" For Input As #2
```

2. 关闭顺序文件

文件的读写操作结束后，必须关闭文件，否则会造成文件中的数据丢失等现象。关闭文件通过 Close 语句来实现。其格式为：

```
Close[[#]<文件号>][,[#]<文件号>]...
```

说明：

(1) Close 语句用来结束文件的输入输出操作，并把文件缓存区中的所有数据写到被关闭的文件中，清除缓存区，释放全部与被关闭文件有关的 Visual Basic 缓冲区空间，释放与被关闭文件相联系的文件号。

(2) 如果 Close 语句后未跟任何参数，表示将所有打开的文件全部关闭。除了用 Close 语句关闭文件外，在程序结束时将自动关闭所有打开的数据文件。

例如，假定用下面的语句打开文件：

```
Open "D:\student.txt" For Input As #1
```

则可以用下面的语句关闭该文件：

```
Close #1
```

9.2.2 读顺序文件

在顺序文件中，记录的逻辑顺序与存储顺序相一致，对文件的读写操作只能一个记录一个记录地顺序进行。顺序文件的读写操作与标准输入输出十分类似。其中读操作是把文件中的数据读到内存。顺序文件的读操作分三步进行，即打开文件、读数据文件和关闭文件，其中打开文件和关闭文件的操作如前所述，读数据的操作由 Input #语句和 Line Input #语句实现。

1. Input #语句

Input #语句从一个顺序文件中读出数据项，并把这些数据项赋值给程序变量，其格式如下：

```
Input #<文件号>,<变量列表>
```

说明：

(1) “变量列表”是由一个或多个变量组成，这些变量既可以是数值变量，也可以是字符变量或数组元素，各变量之间用逗号隔开。从数据文件中读出的数据赋给这些变量。文件中的数据项的类型应与 Input #语句中变量的类型匹配。例如：

```
Input #1,a,b,c
```

将从 1 号文件中读出 3 个数据项，分别把它们赋值给 a、b、c 三个变量。

(2) 在用 Input #语句把读出的数据赋给数值变量时：

- 对于数值型数据，把遇到的第一个空格、逗号、回车或换行符作为数据的结束标记。
- 对于字符型数据，第一个不在双引号内的逗号、换行符作为数据的分隔符，双引号作为数据分隔符必须成对出现。
- 对于 Boolean、Date 类型数据以第一个“#”字符为开始，第二个“#”字符为结束，与其他类型数据之间应有非空字符间隔。

【实例 9.1】 在当前目录中有一个顺序文件 A.txt，内容如下：

杜拉拉,86 90 79

＃1989-6-1＃,TRUE

把上述数据读入变量中,并打印在窗体上。具体代码如下:

```
Private Sub Form_Click()
    '定义存储第 1 行的数据所需要的变量
    Dim name As String, math As Integer, english As Integer, computer As Integer
    '定义存储第 2 行的数据所需要的变量
    Dim birthday As Date, sex As Boolean
    Open App.Path & "\A.txt" For Input As #1
Input #1, name, math, english, computer          '读取第 1 行的数据存储到相应的变量中
    Input #1, birthday, sex                      '读取第 2 行的数据存储到相应的变量中
    Print name; math; english; computer
    Print birthday, sex
    Close #1
End Sub
```

【实例 9.2】 例如,D 盘下有个 Student.txt 文件中有 90 行数据(文件中的部分数据如图 9.1 所示),使用 Input #语句读出前 8 行数据,显示在窗体上。

具体程序代码如下:

```
Private Sub Form_Click()
    Dim no As String, name As String, score As Integer
    Open "D:\Student.txt" For Input As #1
    Print "前 8 行数据如下:"
    '执行 8 次 Input #语句,读取 8 行数据,将每行读取的数据存储到相应的变量中
    For i = 1 To 8
        Input #1, no, name, score                '将读取的数据存放在 no、name 和 score 变量中
        Print no, name, score                    '将读出来的数据以标准格式输出在窗体上
    Next i
    Close #1
End Sub
```

执行效果如图 9.2 所示。

图 9.1 Student.txt 文件

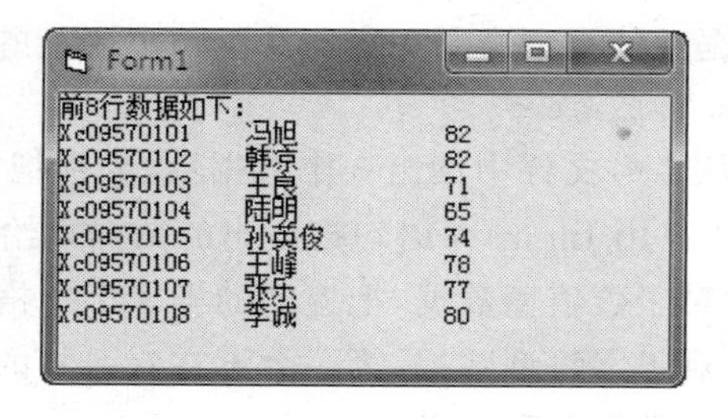

图 9.2 实例 9.2 的运行效果图

注意：此实例中是已告知读取数据文件中的前8行数据，那么如何访问文件中的所有数据呢？**即如何使程序能够访问并读取任意一个不知多少条记录的文件呢？**

2. Line Input #语句

Line Input #语句从顺序文件中读取一个完整的行，并且把它赋给一个字符串变量，其格式为：

Line Input #<文件号>,<变量>

说明：

(1) <变量>可以是字符串型变量或者是字符串型数组元素。

(2) 在文件操作中，Line Input #语句是十分有用的，通常用该语句从文件中读取一个完整的行，将读出一个数据行中除回车符或回车换行符以外的所有字符作为一个字符串赋值给变量，即可以用Line Input #语句将顺序文件中的所有数据一行一行地读出来。

【实例9.3】 使用Line Input #语句读出实例9.1中A.txt顺序文件中的数据，并打印在窗体上。具体代码如下：

```
Private Sub Form_Click()
    Dim str1 As String, str2 As String
    Open App.Path & "\A.txt" For Input As #1
    Line Input #1, str1
    Line Input #1, str2
    Print str1
    Print str2
    Close #1
End Sub
```

【实例9.4】 使用Line Input #语句读出实例9.2的Student.txt文件中的前8行数据。

```
Private Sub Form_Click()
    Dim str As String
    Open "D:\Student.txt" For Input As #1
    Print "前8行数据如下:"
    For i = 1 To 8
        Line Input #1, str          '将读取的一行数据存放在字符串变量str中
        Print str                   '将读出来的数据输出在窗体上
    Next i
    Close #1
End Sub
```

注意：此实例中使用的是Line Input #语句，看似比Input #语句使用更简单，但此方法**只能读取每一行数据**，却不容易取出每行每个字段的数据，也就是说没有办法把每项数据取出来进行处理与分析。例如，无法求得该班的前8位同学的最高分等相关数据信息。

3. 与文件读/写有关的函数

与文件读写操作有关的重要函数主要有 LOF 函数、EOF 函数和 LOC 函数。

(1) LOF 函数。

格式:LOF(文件号)

LOF 函数将返回文件的字节数。例如,LOF(1)返回＃1 文件的长度,如果返回 0,则表示该文件是一个空文件。

(2) EOF 函数。

格式:EOF(文件号)

EOF 函数将返回一个表示文件指针是否到达文件末尾的值。当到文件末尾时,EOF()函数返回 True,否则返回 False。对于顺序文件,EOF()函数常用来在循环中测试是否到达文件末尾。一般结构如下:

```
Do While Not EOF(文件号)        '当文件指针到达文件末尾时,Do 循环结束
    [语句组]
Loop
```

(3) LOC 函数。

格式:LOC(文件号)

LOC 函数返回由文件号指定的文件的当前读写位置。对于顺序文件,LOC 函数返回的是从该文件被打开以来读或写的记录个数,一个记录是一个数据块。

【实例 9.5】 改写实例 9.2 的程序,使用 Input ＃语句和 EOF()函数读出文件中的所有数据,显示在窗体上。

```
Private Sub Form_Click()
    Dim no As String, name As String, score As Integer
    Open "D:\Student.txt" For Input As #1
    Do While Not EOF(1)          'Do 循环直到文件指针到达文件末尾
        Input #1, no, name, score
        Print no, name, score
    Loop
    Close #1
End Sub
```

注意:使用 EOF 函数就可以解决实例 9.2 提出的问题,可以通过 Do 循环语句结合 EOF 函数访问文件中的所有数据。

【实例 9.6】 改写实例 9.5 的程序,同样使用 Input ＃语句和 EOF( )函数读出最高分数同学的学号、姓名和成绩数据,以及全班平均分显示在窗体上,结果如图 9.3 所示。

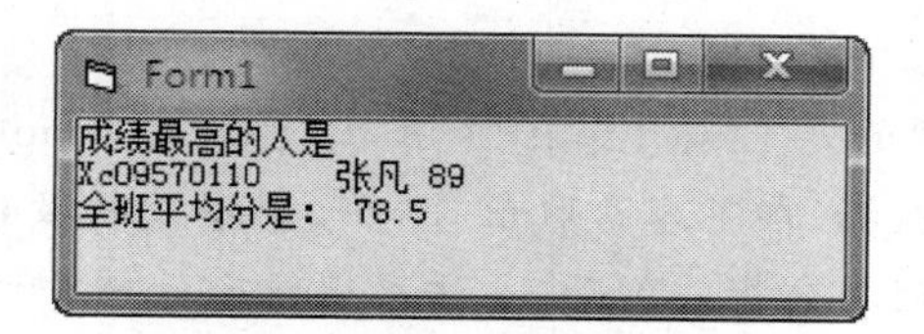

图 9.3 实例 9.6 的运行结果

具体程序代码如下：

```
Private Sub Form_Click()
    Dim no As String, name As String, score As Integer
    '记录当前分数较高同学的信息
    Dim maxno As String, maxname As String, maxscore As Integer
    Dim count As Integer, total As Integer    'count 统计人数,total 统计全班的总分
    Open "D:\Student.txt" For Input As #1
    Do While Not EOF(1)    'Do 循环直到文件指针到达文件末尾
        Input #1, no, name, score
        total = total + score
        count = count + 1
        If maxscore< = score Then    '记录较高分同学的学号、姓名和成绩数据
            maxno = no
            maxscore = score
            maxname = name
        End If
    Loop
    Close #1
    Print "成绩最高的人是"
    Print maxno, maxname; maxscore
    Print "全班平均分是:"; total/count
End Sub
```

思考：(1) 当执行 If maxscore<=score Then 语句时，能否只刷新 maxscore 的值，而 maxno 和 maxname 不用修改？

(2) 如何更改程序求最低分同学的信息？**是否只用将** If maxscore<=score Then **语句中的小于号改成大于号即可**？

【实例 9.7】 窗体设计如图 9.4 所示，单击“打开”子菜单，在弹出的“打开对话框”中选择所要读取的文件，并显示在文本框中。

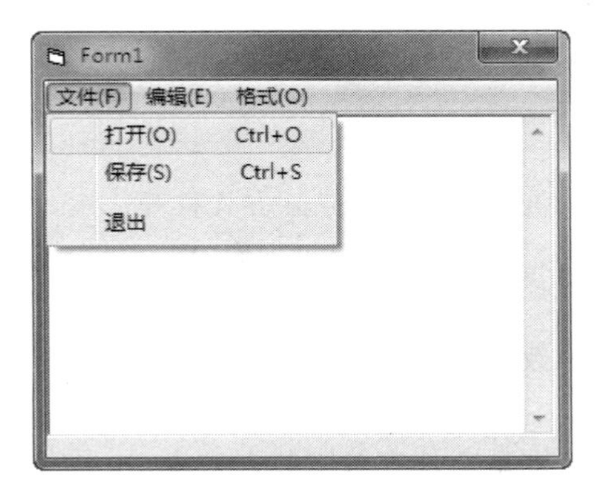

图 9.4 实例 9.7 的窗体设计图

具体程序代码如下：

```
Private Sub mnuopen_Click()    '"打开"子菜单(mnuopen)的单击事件
    Dim s As String
```

```
    CommonDialog1.ShowOpen
    '通过“打开对话框”选择要打开的文件
    Open CommonDialog1.FileName For Input As #1
    Do While Not EOF(1)
        Line Input #1, s
        Text1.Text = Text1.Text & s & vbCrLf
    Loop
    Close
End Sub
```

运行结果如图 9.5 所示。

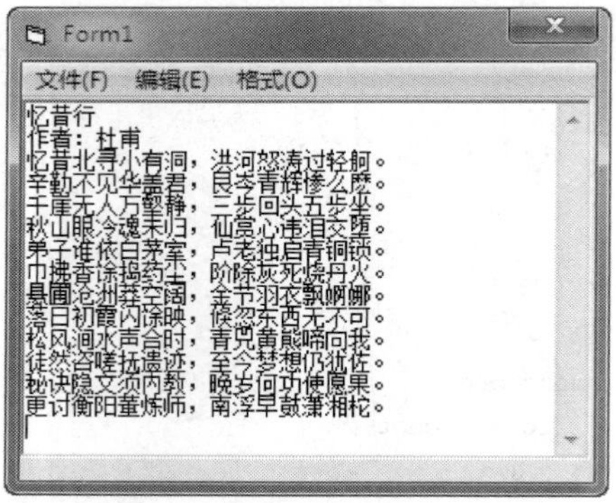

图 9.5　实例 9.7 的运行结果

9.2.3　写顺序文件

顺序文件的写操作分三步进行，即打开文件、写入文件和关闭文件，写文件的操作由 Print #语句和 Write #语句来完成。

1. Print #语句

格式为：Print #＜文件号＞,[＜表达式列表＞]

Print #语句的功能是：把数据写入文件中。Print #语句与 Print 方法的功能类似。Print 方法所“写”的对象是窗体或控件，而 Print 语句所“写”的对象是文件，其他参数的含义与 Print 方法相同。

说明：

(1) 写入的文件必须以 Output 或 Append 方式打开。

(2) ＜表达式列表＞是向文件写入的信息列表，用逗号分隔。如果省略该参数选项，表示文件写入一个空行。

(3) Print #语句中的各数据项之间可以用分号“;”隔开，也可以用“,”隔开，分别对应紧凑格式和标准格式。

(4) 对于字符串数据，特别是变长字符串数据来说，如果字符串本身含有逗号、分号和有意义的前后空格及回车或换行，则必须用双引号("")作为分隔符，把字符串放在双引号中写入磁盘。

【实例 9.8】 用 Print# 语句写文件。

```
Private Sub Form_Click()
```

```
    Open "D:\B.txt" For Output As #1
    Print #1, 35.5; 20, "teachers"; "students"
    Print #1,
    Print #1, 35.5, "hello"
    Print #1, 35.5; 20,
    Print #1, "teachers", "student";
    Print #1, True, #5/21/1978#
    Close #1
End Sub
```

打开 D:\B.txt，观察文件的实际内容，结果如图 9.6 所示。

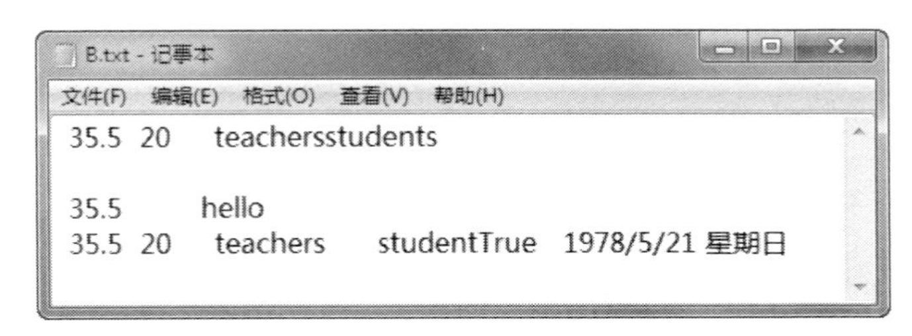

图 9.6 实例 9.8 的程序运行结果

【实例 9.9】 改写实例 9.5 的程序，将 80 分以上的同学写入 D:\A.txt 文件中。

编程思路：本实例需要以读方式打开 student.txt 文件，以写方式打开 A.txt 文件。循环读取 student.txt 文件中的数据，并将 80 分以上的同学信息写入 A.txt 文件中，直到文件指针到达文件尾部。

具体程序代码如下：

```
Private Sub Form_Click()
    Dim no As String, name As String, score As Integer
    Open "D:\Student.txt" For Input As #1
    Open "D:\A.txt" For Output As #2
    Do While Not EOF(1)
        Input #1, no, name, score
        If score >= 80 Then        '将 80 分以上的同学信息写入到 D:\A.txt 中
            Print #2, no, name, score
        End If
    Loop
    Close #1, #2
End Sub
```

实例运行结果如图 9.7 所示。

A.txt - 记事本
文件(F) 编辑(E) 格式(O) 查看(V) 帮助(H)

Xc09570101	冯旭	82
Xc09570102	韩凉	82
Xc09570108	李诚	80
Xc09570109	吴利	83
Xc09570110	张凡	89
Xc09570113	诸葛森	83

图 9.7 实例 9.9 的程序运行结果

【实例 9.10】 将文本文件 aaa.txt 合并到 bbb.txt 中去。

编程思路：合并两个顺序文件，只需要简单地将一个文件接在另一个文件的后面。按照题目的要求，合并后的 bbb.txt 文件应包含两个文件内的所有记录，因此原来 bbb.txt 文件必须以 Append（追加记录）方式打开，以保留原记录，使 aaa.txt 中的记录加在 bbb.txt 文件的尾部。

具体程序代码如下：

```
Private Sub Form_Click()
    Dim str As String
    Open App.Path & "\aaa.txt" For Input As #1
    Open App.Path & "\bbb.txt" For Append As #2
    Do While Not EOF(1)
        Line Input #1, str
        Print #2, str
    Loop
    Close #1, #2
End Sub
```

注意：此实例中是将文本文件 aaa.txt 合并到 bbb.txt 中去，那反过来又将如何改写呢？也就是说如何将文本文件 bbb.txt 合并到 aaa.txt 中去呢？

2. Write #语句

用 Write #语句也可以把数据写入顺序文件中去，其格式如下：

Write #<文件号>,[<表达式列表>]

说明：

（1）文件必须以 Output 或 Append 方式打开。

（2）<表达式列表>是向文件写入的信息列表，用逗号分隔。

（3）Write #语句与 Print #语句的功能基本相同。不过，当用 Write #语句向文件写数据时，数据在磁盘上以紧凑格式存放，能够自动地在数据项之间插入逗号，并给字符串加上双引号。一旦最后一项被写入，就插入新的一行。

【实例 9.11】 用 Write# 语句写文件。

```
Private Sub Form_Click()
  Open "D:\B.txt" For Output As #1
   Write #1, 35.5; 20, "teachers"; "students"
   Write #1,
   Write #1, 35.5, "hello"
   Write #1, 35.5; 20,
   Write #1, "teachers", "student";
   Write #1, True, #5/21/1978#
   Close #1
End Sub
```

用记事本把 D:\B.txt 打开，结果如图 9.8 所示。对比图 9.6，分析 Print #语句和 Write #语句写入文件的数据格式的区别。

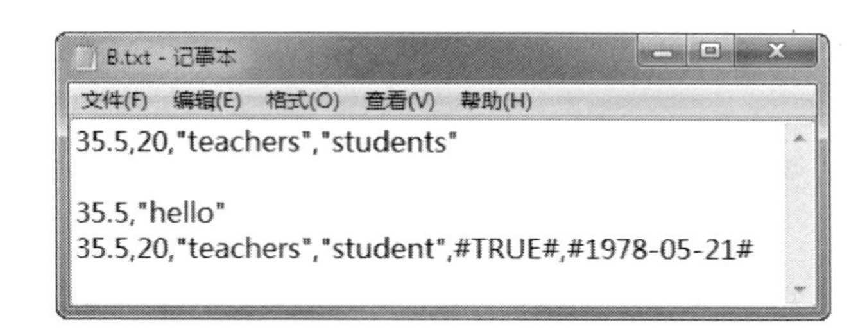

图 9.8 实例 9.11 的程序运行结果

【实例 9.12】 改写实例 9.9,将 80 分以上的同学信息按照分数由低到高写入 D:\A.txt 文件中,运行结果如图 9.9 所示。

编程思路:本实例主要分以下 3 步来完成:

(1) 以读方式打开 student.txt 文件,循环读取 student.txt 文件中的数据,并将 80 分以上的同学信息分别存入 3 个数组(学号数组 a、姓名数组 b 和成绩数组 c)中,直到文件指针到达文件尾部。

(2) 对成绩数组 c 按照由低到高的顺序排序。

(3) 以写方式打开 A.txt 文件,将数组 b 和数组 c 的内容写入 A.txt 文件中。

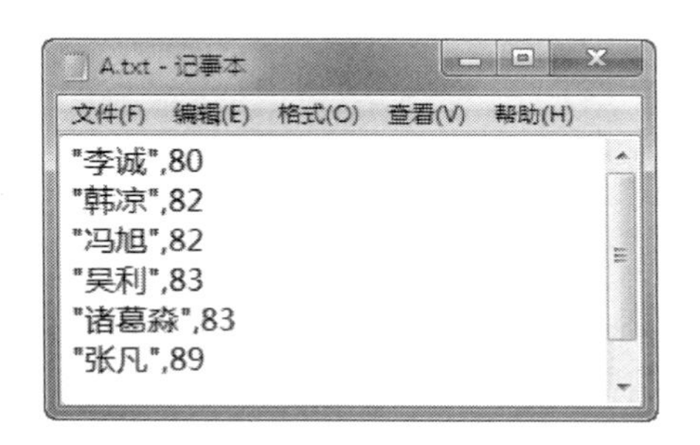

图 9.9 实例 9.12 的程序运行结果

具体程序代码如下:

```
Private Sub Form_Click()
    Dim no As String, name  As String, score As Integer
    '定义动态数组,数组 a 用来存储学号,数组 b 用来存储姓名,数组 c 用来存储分数
    Dim a() As String, b() As String, c() As Integer
    Dim i As Integer, j As Integer, n As Integer
    Dim k As Integer
    'temp1 和 temp2 是数据交换时所用的中间变量
    Dim temp1 As String, temp2 As Integer
    Open "D:\Student.txt" For Input As #1
    Do While Not EOF(1)
        Input #1, no, name, score
        If score >= 80 Then
            n = n + 1
            '将 80 分以上的同学信息分别存入到数组 a、b、c 中
            ReDim Preserve a(n), b(n), c(n)
            a(n) = no
            b(n) = name
            c(n) = score
        End If
    Loop
    Close #1
    '采用选择排序算法对学生信息按照成绩由低到高的顺序进行排序
    For i = 1 To n - 1
        k = i
```

```
        For j = i + 1 To n
            If c(j)<c(k) Then k = j
        Next j
        If i <> k Then
            temp2 = c(i): c(i) = c(k): c(k) = temp2
            temp1 = b(i): b(i) = b(k): b(k) = temp1
        End If
    Next i
    '将排序好的数据文件写入 D:\A.txt 中
    Open "D:\A.txt" For Output As #1
    For i = 1 To n
        Write #1, b(i); c(i)
    Next i
    Close #1
End Sub
```

9.3 文件操作语句和函数

Visual Basic 提供了许多与文件有关的语句和函数，用户可以使用这些语句和函数对文件或目录方便地进行复制、删除等操作。

9.3.1 文件操作语句

1. MkDir 语句

格式：MkDir <Path>

功能：建立一个新目录(文件夹)。

【实例 9.13】 编写 command1_click()事件，完成文件夹的新建操作。具体代码如下：

```
Private Sub Command1_Click()
    MkDir "C:\VB"
End Sub
```

注意：如果要创建的文件夹已经存在或所指出的路径是错误的，则执行该过程将产生错误信息。

2. RmDir 语句

格式：RmDir <Path>

功能：删除一个存在的目录(文件夹)。

说明：RmDir 不能删除一个含有文件的目录，若要删除，则应先使用 Kill 语句删除所有文件。

3. ChDir 语句

格式：ChDir <Path>

功能：修改当前目录。

例如：执行语句“ChDir "C:\vb6"”，即把 C:\vb6 设置为当前目录。

说明:如果要改变的目录不存在,则该语句将产生错误信息。

4. ChDrive 语句

格式:ChDrive <Drive>

功能:修改当前驱动器。

例如:执行语句“ChDrive "D:"”,即把 D 盘设为当前盘。

说明:驱动器名如果是一个空字符串(""),则当前的驱动器将不会改变。

5. Kill 语句

格式:Kill [<Path>]<FileName>

功能:删除文件。

说明:

(1) 如果路径(<Path>)缺省,那么即为删除当前目录下的文件。例如,执行语句“Kill "a.txt"”,即为删除当前目录下的 a.txt 文件。

(2) 文件名中可使用通配符,以删除一批文件。如执行语句“Kill "*.doc"”,则删除当前目录下所有扩展名为.doc 的文件。

(3) 如果需要删除的文件未找到,系统显示出错信息。

注意: Kill 语句具有一定的危险性,因为在执行该语句时没有任何提示信息。为了安全起见,在应用程序中使用该语句时,一定要在删除文件前给出适当的提示信息。

6. FileCopy 语句

格式:FileCopy <Source>, <Destination>

功能:复制文件。

说明:

(1) Source 和 Destination 分别表示要复制的源文件名和目标文件名。

(2) 不能对一个已打开的文件使用 FileCopy 语句。

(3) 如果指定的目录、文件不存在,则该语句将产生错误信息。

例如,执行语句“FileCopy "D:\hts\vb_4.doc","A:\vb4.doc"”,可将 D:\hts 中的文件 vb_4.doc 复制到 A 盘,并取名为 vb4.doc。

注意: Visual Basic 没有提供移动文件的语句。实际上,把 Kill 语句和 FileCopy 语句结合使用,即可实现文件移动。其操作是:先用 FileCopy 语句复制文件,然后用 Kill 语句将源文件名删除。**此外,用 Name 语句也可以实现文件的移动。**

7. Name 语句

格式:Name [<OldPath>]<OldFileName> As [<NewPath>]<NewFileName>

功能:对文件或目录重新命名。

说明:

(1) 默认路径为当前目录。例如,执行语句“Name "a.txt" As "aaa.txt"”,即为将当前目录下的 a. txt 文件重命名为 aaa. txt。

(2) Name 具有移动文件的功能,即重新命名文件并将其移动到一个不同的文件夹中。但 Name 语句不能跨驱动器移动文件。

(3) 不能对一个已打开的文件使用 Name 语句。

(4) 如果指定的目录、文件不存在,则该语句将产生错误信息。

例如:

```
Name "D:\a\aaa.txt" As "D:\b\aaa.txt"
```

将 aaa. txt 从 a 目录下移动到 b 目录下,在 a 目录下的 aaa. txt 文件被删除。

```
Name "D:\a\aaa.txt" As "D:\b\bbb.txt"
```

将 aaa. txt 从 a 目录下移动到 b 目录下并更名为 bbb. txt。

8. SetAttr 语句

格式:SetAttr ＜文件名＞,＜属性＞

功能:对一个文件设置属性。属性参数如表 9. 3 所示。

表 9.3 属性参数设置

内部常数	值	描述
vbnormal	0	常规(默认值)
vbreadonly	1	只读
vbhidden	2	隐藏
vbsystem	4	系统文件
vbarchive	32	上次备份后,文件已改变

例如,执行语句"SetAttr "D:\aaa. txt", vbReadOnly",即将 D:\aaa. txt 设置为只读文件。

注意:SetAttr 语句不能用于一个已打开的文件的属性设置,否则执行该过程将产生错误信息。

9.3.2 文件操作函数

1. CurDir 函数

格式:CurDir([＜Drive＞])

功能:获得当前目录。

说明:可选的＜Drive＞参数是一个字符串表达式,它指定一个存在的驱动器。如果没有指定驱动器,或＜Drive＞是零长度字符串,则函数返回当前驱动器的路径。

2. GetAttr 函数

格式:GetAttr(＜FileName＞)

功能:获得文件的属性(属性值如表 9. 3 所示)。

3. FileDateTime 函数

格式:FileDateTime(＜FileName＞)

功能:获得文件最初创建或最后修改的日期和时间。

4. Filelen 函数

格式:Filelen(<FileName>)

功能:获得文件的长度,单位是字节。

5. Shell 函数和 Shell 过程

格式:<变量名> = Shell(<PathName>[,<WindowStyle>])或 Shell(<PathName> [,<WindowStyle>])

功能:执行一个可执行文件,返回一个 Variant(Double),如果成功的话,代表这个程序的任务ID,若不成功,则会返回 0。

说明:

(1) 调用 Shell 函数可以执行外部的可执行文件,其扩展名如.exe、.com、.bat 或.pif,默认扩展名为.exe。

(2) <PathName>是必要参数。Variant(String),要执行的程序名,以及任何必需的参数或命令行变量,可能还包括目录或文件夹,以及驱动器。如果指定的目录、文件不存在,则该语句将产生错误信息。

(3) <WindowStyle>选参数。Variant(Integer),表示在程序运行时窗口的样式。如果 <WindowStyle>省略,则程序是以具有焦点的最小化窗口来执行的。具体参数值如表 9.4 所示。

表 9.4 WindowStyle 属性参数设置

设置值	常量	说明
0	vbHide	窗口被隐藏,且焦点会移到隐藏式窗口
1	vbNormalFocus	窗口具有焦点,且会还原到它原来的大小和位置
2	vbMinimizedFocus	窗口会以一个具有焦点的图标来显示(默认值)
3	vbMaximizedFocus	窗口是一个具有焦点的最大化窗口
4	vbNormalNoFocus	窗口会被还原到最近使用的大小和位置,而当前活动的窗口仍然保持活动
5	vbMinimizedNoFocus	窗口会以一个图标来显示,而当前活动的窗口仍然保持活动

例如,调用执行 Windows 下的记事本可以用:

```
i = Shell("C:\Windows\Notepad.Exe")
```

也可以按过程形式调用:

```
Shell "C:\Windows\Notepad.Exe"
```

习 题 9

1. 判断题

(1) Visual Basic 中按文件的访问方式不同,将文件分为顺序文件和随机文件。

(2) 根据文件名的命名规则,可以建立一个名为 9+2.txt 的文本文件。

(3) 随机文件的每条记录的长度要随信息需要而设置,所以每条记录的长度大多是不同的。

(4) 文本文件中的数据进入内存首先要转换为二进制形式,计算机处理的效率不如二进制文件。

(5) 若要新建一个磁盘上的顺序文件,可用 Output、Append 方式打开文件。

(6) 若某文件已存在,用 Output 方式打开该文件,等同于用 Append 方式打开该文件。

(7) Open 语句中的通道号必须是当前未被使用的、最小的作为通道号的整数值。

(8) Write #语句和 Print #语句建立的顺序文件格式完全一样。

(9) 用 Kill 语句删除文件,只能删除与指定文件名完全匹配的一个文件。

(10) 用 Name 语句可以完成文件的移动。

2. 选择题

(1) 下面的叙述不正确的是(　　)。

A. 顺序文件的数据是以字符(ASCII 码)的形式存储的

B. 顺序文件的结构简单

C. 能同时对顺序文件进行读写操作

D. 对顺序文件的操作只能按一定顺序执行

(2) (　　)函数用来获取已打开文件的长度。

A. Len　　B. FileLen　　C. LOF　　D. LOE

(3) 下列(　　)方法或函数可以调用外部的可执行文件。

A. Show　　B. Shell　　C. Input　　D. Open

(4) 文件号最大可取的值是(　　)。

A. 255　　B. 511　　C. 256　　D. 512

(5) 要在 C 盘根目录下建立名为 File.dat 的顺序文件,应先使用(　　)语句。

A. Open "File.dat" For Input As #1

B. Open "File.dat" For Output As #1

C. Open "C:\File.dat" For Input As #1

D. Open "C:\File.dat" For Output As #1

(6) 执行语句"Print #1, 234;-34.56, "hello"; Date"后,相应的文件内被写入(　　)。

A. 234,-34.56,hello,01-08-03

B. 234-34.56 "hello" 01-08-03

C. 234-34.56　　hello01-08-03

D. "234-34.56　　hello01-08-03"

(7) 执行语句"Write #1, 234;-34.56, "hello"; Date"后,相应的文件内被写入(　　)。

A. 234,-34.56,hello,2001-08-03

B. "234","-34.56","hello","2001-08-03"

C. 234,-34.56,"hello",#2001-08-03#

D. 234-34.56　hello 2001-08-03

(8) 下列文件复制操作的语句中,格式正确的是(　　)。

A. FileCopy d:\gc.dat　c:\a.txt

B. FileCopy "d:\gc.dat","c:\a.txt"

C. Name "d:\gc.dat" As"c:\a.txt"

D. Name "d:\gc.dat","c:\a.txt"

(9) 下列文件操作的语句中,格式正确的是( )。

A. Name "d:\gc.dat" As "d:\gc.txt"

B. Name "d:\gc.dat","c:\gc.txt"

C. Name "d:\gc.dat","c:\gc.dat"

D. Name d:\gc.dat As gc.txt

(10) 函数 GetAttr("e:\xy.dat")值为 2,表示该文件是( )。

A. 常规文件　　B. 只读文件

C. 隐藏文件　　D. 系统文件

3. 程序填空题

(1)【程序说明】建立的文件名为 d:\stud1.txt 的顺序文件,内容来自文本框,每按 Enter 键写入一条记录,然后清除文本框的内容,直到文本框内输入"End"字符串。

```
Private Sub Form_Load()
    ___(1)___
    Text1.Text = ""
End Sub
Private Sub Text1_KeyPress(KeyAscii As Integer)
    If KeyAscii = 13 Then
        If ___(2)___ Then
            Close #1
            End
        Else
            ___(3)___
            ___(4)___
        End If
    End If
End Sub
```

(2)【程序说明】磁盘文件 d:\my\zg.txt 的工资和职称情况,每条记录由工号、工资和职称组成,现对有职称的职工加工资,规定"教授"或"副教授"加原有工资的 15%,"讲师"加原有工资的 10%,"助教"加原有工资的 5%,其他人员不加工资。本程序要求根据加工资的条件修改原文本文件内各类人员的相应工资。

```
Private Sub Command1_Click()
    Dim no%, gz!, zc$
    Open "d:\my\zg.txt" For Input As #1
    Open "d:\my\lszg.txt" For Output As #2
    Do While Not EOF(1)
        ___(1)___
        Select Case zc
        ___(2)___
                gz = gz * 1.15
          Case "讲师"
                ___(3)___
          Case "助教"
                gz = gz * 1.05
        End Select
        ___(4)___
```

```
        Loop
        Close #1, #2
        Open "d:\my\zg.txt" For ___(5)___ As #1
        Open "d:\my\lszg.txt" For ___(6)___ As #2
        Do While Not EOF(2)
            Input #2, no, gz, zc
            ___(7)___
        Loop
        Close #1, #2
    End Sub
```

(3)【程序说明】统计文本文件中数字字符、英文字符以及其他字符的个数，统计结果在窗体上显示。要统计的文件名通过文件列表框获得，其中要求文件列表框仅显示扩展名为.txt 的文件。当双击文件列表框的某个选中的文件时，将文件内容全部读入文本框，然后进行统计，界面如图 9.10 所示。

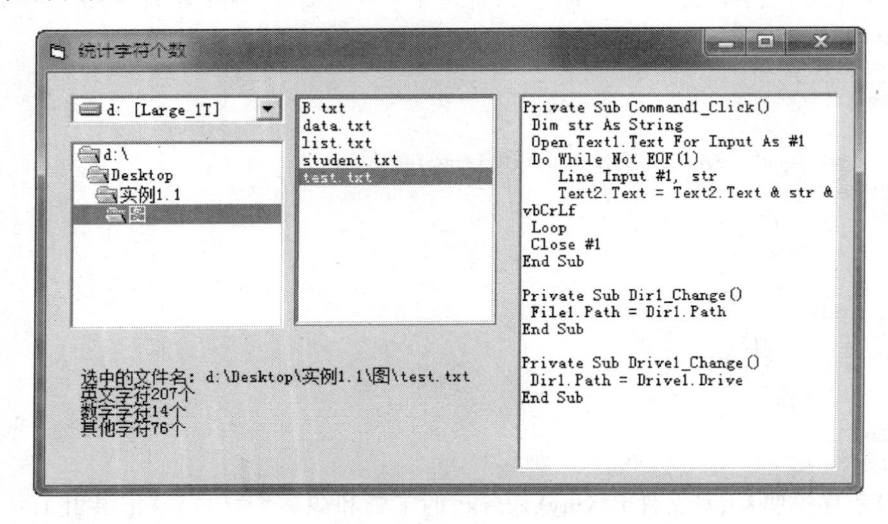

图 9.10 运行效果图

```
Private Sub Dir1_Change()
    File1.Path = Dir1.Path
End Sub
Private Sub Drive1_Change()
    ___(1)___
End Sub
Private Sub File1_DblClick()
    Dim s$, fname$, c$
    Dim l%, m%, n%, length%, i%
    If Right(File1.Path, 1) = "\" Then
        fname = File1.Path + File1.filename
    Else
        fname = ___(2)___
    End If
    Label1.Caption = "选中的文件名:" + fname
    Text1.Text = ""
    Open fname For Input As #1
    Do While Not EOF(1)
```

```
        Line Input #1, s
        Text1.Text = ___(3)___
        ___(4)___
        For i = 1 To length
            c = ___(5)___
            If ___(6)___ Then
                l = l + 1
            ElseIf c>= "0" And c<= "9" Then
                ___(7)___
            Else
                n = n + 1
            End If
        Next i
    Loop
    Close #1
    Label1.Caption = Label1.Caption & vbCrLf & "英文字符" & l & _
            "个" & vbCrLf & "数字字符" & m & "个" & _
            vbCrLf & "其他字符" & n & "个"
End Sub
Private Sub Form_Load()
    File1.Pattern = ___(8)___
End Sub
```

4. 程序阅读题

(1) 写出程序运行时,单击窗体 sx.txt 文件的最终结果。

```
Private Sub Form_Click()
    Open "d:\sx.txt" For Output As #1
    Print #1, "print:"
    Print #1, "A"; "B"; "C"
    Print #1, "1234", "567"
    Write #1, "write:"
    Write #1, "A"; "B"; "C"
    Write #1, "1234", "567"
    Close #1
End Sub
```

(2) 写出程序运行时,单击窗体后文件 a1.dat 中的结果。

```
Private Sub Form_Click()
    Dim f1 As Integer, f2 As Integer, f3 As Integer
    Open "c:\a1.dat" For Output As #1
    f1 = 3
    f2 = 4
    Print #1, "NO."; 1, f1: Print #1, "NO."; 2, f2
    For i% = 3 To 4
        f3 = f1 + f2
        Print #1, "NO."; i%, f3
        f1 = f2: f2 = f3
    Next i%
    Close #1
End Sub
```

(3) 写出程序运行时,单击窗体后 a1.txt 文件的结果和窗体上的输出结果。

```
Private Sub Form_Click()
```

```
    Open "d:\a1.txt" For Output As #2
Dim m As Integer, n As Integer
For n = 1 To 100
        If n Mod 5 = 0 Then
            Print #2, n
            m = m + n
        End If
    Next n
    Print #2, "m = "; m
    Close #2
End Sub
```

(4) 写出程序运行时,单击窗体后 a1.dat 文件的结果和窗体上的内容。

```
Private Sub Form_Click()
    Dim n As Byte, i As Byte
    Open "c:\a1.dat" For Output As #1
    n = 6
    For i = 1 To n: Print #1, i * 2;: Next i
    Close #1
    Open "c:\a1.dat" For Input As #1
    For i = 1 To n
        Input #1, a
        If i Mod 5 = 0 Then Print a * 2
    Next i
    Close #1
End Sub
```

5. 程序设计题

(1) 设计应用程序,使用文件系统控件:在文本框中显示当前选中的带路径的文件名,也可以直接输入路径和文件名;建立命令按钮,实现对指定文件的打开、保存和删除操作。

界面设计:在窗体上放置 4 个框架、3 个命令按钮、1 个文本框,分别在 4 个框架中放置 1 个文本框、1 个驱动器列表框、1 个目录列表框、1 个文件列表框和 1 个组合框。界面如图 9.11 所示。

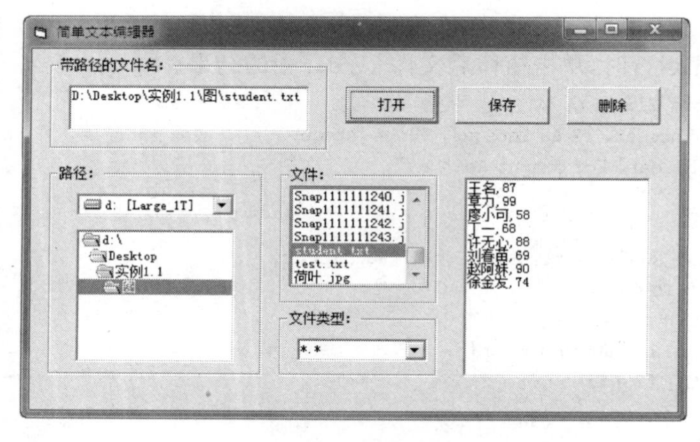

图 9.11 文件操作窗口

(2) 编写程序，输入若干个学生的姓名、出生年月、两门统考课程(外语、计算机)，存入磁盘文件 d:\student.dat(可以用记事本打开，观察运行结果的正确)。

(3) 在文件 C:\student.txt 中，顺序存放着若干学生的姓名(字符型)和三门课程的考试成绩(数值型)，存放格式如下：

刘　惠,65,89,76

张平平,75,78,88

…

编写一程序，将文件中的姓名和各门课程的成绩显示在窗体上，同时计算并显示每一个学生的平均成绩(保留 2 位小数)。显示格式如下：

刘　惠　　65　　89　　76　　aver=76.67

张平平　　75　　78　　88　　aver=80.33

…

(4) 假定磁盘上有一个学生成绩文件，存放着 100 个学生的情况，包括学号、姓名、性别、年龄和 5 门课程的成绩。试编写一个程序，建立以下 4 个文件：

① 女生情况的文件。

② 按 5 门课程平均成绩高低排列的学生情况的文件(需要增加平均成绩一栏)。

③ 按年龄从小到大顺序排列的全部学生情况的文件。

④ 按 5 门课程及平均成绩的分数段(60 分以下、60～70 分、71～80 分、81～90 分、90 分以上)进行人数统计的文件。

附录1 ASCII字符集

ASCII码	缩写/字符	说明	ASCII码	缩写/字符	说明
0	NUL(null)	空字符	64	@	
1	SOH(startof headling)	标题开始	65	A	
2	STX(start of text)	正文开始	66	B	
3	ETX(end of text)	正文结束	67	C	
4	EOT(end of transmission)	传输结束	68	D	
5	ENQ(enquiry)	请求	69	E	
6	ACK(acknowledge)	收到通知	70	F	
7	BEL(bell)	响铃	71	G	
8	BS(backspace)	退格	72	H	
9	HT(horizontal tab)	水平制表符	73	I	
10	LF(NL line feed, new line)	换行键	74	J	
11	VT(vertical tab)	垂直制表符	75	K	
12	FF(NP form feed, new page)	换页键	76	L	
13	CR(carriage return)	回车键	77	M	
14	SO(shift out)	不用切换	78	N	
15	SI(shift in)	启用切换	79	O	
16	DLE(data link escape)	数据链路转义	80	P	
17	DC1(device control 1)	设备控制1	81	Q	
18	DC2(device control 2)	设备控制2	82	R	
19	DC3(device control 3)	设备控制3	83	S	
20	DC4(device control 4)	设备控制4	84	T	
21	NAK(negative acknowledge)	拒绝接收	85	U	
22	SYN(synchronous idle)	同步空闲	86	V	
23	ETB(end of trans. block)	传输块结束	87	W	
24	CAN(cancel)	取消	88	X	
25	EM(end of medium)	介质中断	89	Y	
26	SUB(substitute)	替补	90	Z	
27	ESC(escape)	溢出	91	[	
28	FS(file separator)	文件分割符	92	\	
29	GS(group separator)	分组符	93	]	

续 表

ASCII 码	缩写/字符	说明	ASCII 码	缩写/字符	说明
30	RS(record separator)	记录分离符	94	^	
31	US(unit separator)	单元分隔符	95	_	
32	(space)	空格	96	`	
33	!		97	a	
34	"		98	b	
35	#		99	c	
36	$		100	d	
37	%		101	e	
38	&		102	f	
39	'		103	g	
40	(		104	h	
41	)		105	i	
42	*		106	j	
43	+		107	k	
44	,		108	l	
45	-		109	m	
46	.		110	n	
47	/		111	o	
48	0		112	p	
49	1		113	q	
50	2		114	r	
51	3		115	s	
52	4		116	t	
53	5		117	u	
54	6		118	v	
55	7		119	w	
56	8		120	x	
57	9		121	y	
58	:		122	z	
59	;		123	{	
60	<		124	|	
61	=		125	}	
62	>		126	~	
63	?		127	DEL(delete)	删除

附录 2　Visual Basic 常用系统函数

函数名称	功能
Abs	返回一个数值的绝对值。例如，Abs(−1) 和 Abs(1) 都返回 1
Array	返回一个包含数组的 Variant。例如，Array(10,20,30) 创建一个数组元素分别为 10、20、30 的数组
Asc	返回一个字符串的首字母的 ASCII 码。例如，Asc("Apple") 返回 97
Atn	返回一个数的反正切值。例如，Atn(1) 返回 0.785398163397448
Choose	从函数的参数列表中选择并返回一个值。例如，Choose(2, "Speedy", "United", "Federal") 返回"United"
Chr	返回一个 ASCII 码值对应的字符。例如，Chr(65) 返回 "A"
Cos	返回一个数的余弦值。例如，Cos(3.14 * 30 / 180) 相当于数学中的 Cos30°
CurDir	返回指定驱动器的当前路径。例如，若 D 盘的当前路径为"D:\EXCEL"，则 CurDir("D") 返回"D:\EXCEL"
Date	返回当前的系统日期
Day	返回一个日期的"日"值。例如，Day("2010-11-18") 返回 18
Dir	返回指定路径下的文件的文件名或文件夹的文件夹名称，通常用 Dir 函数来检查某些文件或目录是否存在
EOF	用来检测文件指针是否已经到达文件尾，若是则返回 True，否则返回 False
Exp	返回 e(自然对数的底)的某次方
FileAttr	返回一个用 Open 语句打开的文件的访问方式
FileLen	返回一个文件的长度，单位是字节
Fix	返回一个数值的整数部分。例如，Fix(99.8) 和 Fix(−99.8) 分别返回 99 和 −99
Format	返回一个根据格式表达式中的指令来格式化的字符串。例如，Format(Date, "Long Date") 表示以系统设置的长日期格式返回当前系统日期；Format(5459.4, "#,##0.00") 则返回 "5,459.40"；Format(5, "0.00%") 则返回 "500.00%"
FreeFile	返回一个可供 Open 语句使用的文件号
GetAttr	返回一个文件、目录或文件夹的属性
Hex	以字符串返回一个数值的十六进制的值。例如，Hex(10) 返回 "A"
Hour	返回一个时间的小时部分。例如，Hour("14:23:18") 返回 14
IIf	根据表达式的值，来返回两部分中的其中一个。例如，IIf(TestMe>1000, "Large", "Small") 会根据 TestMe 的值是否大于 1000 来决定返回 "Large" 还是 "Small"
Input	读出以 Input 或 Binary 方式打开的文件中的字符。例如，Input(1, #1) 读出 #1 文件中文件指针所在位置的一个字符

续 表

函数名称	功能
InputBox	返回一个输入对话框
InStr	返回一字符串在另一字符串中最先出现的位置。例如,InStr(1, "Hello", "o") 表示从"Hello"的一个位置开始查找"o"字符,并返回它的位置(5)
Int	返回一个小于或等于函数参数的整数部分。例如,Int(99.8) 返回 99;Int(-99.8)返回-100
IsArray	判断一个变量是否为一个数组
IsDate	判断一个表达式是否可以转换成日期
IsEmpty	判断一个变量是否已经初始化
IsNumeric	判断一个变量或一个表达式的运算结果是否为数值
LBound	返回一个数组的最小下标
LCase	以小写字母的形式返回一个字符串。例如,LCase("Hello World")返回"hello world"
Left	返回一个字符串中从左边算起指定数量的字符串。例如,Left("Hello World", 5)返回"Hello"
Len	返回一个字符串中字符的数目,或存储一个变量所需的字节数。例如,Len("Hello World") 返回 11;Len(x%) 返回 2
LoadPicture	将图形载入窗体、PictureBox 控件或 Image 控件的 Picture 属性
Loc	在已打开的文件中指定当前读/写位置
LOF	返回用 Open 语句打开的文件的大小,该大小以字节为单位
Log	返回一个数的自然对数值
LTrim	删除一个字符串的前导空格,并返回删除前导空格后的字符串
Mid	返回一个字符串中指定数量的子字符串。例如,Mid("Mid Function Demo", 14, 4)返回 Demo
Minute	返回一个时间中的分钟部分。例如,Minute("15:27:18") 返回 27
Month	返回一个日期中的月份部分。例如,Month("2010-11-18") 返回 11
MsgBox	返回一个消息对话框
Now	返回系统的当前日期和时间
Oct	以字符串返回一个数值的八进制的值。例如,Oct(10) 返回"12"
QBColor	返回一个颜色值,其参数为界于 0 到 15 的整数,如 QBColor(7) 表示白色
Replace	将一个字符串中的子字符串替换成另外一个字符串,并返回替换后的整个字符串。例如,Replace("Hello,World!", "World", "VB")返回"Hello,VB!"
RGB	返回一个 RGB 颜色值
Right	返回一个字符串中从右边算起指定数量的字符串。例如,Right("Hello World", 5) 返回"World"
Rnd	返回一个返回小于 1 但大于或等于 0 的单精度数值。例如,Int((6 * Rnd)+1)生成一个 1 到 6 之间的随机整数
Round	返回一个按照指定的小数位数进行四舍五入后的整数。例如,Round(3.46, 0) 返回 3;Round(3.46, 1) 返回 3.5
RTrim	删除一个字符串的尾随空格,并返回删除尾随空格后的字符串
Second	返回一个时间的秒部分。例如,Second("15:55:38") 返回 38
Seek	在 Open 语句打开的文件中指定当前的读/写位置

续 表

函数名称	功能
Sgn	用于返回函数参数的正负号，若参数值大于零则返回 1；若参数值等于零则返回 0；若参数值小于零则返回－1
Shell	用于运行一个可执行文件并返回一个数值。如果运行成功，则返回这个程序的任务 ID；若不成功，则返回 0
Sin	返回一个数值的正弦值
Space	返回指定数目的空格字符
Spc	与 Print ＃ 语句或 Print 方法一起使用，在输出的表达式之前插入指定个数的空格，对输出进行定位
Split	返回一个下标从零开始的一维数组，它包含指定数目的子字符串。例如，Split("A|B|C|D", "|")表示将字符串"A|B|C|D"按"|"进行分割，并将分割好的字符"A""B""C"和"D"存放于一个数组中
Sqr	返回一个数值的平方根。例如，Sqr(9) 返回 3
Str	将一个数值转成对应的字符串。转换后的字符串总会在前头保留一空位来表示原来数值的正负，如果返回的字符串包含一个前导空格则暗示有一个正号。例如，Str(123) 返回" 123"
String	返回由指定个数的同一个字符组成的字符串。例如，String(5, "D") 返回"DDDDD"
Switch	计算一组表达式列表的值，然后返回与表达式列表中最先为 True 的表达式的值。例如，Switch(CityName＝"London", "English", CityName＝"Rome", "Italian", CityName＝"Paris", "French") 表示返回和城市名称匹配的语言
Tab	与 Print ＃ 语句或 Print 方法一起使用，对输出进行定位。例如，语句 Print Tab(10); "10 columns from start." 表示从第 10 列开始显示文本
Tan	返回一个数值的正切值
Time	返回当前的系统时间
Timer	返回从午夜(0 点)开始到现在经过的秒数
TimeValue	将字符串表达的时间转换成真正的时间。例如，TimeValue("4:35:17 PM") 返回 ＃16:35:17＃
Trim	删除一个字符串的前导和尾随空格，并返回删除两端空格后的字符串
TypeName	返回一个变量的数据类型名称
UBound	返回一个数组的最大下标
UCase	以小写字母的形式返回一个字符串。例如，UCase("Hello World") 返回"HELLO WORLD"
Val	将字符串中第一个连续的可表示成数值的字串转换成对应的数值，Val 函数会先从参数中去掉空格、制表符和换行符等字符。例如，Val(" 1615 198th Street N. E.") 返回 1615198；Val("A123BC") 返回 0
Weekday	返回一个整数，代表某个日期是星期几，系统默认将星期日作为一个星期的第一天。例如，Weekday(＃11/22/2010＃) 返回 2
Year	返回一个日期中的年份部分。例如，Year("2010-11-18") 返回 2010

参 考 文 献

[1] Microsoft Corporation. Microsoft Visual Basic 6.0 Programmer's Guide. Microsoft Press,1998.

[2] Evangelos Petroutsos, Kevin Hough. Visual Basic 6 Developer's Handbook. Sybex,1998.

[3] John Clark Craig, Jeff Webb. Microsoft Visual Basic 6.0 Developer's Workshop. Microsoft Press,1998.

[4] Francesco Balena. Programming Microsoft Visual Basic 6.0. Microsoft Press,1999.

[5] 王钦. Visual Basic 6.0 入门与提高. 北京:人民邮电出版社,2002.

[6] 陆慰民. Visual Basic 程序设计简明教程. 北京:高等教育出版社,2003.

[7] 陈庆章. Visual Basic 程序设计基础. 杭州:浙江科学技术出版社,2004.

[8] 陈佳丽. Visual Basic 程序设计基础与实训教程. 北京:清华大学出版社,2005.

[9] 黄玉春. Visual Basic 程序设计与实训教程. 北京:清华大学出版社,2006.

[10] 吕国英. 算法设计与分析. 北京:清华大学出版社,2006.

[11] 刘彬彬,高春艳,孙秀梅. Visual Basic 从入门到精通. 北京:清华大学出版社,2008.

[12] 瞿彬. Visual Basic 程序设计全程指南. 北京:电子工业出版社,2009.

[13] 毕建伟. Visual Basic 语言程序设计基础. 北京:电子工业出版社,2009.

[14] 周奇,李震阳. Visual Basic 程序设计案例教程. 北京:清华大学出版社,2009.

[15] 王贺明. Visual Basic 程序设计教程. 北京:高等教育出版社,2009.

参考文献

[1] [illegible] Visual Basic [illegible] Microsoft Press, [illegible]

[2] [illegible] Visual Basic [illegible]

[3] [illegible] Microsoft Visual Basic [illegible] Microsoft Press, [illegible]

[4] [illegible] Visual Basic [illegible]

[5] [illegible] Visual Basic [illegible] 出版社，[illegible]

[6] [illegible] Visual Basic [illegible] 程序设计 [illegible]

[7] [illegible] Visual Basic [illegible] 程序设计 [illegible]

[8] [illegible] Visual Basic [illegible]

[9] [illegible] Visual Basic [illegible] 程序设计 [illegible]

[10] [illegible] Visual Basic [illegible]

[11] [illegible] Visual Basic [illegible]

[12] [illegible] Visual Basic [illegible] 程序设计 [illegible]

[13] [illegible] Visual Basic [illegible]

[14] [illegible] 程序设计 [illegible]